国家林业和草原局普通高等教育食品科学与工程类"十三五"规划教材

绿色食品理论与技术

林海萍　伊力塔　主编

中国林业出版社

内容简介

本书共8章，基本内容有：绿色食品产生与发展、理论基础、生产环境、生产及加工技术、监测与检测、认证、市场营销、产业化生产。本书有三大鲜明特点，分别是：内容的系统性与全面性；信息量大、时效性强；理论密切联系生产实际。本书可为高等院校与高职院校食品类相关专业的学生提供专业课教材，或为其他专业学生提供通识课教材，也可作为绿色食品生产企业的技术指导书。

图书在版编目(CIP)数据

绿色食品理论与技术/林海萍，伊力塔主编．—北京：中国林业出版社，2019.5(2024.6重印)

国家林业和草原局普通高等教育食品科学与工程类"十三五"规划教材

ISBN 978-7-5219-0085-9

Ⅰ.①绿… Ⅱ.①林… ②伊… Ⅲ.①绿色食品-高等学校-教材 Ⅳ.①TS2

中国版本图书馆CIP数据核字(2019)第099488号

中国林业出版社教育分社

策划编辑：高红岩　　　　　　　　　　责任编辑：丰帆
电话：(010)83143554　83143558　　　传真：(010)83143516

出版发行　中国林业出版社(100009　北京市西城区德内大街刘海胡同7号)
　　　　　　E-mail:jiaocaipublic@163.com　电话:(010)83143500
　　　　　　http://www.forestry.gov.cn/lycb.html
经　销　新华书店
印　刷　北京中科印刷有限公司
版　次　2019年5月第1版
印　次　2024年6月第3次印刷
开　本　787mm×1092mm　1/16
印　张　18.5
字　数　439千字
定　价　48.00元

《绿色食品理论与技术》

编写人员

主　编　林海萍　伊力塔

副主编　周　湘　杨　静

　　　　刘兴泉　陈海敏

编　者　(按姓氏笔画排序)

　　　　伊力塔　(浙江农林大学)

　　　　伍少福　(绍兴农技推广总站)

　　　　刘　铭　(武汉农业检测中心)

　　　　刘兴泉　(浙江农林大学)

　　　　宋婷婷　(浙江省农业科学院)

　　　　张心齐　(浙江农林大学)

　　　　张琳琳　(浙江农林大学)

　　　　杨　静　(浙江农林大学)

　　　　苏　秀　(浙江农林大学)

　　　　邵兴锋　(宁波大学)

　　　　陈　虹　(浙江树人大学)

　　　　陈海敏　(浙江理工大学)

　　　　周　湘　(浙江农林大学)

　　　　宓文海　(扬州大学)

　　　　林海萍　(浙江农林大学)

　　　　武美燕　(长江大学)

　　　　郑　剑　(浙江农林大学)

　　　　詹丽娟　(河南农业大学)

　　　　路兴花　(浙江农林大学)

前　言

　　大量使用化肥、农药与除草剂的传统农业模式，大大提高了农作物的产量，解决了人类的温饱问题，但长此以往，却给人类赖以生存的环境带来了巨大的灾难，同时不可避免地污染了人们维持生命与健康所必需的食品。频频发生的"食物中毒"事件让人们甚至"谈食色变"，人们小心翼翼地购买食品，提心吊胆地食用食品，对食品的要求甚至已经达到只要吃下去无害就是好食品的地步。

　　国以民为本，民以食为天，食以安为先。随着世界经济的发展和人们生活水平的不断提高，消费观念与消费行为正在发生着变化，对生活，尤其是食品的质量要求不断提高，越来越多的人对食物的需求正从"数量消费型"向"质量消费型"转变，日益注重食品的质量、安全与营养价值，"食品安全性"问题日益受到关注。正是在环境恶化、食品污染与人类追求高品质生活、高质量食品的剧烈矛盾中，绿色食品应运而生。绿色食品是人类明智的选择，也是历史发展的必然产物。

　　绿色食品是指遵循可持续发展原则，按照特定生产方式生产，经专门机构认定，许可使用绿色食品标志，无污染的安全、优质、营养的食品。绿色象征着生命、健康和活力，也象征着环境保护，表明绿色食品是无污染、安全的食品，出自良好的生态环境。开发绿色食品是在农业生产与食品生产活动中，在追求高产量、高效益的同时，融进了环境保护、资源节约与清洁生产的新理念。绿色食品的开发与生产不仅是实现高产、高效与优质的结合，而且是追求社会效益、经济效益和生态效益的"三效合一"。

　　在这样的时代背景下，绿色食品蓬勃发展，浙江农林大学联合宁波大学、浙江理工大学、浙江树人大学、河南农业大学、长江大学、扬州大学、浙江省农业科学院、绍兴农技推广总站、武汉农业检测中心9家单位联合编写了本书，编者长期从事食品质量与安全、生态环境保护的教学、科研、生产与检测等工作，具有深厚的理论基础与丰富的实践经验。

　　本书主要有以下3个鲜明的特点：

　　第一，内容的系统性与全面性。全书在回顾绿色食品的产生与发展过程，阐明绿色食品基本理论的基础上，研究绿色食品的生产环境、生产及加工技术、监测与检测，同时还包括绿色食品的认证、市场营销与产业化生产等原理和技术。

　　第二，信息量大、时效性强。编者们查阅了大量最新的国内外绿色食品发展现状、绿色食品生产技术、食品安全、食品质量控制与标准等方面的资料，使得全书内容具有较强的学习与参考意义。

第三，理论密切联系生产实际。书中介绍的食品安全性与评价、绿色食品生产环境与场地选择、生产标准与技术、监测与检测，特别是绿色食品的认证、市场营销与产业化生产等方面的知识与技术具有很强的实用价值。

本书的出版，为广大高校与高职院校学生提供了一本适合的专业教材，也为绿色食品生产企业提供了一本实用的技术指导书。

本书能够出版，并被列入国家林业和草原局"十三五"规划教材建设项目，得到了中国林业出版社、浙江农林大学教务处、浙江农林大学林业与生物技术学院和很多同行、同事及朋友们的大力支持，作者在此一并表示最衷心的感谢！

编　者

2019 年元月于临安

目　录

第 1 章　绿色食品产生与发展

绿色食品是在环境恶化、食品污染与人类对高品质生活追求的剧烈矛盾中产生的，是我国独创的概念，属于倡导的安全食品之一。安全食品是人类社会存在与发展的基础与保障。作为我国食品安全体系建设中的重要环节，绿色食品从概念的提出、标准体系的建立、运行机制的完善到进入国内消费市场，参与国际贸易短短十几年时间就显示出巨大的生命力。绿色食品生产既不同于现代农业生产，也不同于传统农业生产，而是综合运用现代农业的各种先进理论和科学技术，排除因高能量投入、大量使用化学物质带来的弊病，吸收传统农业的精华，使之有机结合成为全新的生产方式。本章从食品安全性出发，以可持续农业的角度对绿色食品生产进行分析，希望在可持续农业思想与理论的指导下，促进其更加科学、健康的发展，在满足人们对优质安全食品需求、保障人民身体健康的同时，保护我国农业资源，改善农业生态环境，增强我国食品产业的影响力与竞争力。

1.1　食品安全性与评价

"民以食为天，食以安为先"，食品是人类赖以生存的物质基础，食品安全关乎国计民生与社会和谐稳定。随着我国经济的发展和人们生活水平的提高，对食品的关注热点逐渐从温饱转向安全。虽然近几十年来我国对食品安全问题越加重视，也取得了长足的进步和发展，但仍然存在违法成本低、"多头管理"现象普遍导致市场混乱、基层监管执法不足、轻预防重事后补救等问题，与现阶段广大人民群众对食品安全的要求仍然存在一定的差距。食品安全事件威胁着人们的健康、经济的发展，极易引起社会舆论的动荡，影响社会稳定与政府威望。食品安全已经成为影响社会、经济发展的重要问题，需要得到政府监管部门、食品相关行业和学术界的长期重视。

1.1.1　食品安全性

食品安全(food safety)的概念由世界粮农组织(FAO)于 1974 年首次正式提出，其内涵经过了不断演变和丰富。当时的《世界粮食安全国际约定》中认为食品安全是人类基本的生存权利，主要强调的是食品的数量安全。随后，世界卫生组织(WHO)在《加强国家级食品安全计划指南》又将保证消费者在按其原定用途制作和/或消费食品过程中免受伤害的机制称为食品安全。在 2003 年 FAO 和 WHO 共同发表的文件《Assuring Food Safety and Quality：Guidelines for Strengthening National Food Control Systems》中将食品安全解释为"all those hazards, whether chronic or acute, that may make food injurious to the health of the consumer"，即在食物中存在的可能损害消费者健康的慢性或急性的危害。在我国《中华人民共和国食品安全法》(2015 年修订版)第 10 章规定："食品安全，指食品无毒、无害，符合应当有的营养要求，对人体健康不造成任何急性、亚急性或者慢性危害。"

食品安全性可分为绝对安全性和相对安全性。绝对安全性被认为是一种绝对化的"零风险"的承诺，即确保不可能因食用某种食品而危及健康或造成伤害。但是由于人类的任何一种食品消费总是存在剂量、生产过程中的添加物，部分人群存在对某些天然成分的过敏反应等风险，因此绝对安全性是很难达到的。相对安全性则是一种食物或成分在合理食用方式和正常摄入量的情况下不会导致对健康的损害。两种安全性的区分，一定程度上反应了各界对安全食品认识角度的差异。安全食品可分为无公害食品（free-pollutant food）、绿色食品（green food）和有机食品（organic food）三类。同时，市场上所存在的常规食品（conventional food）广义上也应该是安全的。

1.1.2 食品安全性评价

食品安全性评价（food safety evaluation）是指运用毒理学理论，并结合人群流行病学调查资料来阐明食品中某些特定物质的毒性及潜在危害、对人体健康的影响和强度，预测人类接触后的安全程度。

1.1.2.1 食物安全危害主要因素

影响食品安全的因素主要表现在生物性危害、化学性危害和物理性危害。

（1）生物性危害（biological）

大部分食品安全问题是由于生物性因素引起的。美国 FDA 列出的六级食品安全性问题中把微生物病源的污染放在了首位。生物性危害主要是由细菌、霉菌及其他毒素或寄生虫卵污染引起的食源性疾病。如沙门氏菌、葡萄球菌等引起的细菌性食物中毒；霉素属、镰刀菌属等产毒株产生的霉菌毒素污染；甲型肝炎病毒等病毒以及绦虫、血吸虫等寄生虫或虫卵通过污染水体或土壤或直接污染食品侵害人体。

（2）化学性危害（chemical）

食品中存在的一些化学品也常常是危害食品安全的重要因素，主要是食品受到各种有害化合物的污染造成人体急性或慢性中毒和潜在的长远期危害。这些化学污染物的存在有其自然背景和人类活动影响两方面的原因，主要包括天然毒素、食品环境污染物（如二噁英、铅、汞等）和食品加工过程中形成的有害物质（多环芳烃等）。目前比较受到人们关注的焦点有重金属污染，农药、兽药残留及植物激素和饲料添加剂滥用等问题。

（3）物理性危害（physical）

物理性危害通常指食品生产加工以及运输贮存过程中外来物质或物体引起的疾病或损伤。如混入的玻璃、金属碎片、石头、木头等杂质也会对人体造成一定的危害。

此外，营养不平衡导致的食品性安全问题越发突出；由于转基因作物的推广导致的转基因食品问题也引起了人们极大的关注。

1.1.2.2 食品安全检测方法

随着食品安全问题的突出和人们的重视，食品安全检测方法的研究也得到了快速发展。其中，化学危害物质检测方法主要有化学分析、仪器分析和免疫分析；物理危害中的金属、石头等可采用过筛等物理方法进行，放射性物质的检测可采用相应的放射性检测仪来实现。致病微生物历来是食品安全检测的重要对象,对其检测方法也投入了大量的人力和物力进行研究。目前主要有传统培养检测法、生物化学检测法、免疫学检测法和分子生物学方法等。

1.1.2.3 食品安全管理主要对策

目前,各国在食品安全管理方面主要通过国家出台法律、法规并派生出一系列的标准和制度进行,如美国和欧盟各国均采取许可制以加强对食品安全性的管理。我国先后颁布了《中华人民共和国食品安全法》《中华人民共和国农产品质量安全法》,以及《农药管理条例》《兽药管理条例》等一系列法律、法规,使一些食源性疾病得到了有效控制,食品中的有害化学残留也纳入了法制管理的轨道。

主要对策包括以下几个方面:

①加强国家食品安全控制系统,协调各级各部门的管理机制、明确权责。

②完善食品安全标准和检验检测体系,推行从"农田到餐桌"的全程监控、加强主体自我监控和外部监督。

③建立和完善国家食品安全风险评估评价体系。

④重视宣传教育,建立食品安全信息监管、发布的网络体系。

1.2 绿色食品产生背景

20 世纪人类社会和经济的发展对未来产生深远影响的变化主要有两个方面:一是科学技术的进步提高了工业化发展水平,加快了传统农业向现代农业的转变,从而满足了人口急剧增长对食物的基本需求;二是人类自身不合理的社会经济活动加剧了人类与自然的矛盾,对社会经济的可持续发展和人类自身的生存构成了现实的障碍和潜在的威胁。

1.2.1 国际背景

1.2.1.1 西方"石油农业"对环境与资源的影响

第二次世界大战以后,欧、美、日等发达国家在工业化的基础上先后实现了农业现代化。在此基础上逐步形成和产生了风靡一时的西方常规农业,其共同特点是以大量使用机械、化肥、农药、塑料、石油等为基础的"工业式农业",又称"石油农业"。这种农业生产方式在一定的历史时期内和一定的条件下,对农业生产的发展起到了积极的作用,使农业生产的单位面积产量显著提高,极大地丰富了人类食物供给。但是随着时间的推移和条件的变化,这种西方模式常规农业本身的缺陷和弊端日益突出,对环境和资源产生负面影响,并通过食物对人体健康造成隐蔽性、累积性和长期性的危害。

(1)资源

"石油农业"是建立在大量使用机械、化肥、农药和塑料的基础上的,过多地依赖现代商品投入物,需要消耗巨大的不可再生的化石能源。近年来,全球油气储量、石油产量增长平缓。根据美国《油气杂志》(OGJ)2013 年年底数据,以目前的速度,全球石油可开采60 年。俄罗斯自然资源和环境部长声称,俄罗斯石油开采储量 2044 年或枯竭。

（2）环境

一方面，由于化肥、农药、塑料等的大量使用造成了农药残毒和化肥酸根酸价在土壤中的积累，破坏了人类赖以生存的土壤的物理、化学及生态性质。化学肥料的大量使用使土壤中的有机质含量降低，农药则直接破坏有益微生物的生存环境，从而引起土壤生态环境中的有益微生物和益虫种类和数量减少，导致土壤质量越来越坏。另外，化肥可以引起土壤胶体性质改变，致使土壤板结。同时，硝酸盐类在土壤中积累和转化后有强烈的致癌致畸作用。另一方面，大量施用化肥和农药直接污染了水体、空气，危害人类身体健康。农药残毒还直接污染食品，引发中毒或通过食物链引起慢性中毒甚至癌变。"石油农业"这种以牺牲环境和可持续发展为代价的特点必将迫使它寻求新的出路。

（3）社会和经济

由于"石油农业"这种生产方式过度依赖现代商品投入物，致使农业生产成本迅速攀升，农业生产发生债务危机，政府财政补贴加重。另外，引发了全球农产品供需状况的差异，贸易歧视现象严重。同时，由于技术、信息、资源分配的不平衡以及发展时段的差异，导致地区发展不平衡，衍生贫困问题。

西方这种以高投入为特征的农业形式产生了许多诸如植被迅速减少，水土流失加剧，土地肥力下降，沙化和盐碱化严重，病虫害滋生蔓延，生态环境遭到严重破坏等问题，使农业发展面临困境，加剧了全球能源危机、食物危机、生态危机。

1.2.1.2 可持续农业的兴起与发展

现代经济在 20 世纪 60~70 年代的快速发展给全球环境和资源造成的压力和带来的危害在 80 年代进一步显露出来。面临日益严重的环境和资源问题，人们提出了可持续发展（sustainable development）思想。其基本要点：一是强调人类追求健康而富有生产成果和生活成果的权利应当坚持与自然和谐的方式统一，而不应凭借手中的技术和资金，采取耗竭资源、破坏生态和污染环境的方式来追求这种发展权利的实现；二是强调当代人在创造世界未来发展与消费的同时，努力做到当代人与后代人的机会相对平等，当代人不应以当今资源与环境大量消耗型的发展与消费，剥夺后代人发展的权利与机会。

可持续农业（sustainable agriculture）是可持续发展概念延伸至农业及农村经济发展领域而产生的。可持续发展概念提出的本身就带有强烈的对常规经济发展模式进行批判和反思的时代色彩。在此正涉及当时各种流派的农业发展新思潮的共性问题，正是在这种背景下，可持续农业同时包容了各种流派的思想，把大家团结在可持续发展的大旗之下，而摒弃在一些具体细节上的争论。

可持续农业的概念在发展过程中，形成了以下几个基本观点。首先，大家都强调不能以牺牲子孙后代的生存发展权益作为换取当今发展的代价；其次，都同意把可持续农业当作一个过程，而不是当作一种目标或模式；最后，均考虑到衡量可持续农业的几个重要方面，即要求兼顾经济、社会和生态效益。

从以上阐述的原则出发，联合国粮农组织 1911 年提出的关于可持续农业与农村发展（SARD）的定义正在被越来越多的人所接受。这个定义是："管理和保护自然资源基础，调整技术和机制变化的方向，以便确保获得并持续地满足目前和今后世世代代人们的需要。因此是一种能够维护土地、水和动植物资源，不会造成环境退化，同时在技术上适当可行、经济上有活力、能够被社会广泛接受的农业。"

在可持续农业思潮的影响下，各国相继寻求新的旨在减少化学投入以保护生态环境和提高食物安全性的替代农业模式，如"有机农业""生态农业""生物农业"等模式。

1.2.2　国内背景

1.2.2.1　资源和环境压力影响国民经济持续发展

环境和资源是人类赖以生存和发展的物质基础。中国是一个资源约束型的国家，人均耕地面积、森林面积、草地面积和淡水资源拥有量分别只有世界平均水平的 32.3%、14.3%、32.3% 和 28.1%。随着经济的发展，人口进一步的增长，我国资源和环境承载的压力越来越大，对经济和社会持续发展带来的制约力也越来越大。

我国作为一个资源相对短缺、人口压力大的发展中国家，不能走过去那种以牺牲环境和大量损耗资源为代价发展的老路，必须把国民经济和社会发展建立在资源和环境可持续利用的基础上。农业是国民经济和社会发展的基础，而自然资源和生态环境又是农业发展的前提，因而保护资源和环境，走可持续发展的道路必须首先从农业入手。

1.2.2.2　食品质量和安全问题突出

近几十年来，我国食品质量和安全问题日趋严重，增产靠化肥、病虫防治靠农药、养殖业靠激素、食品加工靠添加剂的生产方式生产出来的食品品质下降，"肉不香了，瓜不甜了"，安全卫生问题时有发生。

1.2.2.3　城乡人民生活转型促进农业发展战略转变

自 20 世纪 80 年代以来，我国城乡人民生活水平有了显著提高。进入 90 年代，我国城乡人民生活在基本解决温饱问题的基础上加快向小康水平过渡，对食物包括食物品质、加工质量、卫生情况及包装材料的要求越来越高。

我国城乡人民生活水平的提高直接促进了农业发展战略的转变，这就是由单一的数量型发展向数量、质量、效益并重发展的方向转变，即向高产优质高效农业发展。发展高产优质高效农业必须走种养加结合、产供销结合、农工商结合、农科教结合、内外贸结合的方法，要求企业和生产者以市场为导向，以资源为基础，以效益为中心，以科技为动力，加快农业生产结构的调整。同时，在生产方式上要求选准拳头产品，围绕支柱产业，开展农工商一体化经营，建立规模化的农副产品商品生产基地、集团化的农副产品加工企业、专业化的农产品市场网络、系列化的社会服务和高效化的利益调节机制。

我国经济发展面临的资源和环境压力、食品质量和安全问题、城乡人民生活水平提高以及农业发展战略转变是绿色食品产生的国内背景。

1.2.3　绿色食品在我国产生的客观必然性

绿色食品的产生除了具有深厚的国际国内背景，与我国通过多年来的改革开放所面临的新形势也有关系。

1.2.3.1 开发绿色食品是我国基本国情的需要

我国是社会主义国家，在经济和社会发展的进程中，政府一直十分重视资源和环境的保护，以及人民健康水平的提高。改革开放以后，政府又进一步把保护环境与增进人民身体健康作为基本国策。我国《国民经济和社会发展第十三个五年规划纲要》(2016—2020年)提出"农业是全面建成小康社会和实现现代化的基础，必须加快转变农业发展方式，着力构建现代农业产业体系、生产体系、经营体系，提高农业质量效益和竞争力，走产出高效、产品安全、资源节约、环境友好的农业现代化道路"。因此，开发绿色食品既成为解决环境污染和提高城乡人民生活质量这一矛盾的一个突破口，也是落实我国基本国策的具体体现。

1.2.3.2 开发绿色食品是发展市场经济的产物

在传统计划经济体制下，生产和消费不是按市场规则来安排，而是根据行政指令来进行。计划经济体制向社会主义市场经济体制的过渡，为绿色食品的产生和发展创造了条件。经济体制的变化带来了农业生产方式的变化。市场经济是竞争经济，产品竞争的背后是质量竞争，企业要想在激烈竞争的市场取胜，必须提高产品的质量，建立一种适应市场经济体制的新的食物生产方式。绿色食品采用技术和管理的方式，将农工商、产加销紧密地结合起来，适应了市场经济发展的需要。

1.2.3.3 开发绿色食品是我国扩大对外开放的结果

20世纪90年代初，走可持续发展道路得到世界各国的共同响应。许多国家纷纷从农业入手，积极探索农业可持续发展的有效途径。我国则以开发无污染食品为突破口，将保护环境、发展经济同提高人民的生活质量紧密地结合起来，促进农业和食品工业的可持续发展。因此，绿色食品的产生是我国在扩大对外开放的进程中顺应世界进步潮流的结果。这是我国农产品及其加工品在技术标准与贸易准则上与国际市场直接接轨的一种具体表现，同时也是我国经济参与国际经济和社会一体化发展的产物。

1.2.3.4 开发绿色食品是社会文明进步的需要

人类只有和自然保持和谐关系，才能健康地生存，社会文明才能进步。现在人们已逐步从过度消费热量食品开始转为关注食品的营养、安全、保健性质，开始关注食品消费对环境、资源的影响，并关注后代人的利益。这种消费观念的转变又引发了食物生产方式的转变，也就是向可持续生产方式的转变。由此可见，绿色食品的产生是人们转向科学文明的生产和消费观念的必然结果。

综上所述，绿色食品在中国产生具有坚实的社会基础，是我国经济和社会现代化进程中的一个必然选择，也将对未来我国经济和社会发展产生深刻的影响。

1.3 绿色食品发展现状

1.3.1 我国绿色食品事业的发展历程

1990年5月15日，中国正式宣布开始发展绿色食品，其基本理念和宗旨：一是保护农业生态环境，促进农业可持续发展；二是提高农产品及加工食品质量安全水平，增进消费者健康；三是增强农产品市场竞争力，促进农业增效、农民增收。

中国绿色食品事业的发展是在借鉴国外生态食品、有机食品发展经验的基础上，结合我国国情发展起来的。在绿色食品的开发和管理上，并不是简单地照搬国外有机食品、生态食品和自然食品的模式，而是在参考其相关技术、标准及管理方式的基础上，结合我国的国情，选择了自己的发展道路。其发展经历了以下阶段：提出绿色食品的科学概念→建立绿色食品生产体系和管理体系→系统组织绿色食品工程建设实施→稳步向社会化、产业化、市场化、国际化方向推进。

第一阶段(起步阶段)，我国绿色食品从农垦系统启动的基础建设阶段(1990—1993年)。

1990 年，绿色食品工程在农垦系统正式实施。在绿色食品工程实施后的 3 年中，完成了一系列基础建设工作，主要包括：①建设绿色食品管理体系：农业部设立专门的绿色食品管理机构，并在全国省级农垦管理部门成立了相应的机构；②建立起绿色食品产品质量监测体系：建立绿色食品产品检测和产地环境质量监测和评价体系，委托部级食品质量中心对全国绿色食品产品进行质量检测；③制定绿色食品标准技术体系：制定认证管理、环境评价、产品质量等一系列相关标准；④制定绿色食品认证管理法律体系：制定并颁布了《绿色食品标志管理办法》等有关管理规定，对绿色食品标志进行商标注册，加入了"有机农业运动国际联盟"组织。与此同时，绿色食品开发也在一些农场快速起步，并不断取得进展。1990 年绿色食品工程实施的当年，全国就有 127 个产品获得绿色食品标志商标使用权。1993 年全国绿色食品发展出现第一个高峰，当年新增产品数量达到 217 个。

第二阶段(快速发展阶段)，我国绿色食品事业向全社会推进的加速发展阶段(1994—1996 年)。

这一阶段绿色食品发展呈现出 5 个特点：①产品数量连续两年高增长。1995 年新增产品达到 263 个，超过 1993 年最高水平 1.07 倍；1996 年继续保持快速增长势头，新增产品 289 个，增长 9.9%。②农业种植规模迅速扩大。1995 年绿色食品农业种植面积达到 $1.14 \times 10^4 hm^2$，比 1994 年扩大 3.6 倍，1996 年扩大到 $2.13 \times 10^4 hm^2$，增长 88.2%。③产量增长超过产品个数增长。1995 年主要产品产量达到 $210 \times 10^4 t$，比上年增加 203.8%，超过产品个数增长率 4.9 个百分点；1996 年达到 $360 \times 10^4 t$，增长 71.4%，超过产品个数增长率 61.5%，表明绿色食品企业规模在不断扩大。④产品结构趋向居民日常消费结构。与 1995 年相比，1996 年粮油类产品比重上升 53.3%，水产类产品上升 35.3%，饮料类产品上升 20.8%，畜禽蛋奶类产品上升 12.4%。⑤县域开发逐步展开。全国许多县(市)依托本地资源，在全县范围内组织绿色食品开发和建立绿色食品生产基地，使绿色食品开发成为县域经济发展富有特色和活力的增长点。

第三阶段(全面推进阶段)，我国绿色食品事业向社会化、市场化、国际化全面推进阶段(1997 年至今)。

绿色食品社会化进程加快主要表现在：中国许多地方的政府和部门进一步重视绿色食品的发展；广大消费者对绿色食品认知程度越来越高；新闻媒体主动宣传、报道绿色食品；理论界和学术界也日益重视对绿色食品的探讨。

绿色食品市场化进程加快主要表现在：随着一些大型企业宣传力度的加大，绿色食品市场环境越来越好，市场覆盖面越来越大，广大消费者对绿色食品的需求日益增长，而且通过市场的带动作用，产品开发的规模进一步扩大。绿色食品国际市场潜力逐步显示出来，一些地区绿色食品企业生产的产品陆续出口到日本、美国、欧洲等国家和地区，显示出了绿色食品在国际市场上的强大竞争力。

绿色食品国际化进程加快主要表现在：对外交流与合作深度和层次逐步提高，绿色食品与国际接轨工作也迅速启动。为了扩大绿色食品标志商标产权保护的领域和范围，绿色食品标志商标相继在日本和中国香港地区开展注册；为了扩大绿色食品出口创汇，中国绿色食品发展中心参照有机农业国际标准，结合中国国情，制定了 AA 级绿色食品标准，这套标准不仅直接与国际接轨，而且具有较强的科学性、权威性和可操作性。另外，通过各种形式的对外交流与合作，以及一大批绿色食品进入国际市场，中国绿色食品在国际社会引起了日益广泛的关注。

由此可见，90 年代初，我国推出绿色食品，是顺应时代进步潮流的结果，是实现我国国民经济和社会可持续发展的战略举措，是城乡人民生活水平转型的需求，是发展市场经济的产物，也是我国扩大对外开放的结果。

1.3.2 中国绿色食品生产现状及存在问题

我国于 1990 年正式开始发展绿色食品，从概念的提出、开发和管理体系的建立，到产品进入市场，走进城乡人民生活，直至登上国际舞台，已经经历了近 30 年时间。

1.3.2.1 中国绿色食品生产现状

中国不仅建立和推广了绿色食品生产和管理体系，而且还取得了积极成效。

第一，绿色食品标准建设已成体系，标志管理已步入规范。参照国际有机农业运动联盟(IFOAM)有机农业及生产加工基本标准、欧盟有机农业 2092/91 号标准以及国际食品法典委员会(CAC)有机生产标准，结合中国国情，按照"安全与优质相结合、先进性与实用性相结合"的原则，绿色食品创建了一套科学、完善的标准体系。贯穿绿色食品产地环境、生产过程、产品质量、包装储运、专用生产资料等环节的全过程，覆盖上千种农产品及其加工食品。绿色食品产品质量整体水平达到发达国家食品质量安全标准，其中 AA 级绿色食品标准与国际有机农产品标准接轨；一些卫生安全指标甚至超过了欧盟、美国、日本等发达国家水平(表 1-1、表 1-2)。同时制定绿色食品产地环境标准，肥料、农药、兽药、水产养殖用药、食品添加剂、饲料添加剂等生产资料使用准则，全国七大地理区域、72种农作物绿色食品生产技术规程，一批绿色食品产品标准以及 AA 级绿色食品认证准则等，绿色食品"从农田到餐桌"全程质量控制标准体系已初步建立和完善。中国绿色食品发展中心现已在全国 31 个省、自治区、直辖市委托了 36 个分支管理机构、定点委托绿色食品环境与产品检测机构 84 个，从而形成了一个覆盖全国的绿色食品认证管理、技术服务和质量监督网络；通过绿色食品工作机构跟踪监测和农业行政主管部门的监督抽查结果表明，产品合格率保持在较高水平。2010 年，绿色食品产品质量年度抽检合格率达到98.9%以上。

表 1-1 绿色食品茄果类蔬菜农药指标与相关标准比较   mg/kg

	绿色食品	无公害食品	欧盟	日本	美国
乙酰甲胺磷	0.02	0.2	0.5	0.1	0.75
乐果	0.5	1	—	—	2
敌敌畏	0.1	0.2	—	0.1	0.05
毒死蜱	0.2	1	0.5	0.2	1

表 1-2 绿色食品大米产品标准中农药与相关标准比较   mg/kg

	绿色食品	国标	欧盟	日本	德国
敌敌畏	0.05	0.1	2	0.2	2
乐果	0.02	0.05	—	—	0.2
马拉硫磷	0.1	8	8	0.1	8
倍硫磷	不得检出	0.1	—	不得检出	0.1
杀螟硫磷	1.0	5	—	0.2	—

第二，绿色食品市场建设、产品开发已初具规模，市场开发进展迅速。

我国绿色食品每年以大约 20% 的速度增长，实现了快速发展和规模持续扩大（表 1-3）。截至 2017 年年底，全国有效使用绿色食品标志的企业总数达到 10 895 家，有效使用绿色食品标志的产品总数 25 746 个，产品类别包含农林及加工产品、畜禽类产品、水产类产品、饮品类产品及其他产品等，年销售额 4034 亿元，出口额 25.45 亿美元，产地环境监测面积 $1×10^7 hm^2$（比 2015 年和 2016 年略有下降，主要是由于农作物种植产地环境监测面积下降较多）。在现有绿色食品产品中，加工食品占 70% 以上，初级农产品不到 30%（表 1-3、表 1-4）。

表 1-3 2017 年我国绿色食品发展状况

指标	单位	数量
当年认证企业数	个	4422
当年认证产品数	个	10 093
企业总数[①]	个	10 895
产品总数[②]	个	25 746
年销售额	亿元	4034
出口额	亿美元	25.45
产地环境监测面积	亿亩	1.52

数据来源：中国绿色食品发展中心 http：//www. greenfood. agri. cn/。

注：①截至 2017 年 12 月 10 日，有效使用绿色食品标志的企业总数；②截至 2017 年 12 月 10 日，有效使用绿色食品标志的产品总数。

表 1-4　2015 年绿色食品产品结构（按产品类别）

产品类别	产品数（个）	比重（%）
农林及加工产品	19 629	76.3
畜禽类产品	1345	5.2
水产类产品	643	2.5
饮品类产品	2253	8.8
其他产品	1876	7.2
合计	25 746	100.0

数据来源：中国绿色食品发展中心 http：//www.greenfood.agri.cn/。

第三，绿色食品产业水平不断提升，产品结构优化也发生了重大变化。

①产品开发由农垦走向了全社会，截至 2013 年年底，全国共有 25 个省（自治区、直辖市）的 354 个单位（313 个县、41 个农场）创建的 511 个基地通过验收，被批准为全国绿色食品原料标准化生产基地，共涉及粮食作物、油料作物、糖料作物、蔬菜、水果、茶等 98 种地区优势农产品和特色产品，与基地对接企业达 1712 家。获得绿色食品认证的国家级农业产业化龙头企业达到 289 家，省级农业产业化龙头企业超过 1307 家，农民专业合作组织达到 1417 个（表 1-6）。2017 年，绿色食品原料标准化生产基地数继续扩大到 678 个，基地种植总面积 $1×10^7hm^2$，总产量 $1.07×10^8t$，共带动农户 2097 万户（表 1-5）。

表 1-5　2017 年绿色食品原料标准化生产基地产品结构

类别	基地数（个）	规模（万亩）*	产量（万 t）	带动农户（万户）
粮食作物	348.0	10 260.9	6029.5	1287.6
油料作物	105.0	3214.4	564.8	328.6
糖料作物	3.0	85.0	138.5	2.7
蔬菜	83.0	1251.4	2179.7	247.2
水果	95.0	1118.3	1585.1	141.2
茶	30.0	304.2	105.9	55.6
其他	14.0	153.2	69.7	34.1
总计	678.0	16 387.4	10 673.2	2097.0

数据来源：中国绿色食品发展中心 http：//www.greenfood.agri.cn/。
注：其他类包括枸杞、金银花、坚果和苜蓿等产品。1 亩 = 1/15hm^2。

②申报产品由一般食品转向名、特、新、优产品。

③产品开发由初加工单一化向深加工、系列化、基地化转变，现已开发的绿色食品产品包括农林及加工产品、畜禽类产品、水产类产品、饮品类产品等品种。截至 2003 年，绿色食品主要大类产品占全国同类产品实物总量的比重分别为：大米 $225.6×10^4t$，占 1.81%；面粉 $41.9×10^4t$，占 0.64%；食用油 $21.3×10^4t$，占 1.54%；水果 $184.3×10^4t$，占

1.61%；茶叶 12.9×10⁴t，占 18.3%；液体乳及乳制品 182.6×10⁴t，占 63.5%。目前现已开发的绿色食品种植业、畜牧业和渔业等主要大宗产品产量在全国同类产品中的比重已提高到 5%~8%。

表 1-6　2013 年绿色食品获证单位及产品状况

国家级龙头企业		省级龙头企业		农民专业合作组织	
企业数（家）	产品数（个）	企业数（家）	产品数（个）	企业数（家）	产品数（个）
合计　289	1103	1307	3891	1417	3044

数据来源：中国绿色食品发展中心 http：//www.greenfood.agri.cn/。

第四，绿色食品宣传效果日益明显，品牌影响不断扩大。

绿色食品已成为我国安全优质农产品的精品品牌和政府主导的公共品牌，品牌形象深得国内外社会的推崇，公信力和认知度不断提高。产品越来越多地进入大型超市，走向国际市场，成为国内商家的"新卖点"和农产品出口新的增长点。绿色食品品牌影响已从国内扩大到国外，国际化进程不断加快。目前，绿色食品标志商标已在中国香港、日本、美国、俄罗斯、英国等 10 个国家和地区成功注册。国际上有法国、澳大利亚等 4 个国家的 7 个企业的 22 个产品使用绿色食品标志。

绿色食品推出以后，为了集中展示绿色食品开发的阶段成就，几乎每年，中国绿色食品发展中心都举办中国绿色食品宣传展销会，来自全国 30 个省、自治区、直辖市的数百家企业生产的绿色食品和产品参加了展销会。通过展销会，检验了绿色食品的产品质量和生产企业的经济效益，发现了绿色食品巨大的潜在市场，同时也进一步增强了各地发展绿色食品事业的信心和动力。

第五，国际交流与合作日益频繁，范围也日益扩大。

绿色食品国际交流与合作取得了重大进展。1993 年，中国绿色食品发展中心加入了有机农业运动国际联盟(IFOAM)，奠定了中国绿色食品与国际相关行业交流与合作的基础。目前，"中心"已与 90 个国家、近 500 个相关机构建立了联系，并与许多国家的政府部门、科研机构以及国际组织在质量标准、技术规范、认证管理、贸易准则等方面进行了深入的合作与交流，不仅确立中国绿色食品的国际地位，广泛吸引了外资，而且有力地促进了生产开发和国际贸易。1998 年，联合国亚太经济与社会委员会(UN ESCAP)重点向亚太地区的发展中国家介绍和推广中国绿色食品开发和管理的模式。

由此可见，我国绿色食品事业的发展已初具规模，一个新型的绿色食品产业已具雏形，几十年来取得的成就，不仅为绿色食品事业的进一步发展提供了有利的条件，而且为我国绿色食品事业中长期发展打下了牢固的基础。

1.3.2.2　中国绿色食品发展存在的问题

尽管我国绿色食品发展取得了非常喜人的成就，但也存在许多问题。

第一，绿色食品管理体系还不完善，绿色食品标准和规范未能与国际完全接轨。

我国虽然已经参照国际标准制定了一系列的标准、规范等，但我国的绿色食品标准侧重于产品本身的检验，而对产品的生产、加工、包装、运输、流通过程均未形成严格的技术标准和管理标准，与国际的标准和管理体系有一定差异，至今仍未得到世界各国尤其是欧美发达国家的承认，难以与国际接轨，使得农产品出口渠道不畅。

第二，绿色食品开发力度明显不足，生产和加工还没有形成规模。

虽然我国绿色食品的生产和开发有了明显的发展，但是由于开发力度不足，品种过于单一，难以满足日益扩大的市场需求；另外绿色产品的加工和生产还没有形成规模，目前我国大部分的绿色食品生产企业是中小型企业，资金、技术水平、营销渠道都很有限，生产规模小，设备陈旧，技术水平较低，产量低，没有形成品牌效应，缺乏市场竞争力，难以满足国内外对绿色食品迅速增长的需求。

第三，绿色食品市场体系还不健全。

目前区域性和全国性的绿色食品销售渠道和网络还未形成，大多数产品供销渠道不畅，造成在商场中绿色食品品种少、数量少，绿色食品与普通的保健食品、营养品等一起出售，市场效果不显著，也不便于消费者集中购买，这种情况制约了绿色食品的销售和发展。

第四，宣传力度不够，消费者认识不足。

目前国内的消费者对何为"绿色食品"还不甚清晰，对绿色食品倡导的无污染、安全、健康的内涵认识不足，对其经济价值、社会价值和生态价值更是缺乏了解。据中国社会调查所的绿色食品调查显示，65.5%的人不知道绿色食品的内涵，78.3%的人没有买过绿色食品。消费者对绿色食品的关心也主要是出于对食品卫生的考虑，从环境保护角度的消费心理还没有普遍树立。市场上一些企业对绿色食品的知识也缺乏了解，打出绿色食品的牌子主要是为了迎合消费者的卫生要求和自身经济利益，无论是生产过程还是产品设计很少考虑保护环境、节约能源和减少污染等可持续发展的内涵要求。还有的企业甚至恶意假冒绿色食品，严重扰乱了市场经济秩序，影响了绿色食品的质量信誉。加之目前国内无公害食品、绿色食品、环保食品、有机食品、健康食品等名词较多，其相互关系、科学内涵、质量标准和管理规范没有统一，使消费者无所适从，削弱了绿色食品应有的吸引力。这些问题无疑影响我国绿色食品发展，所以我国绿色食品的发展仍然是任重道远。

1.4　绿色食品发展前景

绿色食品工作是农业和农村经济工作的有机组成部分，必然要受到农业发展阶段性的制约。它客观上要求与农业和农村经济形势相适应，与农业生产力发展水平和社会消费水平相适应。在过去较长的时期内，我国农业发展主要以满足农产品数量需求为目标，在这样的历史条件下，绿色食品工作不可能作为一项常规工作提上重要议事日程，而目前，形势已经发生了3个重大转变：一是农产品供求格局发生了从长期短缺到总量基本平衡、丰年有余的历史性转变；二是农业和农村经济发展的外部环境发生了从国内市场和资源自我平衡为主，到面对国内国际两个市场、两种资源的根本性转变；三是农业管理工作发生了从抓产量增长为主到注重质量安全的战略性转变为适应新形势的要求，必须对绿色食品工作的定位进行再认识。

1.4.1 把发展绿色食品作为促进农业结构战略性调整的一项有效措施来抓

全国绿色食品总量规模目前还不是很大，实物生产量只占全国同类产品的 1% 左右，但在某些产品类别上和农业生态环境及资源条件较好的部分地区，绿色食品已占有较大比重。预计全国绿色食品未来发展速度会进一步加快，并大大超过现有的规模，所占比重也将有较大的提高，在某些地区的某些产品门类上，有可能成为主体。这一发展趋势表明，绿色食品的发展对农业结构调整和农民收入增长将产生日益重要的影响，主要反映在 3 个方面：

一是促进农产品质量提高，优化产品结构。卫生安全性是当前农产品质量的突出矛盾，是提高质量、优化结构需要解决的首要问题。发展绿色食品将大大提高农产品卫生安全标准，对增强质量比较优势，优化产品结构具有重要意义。此外，还将有利于增强农产品加工企业的产品竞争力，促进农产品加工业的发展和农产品结构的升级。

二是促进优势农产品发展，优化生产布局。各地的实践证明，把发展绿色食品与调整农业生产布局结合起来，有利于加快优势农产品的发展，增强区域比较优势。例如，黑龙江、江苏的大米，内蒙古的乳制品，湖南、福建的茶叶，北京、山东的蔬菜等，不同程度上都是在绿色食品开发的促进和带动下，发展为优势产业，形成以绿色食品为特色的区域生产布局。

三是促进产业化龙头企业发展，优化生产组织结构。通过"从农田到餐桌"的质量管理模式和绿色食品标志的纽带作用，建立并强化了"企业+原料基地+农户"的生产组织结构和利益联结机制，增强了龙头企业的竞争力和带动力，从而推动了农业产业一体化发展。目前，在全国 151 个国家级重点龙头企业中，绿色食品企业有 51 个，超过 1/3。随着绿色食品龙头企业的发展，绿色食品在优化农业生产组织结构和推动农业产业化进程方面将发挥更大的作用。

因此，开发绿色食品符合农产品的发展方向，是引导和促进农业结构战略性调整的一项有效措施。

1.4.2 把发展绿色食品当作农产品质量安全工作的示范带动作用来抓

绿色食品是开创性的工作，特别是已取得的制度创新和机制创新，对加强农产品质量安全制度建设和无公害农产品及有机食品工作具有重要的借鉴意义。主要表现在：以质量认证为基本手段进行质量安全管理；以质量证明商标为纽带，建立健全认证管理体系；实行"从农田到餐桌"的全过程质量管理，立足基本国情，借鉴国际先进标准建立配套的技术标准体系；充分利用和合理整合资源，建立质量监测检验体系；发挥龙头企业的主导作用，通过原料基地建设推动农业的标准化生产和规范化管理；以国际市场为导向，促进农产品安全质量标准的提高等。绿色食品工作在许多方面已走在了农产品质量安全管理工作的前沿，为提高我国农产品的质量安全水平起到了积极的示范带动作用。

1.4.3 把发展绿色食品作为扩大我国农产品出口的一项重要工作来抓

农业部门就是要千方百计地为提高我国农产品的国际竞争力，扩大出口，保护和增进农民利益多想办法，多找出路。目前，绿色食品在质量标准和品牌影响力上都具有一定的竞争优势，特别是有打破"绿色壁垒"的优势，具备了扩大出口的技术条件。从一些国家的农产品质量安全制度看，农产品在技术标准和认证条件上都是分层次的，比如有机农产品、减农药减化肥农产品、常规农产品等。我国 AA 级绿色食品或有机食品可以实行与国际认证接轨，扩大出口 A 级绿色食品同样也可以通过双边或多边的认证接轨，扩大出口，而且具有更大的市场空间和出口潜力。近几年，全国绿色食品出口贸易额保持了 50% 以上的增长速度，产品出口率已达到 6.5%。绿色食品的出口将成为带动我国农产品大规模进军国际市场的一支主导力量。因此，绿色食品不仅要立足国内创品牌，引导国内消费，而且要面向国际市场，发挥比较优势，在扩大我国农产品出口方面担当起义不容辞的责任。

此外，我国提出发展绿色食品是有现实背景的。首先，它顺应了世界食品贸易结构变化。当前世界食品工业正进入一个新的转折时期，这一时期的特点是世界各国普遍加强了对食品科学研究，重视开发新产品，特别是运用新技术开发新产品；具有高技术含量的食品、无污染食品及保健食品成为今后国际市场最有发展潜力，为广大消费者所喜爱的食品。目前，世界范围内绿色食品销量仅占整个食品销量的 2%~3%，预计这一比例将在今后较短的时间内迅速增长，可见，大力发展开发绿色食品，发展生态农业将有广阔前景。其次，绿色食品发展符合我国的消费国情。近十多年来，随着生产的发展，城乡人民收入大幅度提高，我国人民解决了"温饱"，直奔"小康"，从食品消费方面看，我国城乡居民的营养水平已接近世界平均水平，其中热量摄入部分已超过国际制定的平均热量摄入水平。公众对食品的要求已经由数量型转向质量型，并开始关注食品的安全保障问题。由于绿色食品是无污染的安全优质营养食品，这一特征决定了绿色食品的生产开发有巨大的市场潜力。

1.5 绿色食品开发意义

我国绿色食品事业是伴随着农业和农村经济的改革和发展而诞生的，一开始就得到了国务院和农业农村部的高度重视。1991 年，国务院在《关于开发"绿色食品"的有关问题的批复》中明确指出："开发'绿色食品'对于保护生态环境，提高农产品质量，促进食品工业发展，增进人民身体健康，增加农产品出口创汇，都具有现实意义和深远影响。"同时提出："这是一项新的工作，我国目前还处在起步阶段。要采取有效措施，坚持不懈地抓好这项开创性的工作，各有关部门要给予大力支持。"

1.5.1 开发绿色食品有利于我国农业和农村的改革与发展

随着我国加入 WTO，我国农产品贸易机遇和挑战并存，一方面农产品出口面临着前所未有的机遇，同时也对我国农产品特别是农产品质量问题提出了新挑战。世界大多数国家尤其是发达国家都很重视进口食品的安全性，食品安全检测指标限制非常严格，检验手段已从单纯检测产品到验收生产基地。

中央经济工作会议多次提出：大力调整农业结构，千方百计增加农民收入，是新阶段农村经济工作的中心任务。继续推进农业和农村经济结构调整，是提高农业效益、增加农民收入的重要途径。要把食品质量、卫生和安全工作放到十分突出的位置，加快建设农产品质量标准和检验检测体系，加强农产品市场建设和管理，大力发展绿色食品、有机食品和无公害食品。

绿色食品工作与保护农业生态环境、提高农产品质量关系密切，无疑是结构调整的一个重要内容。实施西部大开发战略是中央的一项重大决策，西部地区具有相对洁净的自然环境，也是发展绿色食品的一个优势。不失时机地把发展绿色食品作为西部开发过程中农业结构调整的一个突破点，选择一批适宜的项目，既能做到开发项目起点高，企业受益大，又能促进农民增收，具有一举多得的意义。

1.5.2 开发绿色食品有利于资源与环境的保护

生态环境是人类生存和发展的基本条件，是经济、社会发展的基础。在环境、资源和人类的关系日益趋紧的现实情况下，走可持续发展的道路已经成为世界各国的共识，而农业与资源、环境的关系最为直接、最为密切。开发绿色食品的基本目的有两个：一是通过绿色食品的开发，合理地保护和利用自然资源和生态环境；二是通过绿色食品的消费，引导消费观念的转变，增进人们身体健康。它以生态农业建设为基础，以产品为载体，将可持续发展的思想和原则贯穿到农业生产和食品加工的全过程，引导生产行为和消费观念朝着可持续发展方向转变，不仅产生了较好的经济效益，并取得了良好的生态效益和社会效益。

绿色食品生产过程中蕴含了对"环境洁净度"和"资源持续利用"的生态健康的要求，以追求经济效益、生态效益和社会效益三大效益的统一为目标；绿色食品消费过程中增强人们"人与生物圈共生共荣"的持续消费意识，以追求食物消费的安全性、科学性和经济性的最大统一为最终目的。保护和建设好生态环境，实现可持续发展是我国现代化建设的一项基本方针，生态环境建设是把我国现代化建设全面推向 21 世纪的重大战略部署，这既是中华民族发展史上史无前例的伟大壮举，也是履行有关国际公约和对世界文明做出的重要贡献。

1.5.3 开发绿色食品有利于提高食品质量安全

中华人民共和国成立初期及其后相当长一段时期内，我国政府由于现实需要和历史的局限，特别是迫于我国生产力水平落后、人口压力和科技水平欠发达，解决人民生活最基本的需求"温饱"问题是中华人民共和国成立以后最现实、最迫切的问题，从而造成了我国农业生产长期以来以追求产量为最大目标。

改革开放 40 年来，我国综合国力明显增强，人民生活水平显著提高，食品安全问题已经摆在我们面前，保障安全已经是对农产品和食品最起码的要求。在我国现有生产力水平下，解决食品安全问题最重要的有两条，一是要有技术标准；二是要规范管理。在这两方面，绿色食品最具代表性、典型性。通过严格执行产前、产中、产后各个环节的标准，最终保证食品的安全；通过质量证明商标管理，有效地规范了生产和流通行为，树立了产品在市场中的良好形象。绿色食品工作的实践证明，只要将技术标准、技术服务和生产资料供应等方面的环节抓好了，在生产过程中就可以有效地保证农产品的质量和安全。

1.5.4 开发绿色食品有利于农业和食品产业向深度和广度拓展

改革开放以来，我国经济实力和生活水平提高很快，农产品进入供应相对过剩的阶段。开发无污染的优质安全的绿色食品是在新的历史条件下进一步拓展农业深度和广度的客观需要。围绕绿色食品的开发，一方面提升我国传统种植业、养殖业的生产水平和档次；另一方面要将加工、销售、出口配套，逐步形成涵盖农业、商业、加工业、出口贸易和科研等多个领域的绿色食品生产、销售、推广体系，进而增强农产品生产者和销售者的品牌意识，提高我国农产品生产基地和批发市场的声誉，营造重视产品质量和安全的氛围，抢占国际市场。

绿色食品强调生产、加工、贸易过程的标准化和各环节的相互联系，以统一的标准和良好的形象面对市场，在一些地区形成了"生产基地—品牌—市场"的产业链条。在市场经济环境中，品牌就是形象，品牌就是价值，品牌就是市场。现在越来越多的企业和农户认识到了绿色食品标志商标的经济价值和社会价值，在市场上产生了"品牌加绿标等于名牌"的效应。中国的"绿色食品"标志逐渐得到国际上的广泛认同，绿色食品在国际市场上已成为我国无污染、安全、优质食品的代名词。

第2章 绿色食品的理论基础

绿色食品是我国改革开放和新时期农业农村经济发展的必然产物。我国于1990年5月15日正式宣布开始发展绿色食品，时任农业部农垦司司长的刘连馥先生率先提出在中国开展绿色食品事业，制定绿色食品标准、确定绿色食品标识、指导绿色食品生产、推动绿色食品认证，把大量的绿色食品供给市场，为消费者提供安全、健康和优质的农副产品以及加工产品。绿色食品在我国从最初的代表安全、优质、无污染的概念性提案到绿叶蓓蕾的标志，再到一个个鲜活的产品，发展历经近30年，已经成为一项涵盖基地、标准体系、企业、市场营销等在内的全程化产业，在引领我国农业标准化发展、安全农产品消费、农产品质量安全水平提升以及生态农业建设过程中发挥了重要的示范带动作用。发展绿色食品，不仅有利于推进农业标准化生产，提高农产品质量安全水平，而且有利于促进农业增效、农民增收。随着社会经济的发展，人民生活水平的提高，国内外市场对农产品质量标准要求越来越严，消费者对绿色食品的要求也越来越高。绿色食品"安全、优质"的鲜明质量特征和"从农田到餐桌"全程质量控制的管理模式，备受消费者的信任和社会的关注。

2.1 绿色食品概念

2.1.1 绿色食品的定义

绿色食品(green food)并不是指那些颜色是绿色的食品，而是指没有污染、不对人体的健康构成危害的安全食品。国际上把与环境保护有关的事物通常都冠之以"绿色"，绿色象征生命、健康和活力，也象征着环境保护和农业的可持续发展。绿色食品是出自良好的生态环境，无污染、安全、优质、营养的食品。此类食品并非都是绿颜色的，其他颜色的食品符合绿色食品要求的同样是绿色食品。反过来说，绿颜色的食品也不一定就是绿色食品。

为了准确描述"绿色食品"的内涵，农业部对"绿色食品"作了规范性的定义，即绿色食品是指遵循可持续发展原则，按照特定生产方式生产，经专门机构认定，许可使用绿色食品标志，无污染、安全、优质、营养的食品。凡没有经过专门机构(中国绿色食品发展中心，China Green Food Development Center)认定合格的食品，不能随意称之为绿色食品，也不能使用绿色食品的标志。为了更好地促进和监督绿色产业的发展，目前中国绿色食品发展中心在各省(自治区、直辖市)都设有绿色食品办公室，但对绿色食品具有终审权的只有中国绿色食品发展中心。

相对于利用大量化肥、农药，造成严重污染的农业来说，绿色食品的生产过程强调的是遵循自然规律，维持自然生态系统的平衡，把农业生态系统平衡的维持、环境资源的保护和农业的可持续发展放在首位。动植物物种多样性、土壤和水资源等环境因素的保护是确保当代人和后代人持续获得安全食品和健康的必要条件。

2.1.2　绿色食品必须具备的条件

绿色食品必须按照特定的生产方式进行，其生产需要特定的原料（如允许使用的化肥、农药、添加剂等）、工艺流程、操作规范、特定的生产管理和生产环境，且必须经过批准和接受监测与检测。绿色食品必须具备的条件：①产品和产品原料产地必须符合绿色食品生态环境质量标准；②农作物种植、畜禽饲养、水产养殖及食品加工必须符合绿色食品的生产操作规程；③产品必须符合绿色食品质量和卫生标准；④产品外包装必须符合国家食品标签的通用标准，符合绿色食品特定的包装装潢和标签的规定要求。

2.1.3　有机食品和无公害食品

有两种食品与绿色食品很容易混淆，一种是有机食品；另一种是无公害食品。有机食品、无公害食品和绿色食品是一组与人类健康、食品质量和环境保护有关的食品。与普通食品相比，绿色食品、有机食品和无公害食品都是无污染、有益于人类健康的安全食品。在生产过程中都要求产地及周边环境有洁净的空气、水和土壤，不能有污染源；都要采用规范化的生产技术，既不污染产品，又有利于保护生态环境。这3种食品都需要通过专门机构的认定。我国幅员广阔，各地生态环境条件和经济发展情况存在差异性，在保证经济快速发展的过程中，健全农产品质量安全管理体系，提高食品质量安全水平，增加农产品国际竞争力，是农业和农村经济发展的重要任务。经国务院批准，农业部全面启动了"无公害绿色食品行动计划"，并确立了"无公害食品、绿色食品、有机食品三位一体、整体推进"的发展战略。为了对各类食品有一个全面地了解，现将有机和无公害食品介绍如下。

2.1.3.1　有机食品

所谓有机食品（organic food），是指来自有机农业生产体系，按照有机农业生产要求、规范和有机食品标准生产加工，并经合法的独立的有机食品认证机构认证的农产品及其加工产品。如国际有机农业运动联盟（International Federation of Organic Agriculture Movements，IFOAM）认证的食品，包括蔬菜、菌类、水果、粮油、茶叶、畜禽产品、蜂产品、奶制品、水产品、调料和中药材等。1939年，Lord Northbourne 在 Look to the Land 中，提出了有机耕作（organic farming）的概念，有机耕作是相对依靠额外化肥和化学农药进行农业生产的化学耕作（chemical farming）而言的。有机耕作中所说的"有机"并不是化学意义上的概念（即分子中含碳元素的化合物），而是指采取的一种有机的耕作和加工方式。有机农业在动植物生产和养殖过程中不使用化学合成的农药、化肥、生长调节剂、饲料添加剂等物质，不使用利用基因工程技术手段获得的生物及其产物，而是遵循自然规律和生态学原理，采取一系列可持续发展的农业技术，协调种植业和养殖业的平衡，维持农业生态系统持续稳定的一种农业生产方式。

有机食品和绿色食品的区别在于，绿色食品是中国政府主推的一个认证农产品品牌，有 AA 级绿色食品和 A 级绿色食品之分，AA 级绿色食品的生产标准基本上等同于有机农产品的生产标准。绿色食品和有机食品的认证机构不同。

农产品及其加工产品要想成为有机食品，获得有机食品的认证和标志，必须满足以下条件：①有机食品原料的生产基地应具备良好的生态环境；②食品的原料是来自于已经建立或正在建立的有机农业生产体系，或者是采用有机采集的野生天然产品；③生产和流通过程中必须有完整的质量控制体系和跟踪审查体系，并有完整的生产和销售记录档案；④在整个生产过程中不能对生态环境造成负面的影响，而应积极保护和改善生态环境；⑤在整个生产过程中必须严格遵循有机食品的生产、加工、包装、贮藏、运输的标准和要求；⑥必须经过合法的有机食品认证机构的认证，并允许使用有机食品标志。

2.1.3.2 无公害食品

广义上的无公害食品，涵盖了有机食品、绿色食品等无污染的安全营养类食品。而目前市场上所称的"无公害食品"指的不是广义的无公害食品，而是一种达到市场准入基本条件的安全食品。无公害食品是指产地环境、生产过程和产品质量符合国家有关标准和规范的要求，经认证合格获得认证证书并允许使用无公害农产品标志的优质农产品及其加工制品。

无公害农产品生产系采用无公害栽培（养殖）技术及其加工方法，按照无公害农产品生产技术规范，在清洁无污染的良好生态环境中生产、加工的产品，安全性符合国家无公害农产品标准的优质农产品及其加工制品。无公害农产品生产是保障食用农产品消费者身体健康、提高农产品安全质量的生产方式。

在实际自然环境和常规技术条件下，要生产出完全不受有害物质污染的食品是很难的。无公害食品，实际上是指食品中不含有关规定中不允许的有毒物质，并将某些有害物质控制在标准允许的范围内，保证人们食品安全。通俗地说，无公害食品应达到"优质和卫生"。"优质"指的是品质好、外观美、营养高，符合食品的营养要求。"卫生"指的是"3个不超标"，即农药残留不超标，不含禁用的剧毒农药；硝酸盐含量不超标；工业"三废"和病原菌微生物等对食品质量造成破坏的有害物质含量不超标。

2.1.4 食品的等级

从食品等级金字塔（图 2-1）可以看出，有机食品是等级最高的食品，其次是绿色食品，再次之的是无公害食品，而普通食品等级最低。绿色食品又分为 A 和 AA 级绿色食品，AA 级绿色食品与有机食品的标准等同。与普通食品相比，有机食品、绿色食品、无公害食品都是安全食品，这三者从种植、收获、加工生产、贮藏及运输过程中都采用了无污染的工艺技术，实现了"从农田到餐桌"的全程质量控制体系，保证了食品的安全性。这三个等级的食品都要经过合法机构的认证，并各有相对应的特定标志和执行标准和生产规范。

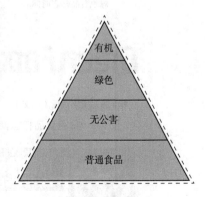

图 2-1　食品的等级

2.2　绿色食品标志

2.2.1　绿色食品标志图形

　　绿色食品具有专用标志，已经过国家工商行政管理局注册。绿色食品标志是指中文"绿色食品"、英文"Green Food"、绿色食品标志图形以及三者相互组合的各种形式（图2-2）。绿色食品标志作为一种产品质量的证明商标，其商标专用权受《中华人民共和国商标法》保护。绿色食品标志使用的食品必须通过中国绿色食品发展中心认证处认证，获得认证许可的企业方可依法使用。

　　绿色食品标志图形（图2-3、图2-4）由三部分组成，即上方的太阳（太阳的变体）、下方的植物叶片和中心的蓓蕾，分别代表了自然生态环境、植物生长和生命的希望。图形为正圆形，意为保护。颜色为绿色，象征着生命、农业、环保。标志给人的整体印象简明而深刻，整个图形描绘出一幅明媚阳光照耀下万物茁壮成长而展现出的勃勃生机，生命得以持续繁衍。绿色食品标志还表明绿色食品出自纯净、良好的生态环境，能给人们带来蓬勃的生命力。绿色食品标志还提醒人们要保护自然环境，通过改善人与自然的关系，保持与创造自然界的和谐。绿色食品的标志把绿色食品的内涵图解得生动形象，使人过目难忘，该标志有助于绿色食品理念的普及与传播。

　　绿色食品分为A级和AA级两个等级，为了便于在商品流通中区分，这两个等级绿色食品的标志图形略有不同，A级绿色食品标志与字体为白色，底色为绿色（图2-3）。AA级绿色食品标志与字体为绿色，底色为白色（图2-4）。

绿色食品标志商标　　　　　　　　　　　　　　绿色食品文字商标（中文）

GreenFood　　　　　　　　　

绿色食品文字商标（英文）　　　　　　　　　绿色食品标志、文字组合商标

图2-2　绿色食品标志商标、绿色食品文字商标（中英文）和标志与文字组合

图2-3　绿色食品标志图形（A级）　　　　**图2-4　绿色食品标志图形（AA级）**

2.2.2 绿色食品标志的作用

2.2.2.1 绿色食品标志便于维系生产者、管理者和监督者的关系

绿色食品生产者的产品质量要对消费者负责，绿色食品标志代表着生产者对消费者的一种质量承诺；绿色食品生产者还要对绿色食品标志的所有者负责，产品出了质量问题不仅仅关系到生产企业的信誉问题，还关系到绿色食品认证机构、监管机构和绿色食品标志的信誉。绿色食品许可企业使用这一标志的同时，即负有对绿色食品标志信誉维护的责任。同时，绿色食品标志的所有者在许可企业使用标志的过程中，是否坚持标准，是否公平公正，以及是否生产管理和质量管理到位，也要接受国家有关部门和消费者的监督和检查。

2.2.2.2 绿色食品标志便于绿色食品产品及理念的传播

《绿色食品标志管理办法》规定了绿色食品产品上必须标有规范性的绿色食品标志，从而建立起绿色食品的实物与标志之间的密切关系。绿色食品标志成为绿色食品产品形象的重要组成部分，便于消费者识别。

2.2.2.3 绿色食品标志便于促进绿色食品企业实行名牌战略

品牌战略已成为各个企业打开和占领国内外市场的核心竞争力，无论是企业、地区、甚至国家，品牌战略已成为优先发展的关键环节。绿色食品标志本身就是一个注册商标。通过商标使用许可手段，严格监控使用绿色食品标志企业的产品质量，而企业优异的绿色产品质量又会进一步提高绿色食品标志商标的知名度，并运用知名商标开拓国内外市场，提高市场份额。

2.2.3 绿色食品标志的管理

绿色食品标志的管理包括技术手段和法律手段。技术手段是指按照绿色食品标准体系对绿色食品产地环境、生产过程及产品质量进行认证，只有经过认证达到绿色食品标准的企业和产品才能使用绿色食品标志商标。法律手段即对使用绿色食品标志的企业和产品实行商标管理。绿色食品标志商标已由中国绿色食品发展中心在国家工商行政管理局注册，专用权受《中华人民共和国商标法》保护，未经许可使用的企业都要承担法律责任。

2.2.3.1 绿色食品标志的科学规范化管理

绿色食品标志的推出缔造了一个独特的食品生产和质量管理体系，并被我国绿色食品原料生产者和食品企业所接受、采用、推广，以一个特定的标志成为一种生产方式和消费方式的标识，带动了一个产业的健康发展，并产生了显著的经济效益、生态效益和社会效益。中国绿色食品实行统一、规范的标志管理，通过对达到特定标准的产品采用认证的方式发放特定的标志，用以证明绿色产品的特定身份以及与一般同类普通产品的区别。

绿色食品标志管理，是针对绿色食品的特征而采取的一种管理手段，其对象是绿色食品和绿色食品生产企业，其目的是要为绿色食品的生产者营造一个特定的生产环境和生产规程，同时为绿色食品的流通创造一个良好的市场环境和法律保障，从而维护了绿色食品产品的生产、流通和消费秩序，保证了绿色食品应有的品质。因此，绿色食品标志管理，实际上是一种针对绿色食品的质量管理模式。

绿色食品标志管理,从形式上看是一种质量认证行为,但绿色食品标志是在国家工商行政管理局注册的一个商标,受《中华人民共和国商标法》的保护,在具体行为上完全按商标性质处理。因此,绿色食品在认定的过程中是质量认证行为,而在认定后则是商标管理行为,绿色食品标志管理是质量认证和商标管理的结合体,两者的结合不仅使绿色食品的认定具备产品质量认证的严格性和权威性,又具备商标使用的法律地位。实施绿色食品标志管理,不仅可以有效地规范企业的生产和流通行为,而且有利于保护广大消费者的权益;不仅可以有效地促进企业争创名牌,开拓市场,而且有利于绿色食品产业化发展。绿色食品标志商标的注册和规范使用,使绿色食品具有了可识别性。可识别性使绿色食品再生产过程的内在价值得以体现、内在特征外在化,从而为绿色食品发展成为相对独立的产业创造了条件。

绿色食品标志由中国绿色食品发展中心注册,各省(自治区、直辖市)绿色食品委托管理机构受中国绿色食品发展中心委托,负责本辖区内绿色食品商标标志的管理工作。

2.2.3.2 绿色食品标志的使用管理和监督

绿色食品标志作为证明商标注册,使用许可实行一品一号,目的是突出绿色食品标志的法律特点和监督管理作用。对绿色食品产品监管的内容主要包括监督其标志使用的正确与否、其质量稳定与否,以及打击假冒伪劣绿色食品现象。

(1)绿色食品标志的使用管理

①绿色食品标志必须使用在经中国绿色食品发展中心许可的产品上;获得标志使用权后,半年内必须使用绿色食品标志;在产品促销广告时,必须使用绿色食品标志;使用单位必须严格履行"绿色食品标志使用协议书"规定的内容。

②绿色食品的包装、装潢应符合《中国绿色食品商标标志设计使用规范手册》要求,做到标志图形、中英文"绿色食品(green food)"文字、编号、防伪标签的"四位一体";编号形式应符合规范,即:

LB	X X	X X	X X	X X	X X X	X
标志代码	产品分类	批准年度	国别	地区省	产品序号	产品分级

③绿色食品申报审批中分 A 级和 AA 级绿色食品两个等级。A 级绿色食品标志许可使用的有效期为 3 年,到期要求继续使用绿色食品标志的须在许可使用期满前 90d 重新申报,如果在有效期满前 90d 未重新申报的,视为自动放弃其使用权。AA 级绿色食品有效使用期为 1 年(农作物为一个生长周期)。

④绿色食品标志使用单位应接受绿色食品各级管理部门的绿色食品知识培训及相关业务培训,并要如实报告标志使用情况,许可使用标志的产品不得粗制滥造、欺骗消费者。

⑤出口产品使用绿色食品标志办法详见《绿色食品出口产品管理暂行办法》。

⑥作为绿色食品生产企业,改变其生产条件、工艺、产品标准及注册商标前,需报经中国绿色食品发展中心批准。

⑦由于不可抗拒的因素暂时丧失绿色食品生产条件的,生产者应在一个月内报告省(自治区、直辖市)绿办和中国绿色食品发展中心两级绿色食品管理机构,暂时终止使用绿色食品标志,待条件恢复后,经中国绿色食品发展中心审核批准,方可恢复使用。

⑧绿色食品标志编号的使用权，以核准使用的产品为限。未经中国绿色食品发展中心批准，不得将绿色食品标志及其编号转让给其他单位及其个人。

⑨使用绿色食品标志的单位或个人，在有效的使用期限内，须接受中国绿色食品发展中心指定的环保、食品监测与检测机构对其使用标志的产品及生态环境进行抽检，抽检不合格的，撤销标志使用权，在本使用期限内，不再受理其申请。

⑩对侵犯标志商标专用权的，被侵犯人可以根据《中华人民共和国商标法》向侵权人所在地的县级以上工商行政管理部门要求处理，也可以直接向人民法院起诉。

（2）绿色食品标志的监督管理

①企业年审制　各省绿色食品管理机构受中国绿色食品发展中心的委托，负责对绿色食品标志进行统一的监督管理，并根据使用单位的生产条件、产品质量状况、标志使用情况、合同的履行情况、环境及产品的抽检（复检）结果及消费者的反映，对绿色食品标志使用证书实行年审。年审不合格者，取消产品的标志使用权，并在媒体上公告于众，由各级省绿色食品管理机构负责收缴证书，并上报中国绿色食品发展中心。

②产品抽检　中国绿色食品发展中心根据使用单位的年审情况，于每年初下达抽检任务，指定定点的环境监测机构、食品检测机构对使用绿色食品标志的产品及其生产基地生态环境质量进行抽检。抽检不合格者，取消其标志使用权，并公告于众。

③标志专职管理人员的监督　绿色食品标志专职管理人员对所辖区内的绿色食品生产企业每年要进行一次监督检察，并将实际情况向中国绿色食品发展中心汇报。

④消费者监督　绿色食品标志使用单位应接受全部消费者的监督，中国绿色食品发展中心对消费者发现不符合标准的绿色食品，将责成生产企业进行经济赔偿，并对举报者予以奖励，对产品质量不合格的生产单位进行查处。

（3）绿色食品标志防伪标签管理

为了规范绿色食品的统一形象，保护绿色食品生产企业的利益，帮助消费者识别真伪，保证绿色食品标志产品的原料出自受监测的合格的原料生产基地，中国绿色食品发展中心规定，许可使用绿色食品标志的产品应该使用由中国绿色食品发展中心统一委托定点的专业生产单位印刷的防伪标签。防伪标签采纳了难以仿冒的造币技术为核心的防伪技术，背景为各国货币通用的细密实线条纹图案，在紫外线下可见原中心主任的亲笔签名字样，难以仿冒。对使用绿色食品标志的产品及绿色食品形象发挥"双重"保护作用。

2.2.4　绿色食品标志的法律管理

法律管理是绿色食品标志管理的核心。绿色食品标志是经中国绿色食品发展中心在国家工商管理局商标局注册的质量证明商标，用于证明绿色食品无污染、安全、优质、营养的特征，属知识产权范畴，受《中华人民共和国商标法》保护。政府部门授权专门机构管理绿色食品标志，这是一种将技术手段和法律手段有机结合起来的生产组织和管理行为，而不是一种自发的民间自我保护行为。对绿色食品产品实行统一、规范的标志管理，不仅使生产行为纳入了技术和法律监控的轨道，而且使生产者明确了其自身和对他人的权益和责任，同时也有利于企业争创名牌，树立名牌商标保护意识，提高企业和产品的社会知名度和公信力。

中国绿色食品发展中心在国家工商局注册商标分别为绿色食品标志图形、中文"绿色食品"四个字、英文"Green food"以及中英文文字与标志图形的组合形式。商标注册证号为第892107至892139号。和其他商标一样，绿色食品标志商标具有商标所有的通性，即专用性、限定性和保护地域性，受法律保护。

证明商标又称保护商标，是由对某种商品或服务具有检测和监督能力的组织所控制，而由其以外的人使用在商品或服务上，用以证明商品或服务的原产地、原料、制造方法、质量、精确度或其他特定品质。经商标局核准注册的集体商标、证明商标专用权被侵犯时，注册人可以根据有关法律、法规请求工商管理机关处理，或直接向人民法院起诉。经公告的使用人可以作为利害人参与上述请求。绿色食品商标的法律保护依据为《中华人民共和国商标法》《集体商标、证明商标、注册和管理办法》《全国人民代表大会常务委员会关于惩治假冒注册商标犯罪的补充规定》《中华人民共和国产品质量法》和《中华人民共和国反不正当竞争法》等。

国务院及有关部门对开发和推广绿色食品给予了大力支持，《国务院关于开发"绿色食品"有关问题的批复》（国函〔1991〕91号）、国家工商行政管理局和农业部联合发文《关于依法使用、保护"绿色食品"商标标志的通知》（工商标字〔1992〕第77号）和国家工商行政管理局工商企函字（1996）第二82号（加强对以"绿色食品"冠名单位实行登记注册后的监督管理）等文件，对进一步加强绿色食品商标标志保护提供了有利条件。

对侵犯绿色食品标志商标专用权的行为，中国绿色食品发展中心及各省绿色食品管理机构可以请求工商行政管理机关查处，也可直接向人民法院起诉，被许可使用绿色食品标志的企业也可参与上述请求。对绿色食品标志商标构成侵权的行为主要包括：①未经中国绿色食品发展中心许可，在中心注册的九大类商品或类似商品上使用与绿色食品标志相同或者近似的商标；②销售明知是假冒绿色食品标志商品的行为；③伪造、擅自制造绿色食品标志或销售伪造、擅自制造绿色食品标志的行为；④给绿色食品标志专用权造成其他损害的行为。

2.2.5　有机食品和无公害农产品标志

2.2.5.1　有机食品标志

按照中华人民共和国国家标准（GB/T 19630.1～19630.4—2011）的要求进行生产、加工、销售，并获得合法的认证机构认证的有机食品，可以使用全国通用的"中国有机产品认证标志"。中国有机产品认证的标志图案有两种：一种是中国有机产品认证标志（图2-5）；另一种为中国有机转换产品认证标志（图2-6）。

图2-5　中国有机产品认证标志　　　　图2-6　中国有机转换产品认证标志

有机产品的标志图案由三部分组成，即外围的圆形、中间的种子图形和周围的环形线条。标志外围的圆形似地球，象征和谐和安全，环形中间的"中国有机产品"和"中国有机转换产品"字样为中英文结合方式，表示中国有机产品与世界平行，也有利于国内外消费者识别。标志中间的类似种子的图形代表着生命萌发之际的勃勃生机，象征了有机产品是从种子开始的全过程认证，同时昭示有机产品就如同刚刚萌发的种子，正在中国大地上苗壮成长。种子图形周围圆润自如的线条象征环形道路，与种子图形合并构成汉字"中"，体现出有机产品植根中国，有机之路越走越宽广。同时，处于平面的环形又是英文字母"C"的变体，种子形状也是"O"的变形，意为"China Organic"。绿色代表环保、健康，表示有机产品给人类生活及生态环境带来和谐完美。橘红色代表旺盛的生命力，表示有机产品的生产体现了可持续发展的特质。

一般来说生产者在申请有机产品认证后，其生产基地环境要有 1~3 年的转换期才能正式获得有机产品认证，在这 1~3 年内农场要完全按照有机认证标准要求进行生产，但其产品不能叫有机产品，只能叫"有机转换产品"，只能使用有机转换标志。当通过转换期达到认证标准后才能使用有机产品的标志。

2.2.5.2 无公害农产品标志

无公害农产品标志的图案标准颜色由绿色和橙色组成（图 2-7）。标志图案主要由麦穗、对勾和无公害农产品字样组成。麦穗代表农产品，对勾表示合格，橙色寓意成熟和丰收，绿色象征环保和安全。标志图案直观、简洁、易于识别，含义通俗易懂。无公害农产品标志是由农业部和国家认证认可监督管理委员会联合制定并发布的，由农业农村部农产品质量安全中心审核、发放，是获得全国统一无公害农产品认证的产品或产品包装上的证明性标记。

图 2-7　无公害农产品标志

2.3　绿色食品的标准及政策法规

绿色食品标准体系是支撑绿色食品事业持续发展最为重要的技术基础，自 1989 年农业部首次提出发展"绿色食品"，并在农业部成立中国绿色食品发展中心以来，经过 30 多年的探索和实践，中国绿色食品发展中心立足精品定位，瞄准国际先进水平，按照"安全与优质相结合，先进性与实用性相结合"的原则，实现"从农田到餐桌"全程质量控制的理念，建立了一整套的绿色食品标准体系，对绿色食品生产的产前、产中和产后各个生产环节进行规范和监控。

2.3.1　绿色食品标准的定义

绿色食品标准是应用科学技术原理，结合绿色食品生产实践，借鉴国内外相关标准所制定的，在绿色食品生产中必须遵守在绿色食品质量认证时必须依据的技术规范。它既是绿色食品生产者的生产技术规范，也是绿色食品认证中考察和监测的依据和质量保证的前提。绿色食品标准是由农业部发布的国家行业标准，对经认证的绿色食品生产企业来说是强制性标准,必须严格执行。

绿色食品标准体系是对绿色食品实行全程质量控制的一系列标准的总称,它包括绿色食品产地环境标准、绿色食品生产技术体系标准、绿色食品生产资料使用标准、绿色食品产品标准、绿色食品包装、贮藏、运输标准等。

2.3.2 绿色食品产品标准制定原则与依据

2.3.2.1 绿色食品标准制定的原则

绿色食品标准从发展经济和保护环境相结合的角度规范绿色食品生产者的经济行为,减少经济行为对生态环境的不良影响和提高食品的质量,维护和改善人类赖以生存的资源和环境条件。制定绿色食品标准遵循的基本原则既要体现绿色食品无污染、安全、优质、营养的内在品质,又要考虑实现与国际农产品标准接轨。为此在制定绿色食品产品标准时,考虑到中国的具体国情,既没有等同采用同类或同种产品的国家标准以及地方或企业标准,也没有完全照搬国际标准。具体来讲,制定绿色食品标准遵循原则包括:①生产优质、营养,对人畜安全的食品及饲料,并保证获得一定的产量和经济效益,兼顾生产者和消费者双方的利益;②保证生产地域内环境质量不下降并不断提高,其中包括土壤的长期肥力和洁净,有助于水土保持,保证水资源和相关生物不遭受损害,有利于物质自然循环和生物多样性的保持;③有利于节约资源,其中包括要求使用更新资源、可自然降解或可回收利用材料,减少长途运输,避免过度包装等;④有利于先进技术的应用,以保证及时利用最新科技成果为绿色食品发展服务;⑤有关标准和技术要求能够被验证,有关标准要求采用的检验和评价方法必须是国际、国家标准或技术上能保证重复性的试验方法;⑥绿色食品标准的综合技术指标不低于国际标准和国外先进标准的水平,同时生产技术标准有很强的可操作性,能被生产者接受;⑦标准要严格控制使用基因工程技术。AA 级绿色食品生产中,禁止使用基因工程技术获得的生物及产品。

2.3.2.2 绿色食品标准制定的主要依据

绿色食品产品标准的制定,主要参照的依据有:①欧共体关于有机农业及其有关农产品和食品条例(第 2092/91);②国际有机农业联盟(IFOAM)有机农业和食品加工基本标准;③联合国食品法典委员会(CAC)标准;④国际标准化组织(ISO)的相关标准;⑤我国国家环境标准;⑥我国食品质量标准;⑦我国绿色食品生产技术研究成果。

积极采用国际标准和国外先进标准,有利于提高产品质量,增强产品的市场竞争力,促进农产品贸易发展。已经分别制定了 A 级和 AA 级绿色食品标准。制定 A 级绿色食品标准以国家标准为基础,部分参照国际标准和国外先进标准,能被绿色食品生产企业所接受,综合技术水平优于国内执行标准。AA 级绿色食品标准的制定以我国国家标准为基础,参照了 GB/T 2400—ISO 14000 环境管理标准、国际有机农业联盟(IFOAM)标准、联合国食品法典委员会(CAC)标准,并结合绿色食品生产技术科技攻关成果,达到国际和国外先进标准水平。

2.3.3 绿色食品标准的作用

绿色食品标准既是绿色食品生产者的生产技术规范,也是绿色食品认证中考察和监测的依据和质量保证的前提。绿色食品标准也是绿色食品生产经验的总结和科技发展的结果，对绿色食品产业发展所起了关键性的作用，其作用主要体现在以下几个方面：

(1)绿色食品标准是绿色食品质量认证和质量体系认证的依据

质量认证也称作产品认证，国际规范称之为合格认证。国际标准化组织(ISO)给"合格认证"下的定义是：由可以充分信任的第三方证实某一经鉴定的产品或服务符合特定标准或技术规范的活动。质量体系认证在国际规范中被称为质量体系注册，是指由可以充分信任的第三方证实某一经鉴定产品的生产企业，其生产技术和管理水平符合特定的标准的活动。由于绿色食品认证实行产前、产中、产后全过程质量控制，同时包含了质量认证和质量体系认证，因此，无论是绿色食品质量认证还是质量体系认证都必须有适宜的标准依据，否则就不具备开展认证活动的基本条件，绿色食品标准就是绿色食品质量认证和质量体系认证的依据。

(2)绿色食品标准是进行绿色食品生产活动的技术行为规范

绿色食品标准不仅是对绿色食品产品质量、产地环境质量、生产资料毒副效应等指标的规定，更重要的是对绿色食品生产者、管理者行为的规范，是评价、监督和纠正绿色食品生产者、管理者技术行为的尺度，具有规范绿色食品生产活动的功能。绿色食品生产操作规程对绿色食品生产者的每一种产品的生产活动都做了技术性规定，通过规范生产者的技术行为，达到开发、生产与销售绿色食品的目的。

(3)绿色食品标准是推广先进生产技术，提高绿色食品生产水平的指导性技术文件

绿色食品标准不仅要求产品质量达到绿色食品产品标准，而且为产品达标提供了先进的生产方法和生产技术指标。例如，为保证绿色食品无污染、安全的卫生品质，提供了一套经济、有效的杀灭致病菌、降解硝酸盐(NO_3^-)的有机肥处理方法；为减少化学农药的喷施，提供了一套生态友好的病虫草害综合防治技术；为替代化肥，保证农作物产品，提供了一套根据土壤肥力状况，将有机肥、菌肥、矿质元素和其他肥料配合施用的比例、数量和方法，从而促使绿色食品生产者应用先进技术，提高生产技术水平和生产能力。

(4)绿色食品标准是维护绿色食品生产者和消费者利益的技术和法律依据

绿色食品标准作为质量认证依据，对接受认证的生产企业来说，属强制性执行标准，企业生产的绿色食品产品和采用的生产技术都必须符合绿色食品标准要求。当消费者对某企业生产的绿色食品提出异议或依法起诉时，绿色食品标准就成为裁决的合法技术依据。同时，国家工商行政管理部门，也将依据绿色食品标准打击假冒伪劣绿色食品产品的行为，保护合法绿色食品生产者和消费者的权益。

(5)绿色食品标准是增强产品国际市场竞争力，促进产品出口创汇的技术依据

绿色食品标准是以我国国家标准为基础，参照国际标准和国外先进标准制定的，既符合我国国情，又具有国际先进水平的标准。对我国大多数食品生产企业来说，要达到绿色食品标准有一定难度，但只要进行技术改造，改善经营管理水平，提高企业素质，许多企业是完全能够达到的，其生产的食品质量也是能够符合国际市场要求的。而目前国际市场对绿色食品的需求远远大于生产，这就为达到绿色食品标准的产品提供了广阔的市场。

总之，绿色食品的发展必须符合我们国家的基本国情，走可持续发展的道路，使经济

行为与生态系统和谐统一。绿色食品标准体系的建设是一项跨部门、跨学科的工作，是绿色食品事业发展的重要基础，需要在充分掌握大量资料和试验数据的基础上才能确定和实施。

2.3.4 绿色食品标准的构成

绿色食品标准包括绿色食品产地环境标准、绿色食品生产技术标准、绿色食品产品标准、绿色食品包装和贮运标准以及其他相关标准，绿色食品标准体系构成了一个完整的质量控制标准体系。

2.3.4.1 绿色食品产地环境标准

绿色食品产地的环境标准包含绿色食品产地环境技术条件(NY/T 391—2013)和绿色食品产地环境调查、监测与评价导则(NY/T 1054—2013)。其中，绿色食品产地环境技术条件(NY/T 391—2013)规定了环境空气质量要求、农田灌溉水质要求、渔业水质要求、畜禽养殖用水要求、土壤环境质量要求和土壤肥力要求的各项指标以及浓度限值、监测和评价方法。绿色食品生产基地应选择在无污染和生态条件良好的地区。基地选点应远离工矿区和公路铁路干线，避开工业和城市污染源的影响，同时绿色食品生产基地应具有可持续的生产能力。制定该项标准的目的：一是强调绿色食品必须产自具有良好生态环境的地域，以保证绿色食品的无污染和安全性；二是促进对环境的保护和改善。

(1)环境空气质量标准

绿色食品产地环境空气质量标准引用 GB 3095—2012 标准而构成为本标准的条文，绿色食品产地空气中各项污染物含量不应超过表 2-1 所列的指标要求。

表 2-1　空气中各项污染物的指标要求(标准状态)

项　目	指　标	
	日平均	1h 平均
总悬浮颗粒物(TSP)，mg/m³　≤	0.30	—
二氧化硫(SO_2)，mg/m³　≤	0.15	0.50
氮氧化物(NO_x)，mg/m³　≤	0.10	0.25
氟化物(F)	7μg/m³ 1.8μg/(dm²·d)(挂片法)	20μg/m³

注：1. 日平均指任何一日的平均指标；

2. 1h 平均指任何一小时的平均指标；

3. 连续采样 3d，一日 3 次，晨、中和晚各 1 次；

4. 氟化物采样可用动力采样滤膜法或用石灰滤纸挂片法，分别按各自规定的指标执行，石灰滤纸挂片法挂置 7d。

(2)农田灌溉水质标准

绿色食品产地农田灌溉水质标准引用 GB 5084—2005 标准而构成为本标准的条文，绿色食品产地农田灌溉水中各项污染物含量不应超过表 2-2 所列的指标要求。

表 2-2　农田灌溉水中各项污染物的指标要求

项　目		指　标	项　目		指　标
pH 值		5.5~8.5	铅，mg/L	≤	0.2
总汞，mg/L	≤	0.001	六价铬，mg/L	≤	0.1
镉，mg/L	≤	0.01	氟化物，mg/L	≤	2.0
总砷，mg/L	≤	0.05	粪大肠菌群，个/100mL	≤	4000

注：灌溉菜园用的地表水需测粪大肠菌群，其他情况下不测粪大肠菌群。

（3）渔业水质标准

绿色食品产地渔业水质标准评价采用《国家渔业水质标准》（GB 11607—1989），绿色食品产地渔业用水中各项污染物含量不应超过表 2-3 所列的指标要求。

表 2-3　渔业用水中各项污染物的浓度限值

项　目		指　标
色、臭、味		不得使水产品异色、异臭和异味
漂浮物质		水面不得出现油膜或浮沫
悬浮物，mg/L		人为增加的量不得超过 10
pH 值		淡水 6.5~8.5，海水 7.0~8.5
溶解氧，mg/L		>5
生化需氧量，mg/L	≤	5
总大肠菌群，个/L	≤	5000(贝类 500)
总汞，mg/L	≤	0.0005
总镉，mg/L	≤	0.005
总铅，mg/L	≤	0.05
总铜，mg/L	≤	0.01
总砷，mg/L	≤	0.05
六价铬，mg/L	≤	0.1
挥发酚，mg/L	≤	0.005
石油类，mg/L	≤	0.05

（4）畜禽养殖用水标准

绿色食品产地畜禽养殖用水标准评价采用《国家地面水环境质量标准》（GB 3838—2002），绿色食品产地畜禽养殖用水中各项污染物不应超过表 2-4 所列的指标要求。

表 2-4　畜禽养殖用水中各项污染物的浓度限值

项　目		指　标
pH 值		6~9
氟化物，mg/L	≤	1.0
氰化物，mg/L	≤	0.2
砷，mg/L	≤	0.05
汞，mg/L	≤	0.0001
镉，mg/L	≤	0.005
六价铬，mg/L	≤	0.05
铅，mg/L	≤	0.05
总大肠菌群，个/L	≤	10 000

（5）加工用水水质标准

绿色食品加工用水水质必须严格按照《生活饮用水质标准》（GB 5749—2006）来执行（表 2-5）。绿色食品加工用水中的各项污染物含量不应超过表 2-5 所列的限值。

表 2-5　绿色食品生产加工用水水质标准

项　目		指　标
汞，mg/L	≤	0.001
镉，mg/L	≤	0.005
砷，mg/L	≤	0.01
铅，mg/L	≤	0.01
六价铬，mg/L	≤	0.05
氯化物，mg/L	≤	250
氟化物，mg/L	≤	1.0
氰化物，mg/L	≤	0.05
菌落总数，个/L	≤	100
总大肠杆菌数，个/L	≤	不得检出
pH 值		6.5~8.5

（6）土壤环境质量标准

绿色食品产地土壤环境质量标准采用 GB 15618—2008。本标准将土壤按耕作方式的不同分为旱田和水田两大类，每类又根据土壤 pH 值的高低分为 3 种情况，即 pH<6.5，pH=6.5~7.5，pH>7.5。绿色食品产地各种不同土壤中的各项污染物含量不应超过表 2-6 所列的限值。

表 2-6　土壤中各项污染物的指标要求　　　　　　　　　　　　mg/kg

耕作条件	旱　田			水　田		
	pH<6.5	6.5≤pH≤7.5	pH>7.5	pH<6.5	6.5≤pH≤7.5	pH>7.5
镉　≤	0.3	0.3	0.6	0.3	0.3	0.6
汞　≤	0.3	0.5	1.0	0.3	0.5	1.0
砷　≤	30	25	20	30	25	20
铅　≤	280	600	600	280	600	600
铬　≤	150	200	250	250	300	350
铜　≤	50	100	100	50	100	100

注：1. 果园土壤中的铜限量为旱田中的铜限量的 1 倍；
　　2. 水旱轮作用的标准值取严不取宽。

(7) 土壤肥力要求

为了促进生产者增施有机肥，提高土壤肥力，生产 AA 级绿色食品时，转化后的耕地土壤肥力要达到土壤肥力分级 Ⅰ—Ⅱ 级指标(表 2-7)。生产 A 级绿色食品时，土壤肥力作为参考指标。

表 2-7　土壤肥力分级参考指标

项　目	级别	旱地	水田	菜地	园地	牧地
有机质(g/kg)	Ⅰ	>15	>25	>30	>20	>20
	Ⅱ	10~15	20~25	20~30	15~20	15~20
	Ⅲ	<10	<20	<20	<15	<15
全氮(g/kg)	Ⅰ	>1.0	>1.2	>1.2	>1.0	—
	Ⅱ	0.8~1.0	1.0~1.2	1.0~1.2	0.8~1.0	—
	Ⅲ	<0.8	<1.0	<1.0	<0.8	—
有效磷 (mg/kg)	Ⅰ	>10	>15	>40	>10	>10
	Ⅱ	5~10	10~15	20~40	5~10	5~10
	Ⅲ	<5	<10	<20	<5	<5
有效钾 (mg/kg)	Ⅰ	>120	>100	>150	>100	—
	Ⅱ	80~120	50~100	100~150	50~100	—
	Ⅲ	<80	<50	<100	<50	—
阳离子交换量 (cmol/kg)	Ⅰ	>20	>20	>20	>15	—
	Ⅱ	15~20	15~20	15~20	15~20	—
	Ⅲ	<15	<15	<15	<15	—

（续）

项　目	级别	旱地	水田	菜地	园地	牧地
质地	Ⅰ	轻壤、中壤	中壤、重壤	轻壤	轻壤	砂壤-中壤
	Ⅱ	砂壤、重壤	砂壤、轻黏土	砂壤、中壤	砂壤、中壤	重壤
	Ⅲ	砂土、黏土	砂土、黏土	砂土、黏土	砂土、黏土	砂土、黏土

土壤肥力的各项指标：Ⅰ级为优良，Ⅱ级为尚可，Ⅲ级为较差，供评价者和生产者在评价和生产时参考。生产者应增施有机肥，使土壤肥力逐年提高。土壤肥力的测定方法按 NY/T 53—1987、LY/T 1225—1999、LY/T 1233—1999、LY/T 1236—1999、LY/T 1243—1999 的规定执行。

（8）产地环境质量现状评价

绿色食品产地环境调查、监测与评价导则（NY/T 1054—2013）规定了绿色食品产地环境的调查原则与方法、产地环境质量检测和环境质量现状评价。绿色食品产地环境质量现状评价工作程序为：区域环境质量状况考察及环境本底特征调查→→环境质量调查及优化、布点、采样→→调查资料及监测数据的分析、整理→→选定评价参数、评价的环境标准→→建立评价数学模式并进行评价→→产地环境质量评价结论→→提出保护与改善环境的对策建议。评价标准按 NY/T 391—2000 规定执行；水质量评价按 NY/T 396—2000 中第 8 章的规定执行；土壤质量评价按 NY/T 395—2000 中第 8 章的规定执行；空气质量评价按 NY/T 397—2000 中第 8 章规定执行。

环境质量是绿色食品产品质量的基础因素之一，根据污染因子的毒理学特征和农作物吸收、富集能力等将评价指标分为两类（表 2-8）。第一类为严格控制的环境指标，该严控指标如有一项超标，就应视为该产地环境不符合要求，不适宜发展绿色食品；第二类为一般控制的环境指标，如有一项或一项以上超标，则该基地不适宜发展 AA 级绿色食品，可根据超标物质的性质、程度等具体情况及综合污染指数全面衡量，然后确定是否符合发展

表 2-8　评价指标分类表

类　别		第一类	第二类
水质	农田灌溉水	铅、镉、总汞、总砷、六价铬	pH、氟化物、粪大肠菌群
	渔业用水	铅、镉、总汞、总砷、六价铬、挥发酚	pH、色、臭、味、生活需氧量、溶解氧、总大肠菌群、漂浮物质、悬浮物、石油类
	畜禽养殖用水	铅、镉、总汞、总砷、六价铬、氰化物	pH、氟化物、细菌总数、总大肠菌群、色度、浑浊度、臭和味、肉眼可见物
	加工用水	铅、镉、总汞、总砷、六价铬、氰化物	pH、氟化物、细菌总数、总大肠菌群
土壤		镉、总汞、总砷、总铬	铅、铜、pH
空气		SO_2、氮氧化物、氟化物	总悬浮颗粒物（TSP）

A 级绿色食品的要求，但综合污染指数不得超过 1。产地环境评价中一般以单项评价指数为主，以综合评价指数为辅。若一般控制的环境污染指标一项或多项超标，则还需进行综合污染指数的评价。

2.3.4.2　绿色食品生产技术标准

绿色食品生产技术标准包括绿色食品生产资料使用准则和绿色食品生产操作规程。生产资料使用准则是对绿色食品生产过程中物质投入的原则性规定，它包括农药、肥料、兽药、水产养殖用药、食品添加剂和饲料添加剂的使用准则。对允许、限制和禁止使用的生产资料及其使用方法、使用剂量、使用次数、休药期等都做了明确规定。绿色食品生产操作规程是以上述准则为依据，按作物种类、畜禽种类和不同农业区域的生长特性分别制定，用于指导绿色食品生产活动，规范绿色食品生产技术的技术规范。绿色食品生产技术标准主要包括《绿色食品食品添加剂使用准则》（NY/T 392—2013）、《绿色食品农药使用准则》（NY/T 393—2013）、《绿色食品肥料使用准则》（NY/T 394—2013）、《绿色食品畜禽饲料及饲料添加剂使用准则》（NY/T 471—2018）、《绿色食品兽药使用准则》（NY/T 472—2013）、《绿色食品动物卫生准则》（NY/T 473—2016）、《绿色渔药使用准则》（NY/T 755—2013）、《绿色食品海洋捕捞水产品生产管理规范》（NY/T 1891—2010）和《绿色食品畜禽饲养防疫准则》。

2.3.4.3　绿色食品产品标准

绿色食品产品标准包括质量标准和卫生标准两部分，均参照有关国际、国家、部门、行业标准制定，通常高于或等同现行标准，有些还增加了检测项目。

(1) 绿色食品产品标准内容

绿色食品产品标准具体包括以下几个方面的规定：

①原料要求　必须来自绿色食品产地，对于一些进口原料，无法进行原料产地环境检测的，必须经过中国绿色食品发展中心指定的食品监测中心，按绿色食品标准进行检测，符合标准的才能用于生产绿色食品。

②感官要求　有定性、半定量和定量指标，要求严于同类非绿色食品。

③理化要求　蛋白质、脂肪、糖类、维生素等指标不低于国际要求；农药残余和重金属等污染指标与国外先进标准或国际标准接轨。

④微生物学要求　产品的微生物学特性必须保证，如活性酵母、乳酸菌等。而菌落总数、大肠菌群、致病菌、粪便大肠杆菌、霉菌等微生物污染指标严于国家一般食品标准。

(2) 绿色食品的卫生标准

绿色食品也是食品，它首先必须符合食品基本的卫生标准。绿色食品执行的卫生标准是参照有关国家、部门、行业的食品卫生标准制定的，通常高于一般的食品现行卫生标准，有些增加了新的检测项目。绿色食品卫生标准一般分为三部分：农药残留、有害重金属和细菌等。

农药残留通过检测杀螟硫磷、倍硫磷、敌敌畏、乐果、马拉硫磷、对硫磷、六六六、

DDT、二氧化硫等物质的含量来衡量。我国的农药残留问题仍然比较严重，绿色食品化学农药的使用必须符合《生产绿色食品的农药使用准则》，对环境及人体健康造成危害的主要是含有汞、砷、铜、铅等重金属农药、有机磷农药和有机氯农药。其中有些农药对食品的污染十分严重，它们通过自然界食物链的富集作用进入人体，而引起的各种疾病。有些疾病不仅危害当代人，有些还会危及后代子孙的健康和生命安全。比如 DDT 农药，它进入动物体内后，可能导致肝细胞坏死，严重影响性激素的平衡。这种农药残留在生态系统中不易分解，从而会长期的危害鱼类、鸟类和人类。有机氯杀虫剂和重金属杀虫剂等都属于性质稳定、不易分解、高残留、高毒性的农药种类，这些农药残留在环境中会长期危害人类的身体健康，目前已经成为社会公害。据调查，我国有机氯、六六六在人体中的蓄积量居世界前列，DDT 含量为美国、英国、意大利和加拿大等发达国家的 1.2～1.4 倍。除此之外，有机磷农药中的许多品种对人和哺乳动物也是有毒的，并且可以通过消化道、呼吸道和皮肤进入人体。一些农药在人体内积累到一定阈值时就会发生致癌、致畸、致突变作用。如敌百虫、敌敌畏、乐果等常用农药，在动物实验中都有明显的致突变作用，这些致突变物质作用于人体，往往就会表现出致癌的效能。世界卫生组织的一项报告指出，自七八十年代以来，农药中毒事故呈上升趋势。全世界每年约有 200 万人成为农药的直接受害者，其中数万人死亡。绿色食品的食用则会促进人民的健康和长寿。据国内外资料证实，食用绿色蔬菜与普通蔬菜者相比，癌症发病率可降低 30%～50%。

致病性细菌污染食物后，可以在食物里大量繁殖或产生毒素，人们吃了这种含有大量致病菌或毒素的食物会引起食物中毒现象。能引起食物中毒的细菌主要有沙门氏菌、副溶血性弧菌(嗜盐菌)、葡萄球菌、变形杆菌、肉毒杆菌等。一些致病性大肠杆菌、蜡样杆菌、韦氏杆菌、志贺菌等也可引起细菌性食物中毒。另外，自然界中有 100 多种对人的身体健康有害的真菌(包括霉菌)，可导致食物中毒。黄曲霉毒素污染是全球性的问题，黄曲霉毒素是目前发现最强的致癌物质，主要污染粮食，油料及其制品。黄曲霉毒素属于剧毒，毒性比氰化钾大 10 倍，为砒霜的 68 倍。大剂量黄曲霉毒素可引起人和动物的急性中毒，其病变主要发生在肝脏，呈现肝细胞变性、坏死和出血。研究发现，凡是食物中黄曲霉毒素污染严重和实际摄入量较高的国家和地区，人的肝癌发病率也较高。

抗生素滥用对人类的健康影响也很大，多种肉类、家禽、蜂蜜、海产类、水产品等都有抗生素超标的现象，抗生素超标是造成大陆产品出口受限的重要因素。氯霉素是一种价格低廉、效果较好的传统抗生素品种，曾作为卫生消毒处理的辅助手段，但大多数国家已经禁用。粮农组织食品标准法典委员会基于科学研究的基础，在 1994 年就完全禁止使用氯霉素。现代医学研究发现，氯霉素对于人体有很强的毒副作用，会影响血液系统，引起再生障碍性贫血；会引起骨髓细胞线粒体合成蛋白质的功能受到暂时抑制，临床表现为贫血或伴有白细胞、血小板减少。早产儿和新生儿接受大剂量氯霉素后，会造成全身衰竭，数小时后死亡，其机理为早产儿和新生儿的肝脏葡萄糖醛酸的结合能力不足，肾小球滤过氯霉素的能力低下，使体内的游离氯霉素浓度显著提高，直接抑制细胞线粒体的氧化磷酸化过程。氯霉素还会影响消化和神经系统，常常有轻微恶心、呕吐、腹泻等；少数病人还会出现视神经炎或伴有周围神经炎，极少病人有头痛、抑郁、精神障碍。青霉素和链霉素也经常被用于食品抗菌防腐，青霉素虽然对哺乳动物属于低毒性的，但它容易引起过敏反应，如皮疹、血清病样反应，甚至引起过敏性休克。青霉素在食品中的使用会造成人体内细菌的抗药性。链霉素通过与细菌的核糖体相结合和抑制蛋白质合成而起到抑菌和杀菌的作用，但其对肾和内耳系有慢性毒性，严重的可发生过敏性休克。

绿色食品卫生安全指标参照有关国家、行业标准以及国际上有关标准的规定，检测的主要项目有农药残留（以有机氯、有机磷、有机氮等为主）、有害元素类（以重金属为主）、兽药残留类（以抗生素等为主）、添加剂与污染物类（以色素、甜味素、防腐剂、黄曲霉毒素、苯并芘等为主）、病原菌（以大肠杆菌、致病菌等为主），视不同的产品、产地、生产过程情况具体制定。在感官方面则以色、香、味、形、质及风味为主，通常与国家有关的标准要求相同。有等级规定者一般按最高等级（如特级、优级、一级）要求。

绿色食品目前最新的产品标准主要包括：《啤酒》（NY/T 273—2012）、《葡萄酒》（NY/T 274—2014）、《豆类》（NY/T 285—2003）、《茶叶》（NY/T 288—2012）、《咖啡粉》（NY/T 289—2012）、《玉米及玉米制品》（NY/T 418—2014）、《大米》（NY/T 419—2014）、《花生及制品》（NY/T 420—2017）、《小麦粉》（NY/T 421—2012）、《食用糖》（NY/T 422—2016）、《柑橘》（NY/T 426—2012）、《西甜瓜》（NY/T 427—2016）、《黑打瓜籽》（NY/T 429—2000）、《食用红花籽油》（NY/T 430—2000）、《果（蔬）酱》（NY/T 431—2009）、《白酒》（NY/T 432—2014）、《植物蛋白饮料》（NY/T 433—2014）、《果蔬汁饮料》（NY/T 434—2016）等 102 种产品的标准。

2.3.4.4 绿色食品产品的包装和贮运标准

取得绿色食品标志使用资格的单位，应将绿色食品标志用于产品的内外包装。绿色食品的包装应符合《绿色食品标志设计标准手册》的要求。产品包装材料从原料、产品制造、使用、回收和废弃的整个过程都应符合环境保护的要求。尽量减少能耗，避免废弃物的产生，选择可降解、易回收利用的原料等，防止最终产品遭受污染、防止过度包装和资源浪费，同时还要有利于消费者的使用和识别。绿色食品产品标签，除符合国家的《食品标签通用标准》要求外，还要符合《中国绿色食品商标标志设计使用规范手册》的要求。该手册对绿色食品标志的标准图形、标准字体、图形与字体的规范组合、标准色、广告用语及用于食品系列化包装的标准图形、编号规范均做了严格规定，同时列举了应用示例。《绿色食品包装的规范见包装通用准则》（NY/T 658—2015）。

《绿色食品储藏运输准则》（NY/T 1056—2006）对绿色食品贮藏、运输的条件、方法、时间做出了规定，以保证绿色食品在储运过程中不遭受污染、不改变品质，并有利于环保和节能。

2.3.4.5 其他相关标准

除了以上绿色食品质量控制的技术标准外，绿色食品还有一些促进质量控制管理工作的辅助性标准，包括《绿色食品产品抽样准则》（NY/T 896—2015）和《绿色产品检验规则》（NY/T 1055—2015）等。

2.3.4.6 绿色食品标准的实施

绿色食品生产要严格按照绿色食品标准规范，实行全程质量控制。所谓"全程"是指"从农田到餐桌"，即"产地环境、种植（养殖）、加工、贮运、销售、食用"全过程的各个环节都要从管理及施加的技术措施等方面，严格地控制和防止污染，并将技术和管理措施落实到每个企业、每个产品、每个生产者。为了确保全程质量控制，在绿色食品开发过程中，产前由定点环境检测机构对绿色食品产地环境质量进行监测和评价，以保证生产地域没有遭受污染；产中由委托管理机构派检查员检查生产者是否按照绿色食品生产技术标准进行生产，检查生产企业的生产资料购买、使用情况，以证明生产行为对产品质量和产地环境质量是有益的；产后由定点产品监测机构对最终产品进行监测，确保最终产品质量。

绿色食品生产全过程都应建立档案记录，可逆向追踪监控生产过程和总结经验。绿色食品全程质量控制模式的推广，改变了农产品生产和加工领域仅以最终产品的检验结果评定产品质量优劣的传统做法，以质量控制为核心的生产方式的改变是食品安全质的变化，也树立了一个全新的产品质量观。同时，实施全程质量控制不仅要求在食物生产的产中环节强调技术投入，而且要求在产前和产后环节追加技术投入，从而有利于推动农业和食品工业的技术进步。

2.4 绿色食品分级

2.4.1 绿色食品分级概念

绿色食品分级是指中国绿色食品发展中心为了适应国内和国外市场和消费者的需求，根据绿色食品生产环境质量标准、生产操作规程、产品标准和包装标准等方面要求的不同，参照国外与绿色食品相类似的有关食品的标准，结合我国国情，将绿色食品又分为两类，即"A级绿色食品"和"AA级绿色食品"。

(1) A 级绿色食品

A 级绿色食品系指生产地的环境质量符合《绿色食品——产地环境技术条件》(NY/T 391—2013)的要求，生产过程中严格按照绿色食品生产资料使用准则和生产操作规程要求，限量使用限定的化学合成生产资料，按特定的生产操作规程生产、加工，产品质量及包装经检验、检查符合特定标准，并经专门机构认定，许可使用 A 级绿色食品标志的产品。

(2) AA 级绿色食品

AA 级绿色食品系指生产地环境质量符合《绿色食品——产地环境技术条件》(NY/T 391—2013)的要求，生产过程中不使用任何化学合成的肥料、农药、兽药、饲料添加剂、食品添加剂和其他有害于环境和身体健康的物质，按特定的生产操作规程生产、加工，产品质量及包装经检验、检查符合特定标准，并经专门机构认定，许可使用 AA 级绿色食品标志的产品。

2.4.2 绿色食品的分级标准

2.4.2.1 A 级绿色食品标准

(1) 环境质量标准

A 级绿色食品的环境质量评价标准与 AA 级绿色食品相同，但其评价方法采用综合污染指数法，绿色食品产地的大气、土壤和水等各项环境检测指标的综合污染指数均不得超过 1。

(2) 生产操作规程

A 级绿色食品在生产过程中允许限量使用限定的化学合成物质，其评价标准所用依据与 AA 级绿色食品相同，均采用《生产绿色食品的农药使用准则》《生产绿色食品的肥料使用准则》及有关地区的《绿色食品生产操作规程》相应条款。

(3) 产品标准

A 级绿色食品的产品标准评价采用农业部《A 级绿色食品产品行业标准》(NY/T 268—1995 至 NY/T 292—1995)。

(4) 包装标准

A 级绿色食品包装评价，采用有关包装材料的国家标准、《国家食品标签通用标准》(GB 7718—2014)、农业部发布的《绿色食品标志设计标准手册》及其他有关规定。

A 级绿色食品标志与标准字体为白色，底色为绿色。防伪标签底色为绿色，标志编号以单数为结尾。

2.4.2.2　AA 级绿色食品的标准

(1) 环境质量标准

AA 级绿色食品大气环境质量评价，采用国家《大气环境质量标准》(GB 3095—2012)中所规定的一级标准；农田灌溉用水评价，采用国家《农田灌溉水质标准》(GB 5084—2005)；养殖用水评价，采用国家《渔业水质标准》(GB 11607—1989)；加工用水评价，采用《生活饮用水质标准》(GB 5749—2006)；畜禽饮用水评价，采用国家《地面水质标准》(GB 3838—2002)中所列的三类标准；土壤评价采用该土壤类型背景值(详见中国环境检测总站编《中国土壤环境背景值》)的算术平均值加 2 倍标准差。AA 级绿色食品产地的各项环境监测数据均不得超过有关标准。

(2) 生产操作规程

AA 级绿色食品在生产过程中禁止使用任何有害化学合成肥料、化学农药及化学合成食品添加剂。其评价标准采用《生产绿色食品的农药使用准则》《生产绿色食品的肥料使用准则》及有关地区的《绿色食品生产操作规程》的相应条款。

(3) 产品标准

AA 级绿色食品中各种化学合成农药及合成食品添加剂均不得检出，其他指标应达到农业部《A 级绿色食品产品行业标准》(NY/T 268—1995 至 NY/T 292—1995)。

(4) 包装标准

AA 级绿色食品包装评价采用有关包装材料的国家标准、国家食品标签的通用标准GB 7718—2014、农业部发布的《绿色食品标志设计标准手册》及其他有关规定。绿色食品标志与标准字体为绿色，底色为白色。防伪标签底色为蓝色，标志编号以双数为结尾。

2.4.3　绿色食品分级的意义

发展 A 级绿色食品的目的是为了广大人民群众提供安全优质的食品，满足国内消费者的需求。发展 AA 级绿色食品的目的在于满足国内市场更高层次的需求，实现与国际有机食品接轨，促进农产品的出口创汇。

①针对不同类型国家采取不同策略，有目的地出口创汇。对有机农业型国家(如德国)，出口 AA 级绿色食品；对持续农业型国家(如美国)，则出口 A 级绿色食品。

②考虑我国实际情况，处于公害泛滥期，土壤中有机养分少，而现代农业科学技术又不发达。历史上曾大规模使用过高残毒农药，一时难以根绝污染，如果直接采用有机食品标准，必将影响绿色食品的开拓与发展。

③目前我国 AA 级绿色食品还是少数，主要是一些初级农产品，它的质量标准已达到甚至超过国际有机农业联盟规定的有机食品的基本标准，因此在国际上，尤其是发达国家，对我国的 AA 级绿色食品有浓厚的兴趣，外贸形势看好。所以，如果我们只是采用持续农业产品标准，将违背高规格、高标准的精品原则，还意味着失去西欧市场，也不利于绿色食品的发展。

④我国目前发展绿色食品的重点仍是 A 级产品，这种产品与我国目前的生产工艺水平、生态环境保护要求相适应，尤其是与国内广大人民群众的需求和消费水平相适应。随着社会的发展，A 级绿色食品将向 AA 级绿色食品过渡。

2.5　绿色食品生产基地

随着人民群众生活水平的提高，人们对食品质量的要求也日趋提高，安全、优质、营养型的绿色食品已成为市场消费新的增长点。尽管绿色食品的售价平均比普通食品高出20%以上，人们对绿色食品的需求量仍在不断扩大，调查统计显示，近几年内我国国内市场对绿色食品的需求量将达到每年 200 亿元人民币，有机食品和绿色食品已成为国内外食品市场的"宠儿"，开发绿色食品具有广阔的市场空间。绿色食品基地是保证绿色食品有效供给、提高规模效益、增强市场竞争能力和创汇能力的必要保障。我国地域辽阔，资源和气候类型多样，为了促进绿色食品的开发向着专业化、规模化、系列化发展，形成产供销一体化、种养加工一条龙的经营格局，确保绿色食品的品质和信誉，必须花大力气针对各地不同的环境和气候条件，加强绿色食品原料标准化生产基地建设。为了搞好和促进绿色食品原料标准化生产基地建设，中国绿色食品发展中心制定和下发了一系列文件和标准规范。

2.5.1　绿色食品原料标准化生产基地的概念

绿色食品原料标准化生产基地，是指产地环境质量符合绿色食品有关技术条件要求，按绿色食品技术标准、生产操作规程和全程质量控制体系实施生产和管理，并具有一定生产规模、生产设施条件及技术保证措施的种植区域、养殖场所和加工企业，它是农业标准化工作的重要组成部分。根据产品类别不同，绿色食品标准化生产基地可以分为 3 种，即绿色食品原料生产基地、绿色食品加工品生产基地和绿色食品综合生产基地。

2.5.2　创建绿色食品生产基地的条件和要求

作为合格的绿色食品基地，必须符合一定的标准，达到一定的要求。一般说来，绿色食品生产基地必须满足一定的基本条件和达到特定的要求。

（1）绿色食品生产基地的基本条件

①绿色食品生产基地所在县级政府有专门机构负责农业标准化工作和绿色食品工作，对标准化生产有规划、措施和经费保证；②基地环境符合《绿色食品产地环境技术条件》（NY/T 391—2013）的要求，基地内无"三废"和城市等污染源；③有绿色食品生产的工作基础，农业生产基础设施配备齐全，农业技术推广服务体系健全；④农产品生产者（农户）具有建设标准化基地的要求和积极性。

（2）绿色食品生产基地建设的要求

①绿色食品必须是基地的主导产品，必须达到规定的生产规模。

绿色食品加工品生产基地必须同时符合下列条件：绿色食品加工品必须为该单位的主导产品，其产量或产值占该单位总产量或总产值的 60% 以上；达到大、中型企业规模（以资产衡量）。不同类型的绿色食品原料基地面积和规模具有不同的要求，表 2-9 给出了不同主导产品的绿色食品基地所应达到的规模。

表 2-9　绿色食品产品基地必须达到的生产规模

产品类别	生产规模
粮食、大豆类	1333hm^2 以上 *
蔬　菜	大田 67hm^2 以上 *（或保护地 13hm^2 以上）
水　果	333hm^2 以上
茶　叶	333hm^2 以上
杂　粮	67hm^2 以上
蛋　鸡	年存栏 15 万只以上
蛋　鸭	年存栏 5 万只以上
肉　鸡	年屠宰加工 150 万只以上
肉　鸭	年屠宰加工 50 万只以上
奶　牛	成乳牛存栏数 400 头以上 **
肉　牛	年出栏 2000 头以上
猪	年出栏 5000 头以上
羊	年出栏 5000 头以上
水产养殖	粗养面积 667hm^2 或精养塘 33hm^2 以上 *** 或网箱养殖面积 1000m^2 以上

注：* 因地域、产品差异，该类生产规模可适当调整；

　　** 每头年产奶 4000kg 以上的为成乳牛；

　　*** 精养塘面积包括苗种池、养成池。

②建立协调组织管理体系　绿色食品基地是一项涉及面广、环节较多的系统工程，县级政府应成立专门的绿色食品管理机构和基地办，统一指导和协调基地建设工作，并负责

基地技术服务体系和质量保障体系的建立；基地各乡(镇)具体承担基地技术指导和生产管理工作。

③建立完善的生产管理体系　基地办统一负责基地生产管理，建立县、乡、村、户生产管理体系，县、乡、村三级技术管理簿册齐全，农户应有绿色食品生产操作规程，有生产者使用手册，有基地投入品清单，有田间生产管理记录和生产收购合同。基地办应按照绿色食品技术标准制定统一的生产操作规程，并下发到乡村和农户。基地应建立统一优良品种、统一生产操作规程、统一投入品供应和使用、统一田间管理、统一收获的"五统一"生产管理制度。

基地应有显著基地标识，标明基地名称、基地范围、基地面积、基地建设单位、基地栽培品种、主要技术措施、有效期等内容。

建立生产管理档案制度和质量可追溯制度。建立统一的农户档案制度、绘制基地分布图和地块分布图，并进行统一编号。农户档案应包括基地名称、地块编号、农户姓名、作物品种及种植面积、基地办应建立统一的"田间生产管理记录"，并下发到农户。田间生产管理记录由农户如实填写，内容应包括生产地块编号、种植者、作物名称、品种、种植面积、播种(移栽)时间、土壤耕作及施肥情况、病虫草害防治情况、收获记录、仓储记录、交售记录等。田间生产管理记录应在产品出售后 10 日内提交基地办存档，并完整保存 3 年。

④建立行之有效的农业投入品管理制度　建立基地用农业投入品公告制度，主管部门要定期公布并明示基地允许使用、禁用或限用的农业投入品目录；建立基地农业投入品市场准入制，从源头上把好投入品的使用关；有条件的基地应建立基地农业投入品专供点，对农业投入品实行连锁配送和服务；建立监督检查制度，基地办要组织力量对基地生产中投入品使用及投入品市场进行监督检查和抽查。

⑤建立完善的科技支撑体系　依托农业技术推广机构，组建基地建设技术指导，引进先进的生产技术和科研成果，提高基地建设的科技含量；根据需要配备绿色食品生产技术推广员，建立推广网，负责技术指导和生产操作规程的落实；制订培训计划，加强对基地各有关领导、生产管理人员、技术推广人员、营销人员培训工作，做到持证上岗；组织基地农户学习绿色食品生产技术，保证每个农户至少有一名基本掌握绿色食品生产技术标准的人。接受绿色食品知识培训的专业技术人员，应占该单位职工总人数的 5% 以上。从事绿色食品生产技术推广人员及直接从事绿色食品生产的人员，必须经过培训。

⑥基地设施建设和环境保护　建立基地保护区，不得在基地方圆 5km 和上风向 20km 范围内新建有污染源的工矿企业，防止工业"三废"污染基地。基地内畜禽养殖场粪水要经过无害化处理，施用的农家肥必须经高温发酵，确保无害；加强山、水、林、田、路综合治理，不断改善和提高基地的生产条件和环境质量；必须具备良好的生态环境，并采取行之有效的环境措施，使该环境持续稳定在良好状态下。加强农田水利基础建设，逐步实现旱能浇、涝能排的农田水利化；加强基地道路建设；建立检疫体系或依托具有一定资质的检测机构，加强对基地投入品、基地产品和基地环境的检验检测；必须具备较完善的生产设施，保证稳定的生产规模，具有抵御一般自然灾害的能力；建立信息交流平台，实现与中国绿色食品网链接，做到生产、管理、贮运和流通信息网上查询。

⑦建立监督管理制度　基地应有专业的人员和队伍负责基地生产档案记录的管理；由相关部门组成的监督管理队伍，加强对基地环境、生产过程、投入品使用、产品质量、市场及生产档案记录的监督检查。

⑧制订相应的技术措施和规章制度　绿色食品种植单位必须制订绿色食品作物生产计划、病虫害防治措施、杂草防治措施、轮作计划、农药使用计划及仓库卫生措施；绿色食品养殖单位必须制订养殖计划、疫病防治措施、饲料检验措施(含饮用水)、畜舍清洁措施；绿色食品生产单位还必须建立严格的档案制度，详细记录绿色食品的生产情况、生产资料购买使用情况、病虫害发生处置情况等。

⑨产业化经营　绿色食品生产基地依托龙头企业，充分发挥龙头企业的示范带动作用，特别是在产品收购、加工和销售中的组织保障作用；基地、农户应与龙头企业签订收购合同(协议)。

2.5.3　绿色食品原料标准化基地的申请、验收和监管

2.5.3.1　创建申请

创建绿色食品原料标准化基地，要由县级人民政府向省绿办提出创建基地书面申请报告，填写《创建全国绿色食品原料标准化生产基地申请书》，并附报有关材料。材料包括《创建全国绿色食品原料标准化生产基地申请书》及《保证执行绿色食品标准及标准化生产基地建设要求的有关声明》：

①成立基地建设领导小组的文件(含成员名单职能)。

②成立基地建设办公室的文件(含成员名单职能)。

③基地各单元基地建设责任人、具体工作人员名单。

④生产操作规程。

⑤基地分布图及地块分布图。

⑥基地和农户清单，田间生产管理记录，收获记录，仓储记录，交售记录和《绿色食品生产者使用手册》。

⑦基地生产管理制度。

⑧农业投入品管理制度。

⑨技术指导和推广制度。

⑩培训制度。

⑪基地环境保护制度。

⑫监督管理制度(包括检验检测制度)。

⑬基地产业化经营龙头企业基本情况及其与各基地单元签订的收购协议和合同。

⑭省绿办现场考察报告。

⑮环境监测任务委托书。

⑯基地环境质量监测及现状评价报告。

⑰基地标识牌设计样。

2.5.3.2　考核验收

省绿办对申请材料进行初审，对初审合格的基地进行现场考察，并委托绿色食品定点

环境监测机构对基地进行环境质量监测和现状评估；省绿办将考察报告、基地环境质量及现状评价报告、申请材料和推荐意见报农业部绿色食品管理办公室(简称农业部绿办)和中国绿色食品发展中心(简称中心)；农业部绿办和中心组织有关专家对各地绿办推荐的申请材料进行评审。符合基地创建条件的，由农业部绿办和中心正式批准，并与基地县、省绿办签订创建任务书；基地创建期为一年。经创建和自查，符合验收条件的，由县级人民政府经省绿办向农业部绿办和中心书面提出验收申请。根据(农绿〔2006〕6号)文精神，验收的要求和办法如下：

①标准化基地验收，遵循公开、公平、公正、科学、真实的原则。标准化基地创建单位及参与单位和个人提供的相关材料和信息应全面、真实有效。

②标准化基地验收采取创建单位自查与农业部绿办和中心统一验收相结合的方法，农业部绿办和中心在创建单位自查的基础上，组织统一验收。

③农业部绿办和中心统一组织管理标准化基地验收工作。各省绿色食品管理机构参与、协调所辖区域标准化验收工作，或受农业部绿办和中心委托，负责组织所辖区域标准化基地验收工作。验收组人员名单由农业部绿办和中心统一确定。

④申请验收应具备的条件：创建期满，达到了标准化基地创建的要求；自查结论合格；创建的各种档案资料齐全；基本达到了标准化基地创建的目标。

⑤经自查符合验收条件的，创建单位应当经省绿办向农业部绿办和中心提出验收申请。提交申请时，应附报自查报告。

⑥农业部绿办和中心对创建单位提交的申请和有关材料进行审查，对符合验收条件的，依据绿色食品生产技术标准或规范、《关于创建全国绿色食品标准化生产基地的意见》、国家有关法律、法规及规章及验收项目和评分标准进行验收。

⑦验收工作采取资料审查和现场核查相结合的方式，包括听取汇报、资料审查、实地检查、随机访问农户和产业化经营企业，验收组充分协商，按验收评估的有关要求逐项填写验收表格，并评分。

⑧验收采取单项评分、综合评估的办法、总分为100分，评分85分以上为合格，85分(含)以下为不合格。

⑨验收组向农业部绿办和中心提交验收报告及验收有关表格。农业部绿办和中心主任作出颁证决定。

⑩创建单位与农业部绿办和中心签订标准化基地建设责任书。农业部绿办和中心授予创建单位"全国绿色食品原料 ∗∗ (作物名称)标准化生产基地"称号，颁发匾牌和证书，并进行公告。

⑪验收不合格者，农业部绿办和中心根据验收情况，可批准验收评估60~85分的创建单位继续保留1年期的创建资格，60分以下的，直接取消创建资格，两年内不再受理其创建标准化基地的申请。

⑫创建期满后3个月内，未向农业部绿办和中心提出验收申请的，视为自动放弃创建资格。农业部绿办和中心将在有关媒体上对自动放弃创建资格的单位进行公告。

2.5.3.3 监督管理

基地监督管理，是指农业部绿办和中心及其委托管理机构(省绿办)对基地建设单位的绿色食品标准化生产管理和产业化经营等实施监督、检查、考核、评定等。所有基地建设单位，每年都必须接受由农业部绿办和中心统一组织的监督管理。

（1）组织实施

基地监督管理工作由农业部绿办和中心及省绿办负责组织实施。农业部绿办和中心的工作职责是：①制定基地监督管理工作的有关规定；②组织开展基地监督管理工作；③指导和考核省绿办基地监督管理工作；④组织对重点基地进行监督抽查；⑤依据有关规定，对年度检查不合格的基地做出取消基地称号的决定并予以公告；⑥向绿色食品系统通报有关基地监督管理工作的情况。

省绿办的工作职责是：①负责所辖区域内基地监督管理工作组织实施；②根据农业部绿办和中心的有关规定，制定当地的基地监督管理工作实施细则，并报农业部绿办和中心备案；③依据有关规定，对基地建设单位年度检查作出结论，并报农业部绿办和中心备案；④配合农业部绿办和中心对所辖区域内的重点基地实施监督抽查；⑤完成农业部绿办和中心委托的其他基地监督管理工作。省绿办应建立完整的基地监督管理工作档案。档案材料应包括基地单位创建申报材料、《全国绿色食品原料标准化生产基地证书》复印件、基地年度自查报告、省绿办年度检查报告、《全国绿色食品原料标准化生产基地监督管理综合意见表》等。

（2）基地监督管理方式

①年度检查由基地建设单位自查、省绿办实地检查、农业部绿办和中心备案审查组成。

②自查是基地建设单位按照基地建设的标准和验收要求，对基地标准化生产运行的实际情况进行检查，并作出自我评价。

③实地检查是指省绿办对基地标准化生产的落实情况及保障体系运行情况等进行现场检查。

④实地检查应在作物（动物）生长期实施。实地检查不得少于听取汇报、资料审查、现场检查、访问农户和产业化经营企业、总结等工作环节。要求对每个工作环节进行拍照，并附在年度检查报告后。

⑤实地检查的主要内容应包括基地建设组织管理体系、生产管理体系、农业投入品管理体系、技术服务体系、监督管理体系、基础设施体系和产业化经营等运行的基本情况。

（3）基地监督管理结论处理

①省绿办应于每年 11 月 20 日前将基地自查报告、基地检查报告及综合意见表报农业部绿办和中心备案。

②年度检查结论为整改的基地建设单位必须于接到省绿办通知之日起 3 个月内完成整改，并经整改措施和结果报省绿办申请复查。省绿办应及时组织整改复查并作出结论。3 个月不提复查申请或复查不合格的，由省绿办报请农业部绿办和中心取消其全国绿色食品原料标准化生产基地称号。

③对年度检查结论为不合格的单位，省绿办在作出结论后应立即报请农业部绿办和中心取消其全国绿色食品原料标准化生产基地称号，并负责收回证书及匾牌。

④农业部绿办和中心对省绿办上报的材料进行备案审查，并以文件的形式对基地年度

监督管理的结果进行确认并下发。对于监督管理结论为不合格的基地，农业部绿办和中心将在有关媒体上进行公告，两年内不再受理其创建申请。

⑤基地建设单位对省绿办年度检查结论有异议的，可在接到省绿办通知之日起15日内，向农业部绿办和中心提出复议申请，农业部绿办和中心于接到复议申请30个工作日内作出决定。

⑥由于不可抗拒的外力原因而致使基地丧失了建设条件的，基地建设单位应及时经省绿办向农业部绿办和中心提出暂停使用全国绿色食品原料标准化生产基地称号的申请，并将基地证书和匾牌交省绿办。待条件恢复后，经省绿办实施验收合格后再行恢复其称号。

⑦由于生产管理等原因而致使基地不符合建设条件的，基地建设单位应及时经省绿办向农业部绿办和中心提出停止使用全国绿色食品原料标准化生产基地称号的申请，并将基地证书和匾牌交省绿办。基地建设单位由于其他原因，也可自愿申请停止使用全国绿色食品原料标准化生产基地称号，并将基地证书和匾牌交省绿办。农业部绿办和中国绿色食品发展中心对上述2种情况在有关媒体上进行公告。

（4）考核与奖惩

农业部绿办和中心对省绿办的基地监督管理工作进行年度考核，对基地监督管理工作业绩显著的机构和人员予以表彰和奖励；对工作中出现严重失误或违反有关规定，造成不良后果的机构，给予通报批评，并追究有关人员及其分管领导的责任。

2.5.4　绿色食品企业使用基地原料的有关规定

为实现绿色食品申报企业和生产企业与全国绿色食品原料标准化生产基地的有效对接，解决绿色食品申报企业和生产企业的原料供应问题，促进绿色食品产业持续健康发展，中心对绿色食品申报企业和生产企业使用标准化基地原料的有关问题作出了明确规定。

①全国绿色食品原料标准化生产基地是按照绿色食品全程质量控制措施和绿色食品技术标准进行生产和管理的，经验收合格的基地原料可以直接作为绿色食品生产和加工使用的原料。

②申报企业或生产企业可直接与建设单位（基地办）、核定的基地产业化经营单位或核定的基地单元（所属乡镇）签订原料订购合同（协议）、合同（协议）应明确订购原料的名次、数量及合同（协议）的有效期。申请认证时，应附原料批次购买发票复印件或发货单等证明文件。

第3章 绿色食品的生产环境

环境质量是影响绿色食品质量的基础因素之一。绿色食品必须以良好的生态环境为基础，才能保证其最终产品的无污染和安全性。环境质量评价按介质不同可分为大气、水、土壤三部分。本章主要从大气环境、水环境、土壤环境、产地选择、环境质量监测与评价、环境修复等方面进行阐述。

3.1 大气环境

绿色食品的生产、加工、运输等过程都是在大气中进行的，动、植物的呼吸作用以及植物的光合作用也都是在大气环境中进行的，大气环境的好坏对绿色食品的质量起着至关重要的作用。绿色食品在加工、运输的过程都不可避免地与大气环境进行接触，大气环境的好坏影响着绿色食品的质量，所以良好的大气环境是生产合格的绿色食品的基本前提条件之一。

自然界的大气之所以能提供万物生长繁殖的环境，是因为其本身存在着各种气体含量的平衡，一旦这种平衡遭到无可挽回的破坏，则包括人类在内的地球万物都将遭到"报复"，当然食品也不例外。

我们所赖以生存的大气中，氮气的含量约为78%，氧气约为21%，另外的约1%中含有二氧化碳、水蒸气、惰性气体等。实际上，大气因自然界理化及生物反应的进行和人类的活动而遭到污染。一般情况下，前者产生的污染物种类少、浓度低，会随大气的自净作用而消散。其中，在自净中起重要作用的是绿色植物，它们通过光合作用吸收了大量的二氧化碳、二氧化硫、氮化合物、氯等，同时还可以吸附大气中的烟尘、粉尘等有害物质，使大气得以净化。但近百年来，世界人口数量激增，工农业生产迅速发展，向大气中排放的二氧化碳和其他各种污染物的数量越来越多，在某些地区远远超过了自然界的自净能力。于是，植物不但吸收不了源源不断的污染物，连自身也因中毒而遭到损害，地球上的一切生物都因此受害，农产品的产量与品质严重下降，人类的生存与发展受到严重威胁。

3.1.1 大气污染物的来源

虽然大气污染物种类繁多，但根据其污染来源可以分成3类。

3.1.1.1 工业污染物

随着社会经济的发展，工业废气、废水及废渣主要通过污染环境(大气、水体、土壤)而间接污染食品。早在半个世纪前，工业发达国家的大气已经被污染，空气中的污染物不下100种。工业废气污染大致可分为两类：气体污染物(如二氧化硫、氟化物、臭氧、氮氧化物、碳氢化合物等)和气溶胶污染物(如粉尘、烟尘等固体粒子及烟雾、雾气等液体粒子）。其中，对蔬菜等食品威胁较大的污染物有二氧化硫、氟化物、氯气、光化学烟雾和煤烟粉尘等 10 余种。近几年大气中的臭氧、二氧化硫和二氧化氮污染严重，特别是氮氧化物含量急剧上升，据统计这三者引起的作物损失约占美国大气污染造成的作物损失的 90%。

这些污染物有时对植物造成急性伤害，使植物本身的生长受到影响；有时表现为隐性伤害，人们食用受污染的食物后对人体造成危害。如长期食用含氟量高的蔬菜等，轻者造成斑釉齿，重者导致慢性氟中毒，形成氟骨病。

3.1.1.2　交通污染物

随着社会的进步和科技的发展，以各种燃料为能源的种类繁多的交通工具日益增多，常见的有火车、汽车、轮船、飞机、拖拉机等，这确实拉近了人们的时空距离，但也带来了严重的交通污染。交通工具在运行过程中，所排放的尾气中的污染物成分非常复杂，主要有一氧化碳、碳氢化合物、氮氧化物、铅化合物等，而仅碳氢化合物种类就超过 200 多种。可见，交通工具产生的流动污染是构成大气污染的主要因素。

铅是当前污染最为广泛的蓄积性元素，它的重要来源是汽车尾气。在运输繁忙的公路两侧，空气、土壤、植物、水等含铅量都比离公路远处要高得多。在公路附近，除了铅污染外，还会受到多环芳烃类物质的严重污染。现已证明，这是来自汽车轮胎与沥青路面的摩擦。因为生产汽车轮胎的炭黑与公路的沥青中含有高浓度的多环芳烃类物质。动物试验证明，多环芳烃类物质是一种强致癌物质。另外，食品在运输过程中，还很容易形成二次污染。

3.1.1.3　生活污染物

人类为维持正常的生活，每天需消耗一定的能源。在一些经济不发达的国家和地区，很多家庭仍然依靠煤炉取暖、做饭、烧水。伴随着燃煤，也会向大气中排放多种污染物，尤其在人口稠密的城镇，煤炉的使用会形成较大面积的污染源，且较难散去，不容忽视。

3.1.2　大气污染的危害

3.1.2.1　对植物的危害

大气污染物对植物的危害主要表现在 3 个方面：①使植物中毒或枯竭死亡；②减缓植物的正常发育；③降低植物对病虫害的抵御能力。

大气污染对植物的危害是从叶片开始的。大气中的固体颗粒物（如煤、石灰粉尘、硫黄粉等）大量吸附在植物叶片上，一方面堵塞了叶子的气孔及皮孔，阻挡了空气的顺利交换及水分的蒸腾，同时还起到了遮光的作用，降低了光合强度；另一方面微尘中的病菌的感染，影响植物的生长发育。气态污染物则从叶片气孔侵入，然后扩散到叶肉组织和植物体的其他部分。污染物进入叶片后，损害叶片的内部结构，影响气孔的关闭，干扰光合作用、呼吸作用和蒸腾作用的正常进行，并破坏酶的活性，同时有毒物质还能在植物体内进一步分解或参与合成，产生新的有害物质，进一步对细胞和组织破坏使其坏死。

大气污染对植物的危害可以分为急性危害、慢性危害和不可见危害。急性危害是指在高浓度污染物的作用下，短时间内造成植物叶片表面出现伤斑或叶片枯萎脱落，甚至死亡，急性危害能引起产量的明显下降；慢性危害是指在低浓度的污染物长期影响下造成的危害，一般受害症状不明显，例如，低浓度的二氧化硫侵入植物体后，可使叶片逐渐褪绿黄化，从而影响植物的生长发育；不可见危害是指在低浓度污染物长期影响下，植物外表不出现受害的症状，但植物的生理机能受到影响，对植物造成直接危害，此外，还可以对其产生间接影响，主要表现为植物生长缓慢，对病虫和逆境的抵抗能力下降等。

不同的大气污染物因危害植物的方式和机理不同，所以产生的伤害症状和危害的程度也不同，其中二氧化硫、氯气、氟化氢对植物的危害最大。二氧化硫浓度在 0.05×10^{-6} ~ 10×10^{-6} 就可以使植物受害。

3.1.2.2 对动物的危害

大气污染物可使动物体质变弱，甚至死亡。大气污染对动物的危害途径有两条：一是直接吸入有毒的气体。在大气污染严重时期，家畜等动物直接吸入含有大量污染物的空气，引起急性中毒，甚至大量死亡。二是食用被大气污染的食物间接中毒，其中砷、氟、铅的危害最大。大气污染物沉降到土壤和水体后，通过食物链在植物中富集，草食动物食入含有毒物的牧草之后会中毒死亡。

3.1.3 大气污染物的监测

绿色食品生产要求产地周围没有大气污染源，大气质量要稳定，符合绿色食品大气环境质量标准。产地周围 5km 内或主导风向 20km 内有工业废气排放，或 3km 内有燃煤烟气排放的，就须着重监测。生产绿色食品的环境质量标准比生产一般食品的质量标准要严格。另外，对于符合下列条件之一者，免做空气质量监测：①产地周围 5km 内、主导风向 20km 内无工矿企业废气污染源，3km 范围内无燃煤锅炉烟气排放源（锅炉容量大于 1t/h）的区域；②渔业养殖区：产地周围 1km 范围内无工矿企业和城镇；③规模化畜禽圈养区：产地周围 1km 范围内无工矿企业和城镇；④矿泉水、纯净水、太空水等水源地。

3.1.3.1 常规监测

常规监测包括：化学监测和物理监测。化学监测是对环境中的样品组分、污染物分析测试。物理监测是对环境中热、声、光、电磁、振动、放射物等物理量和状态测定。常规监测速度快，测量数值准确精密。常规监测是当前采用的主要监测方法。各大气污染物的常规监测如下：

①二氧化硫的监测 《甲醛吸收副玫瑰苯胺分光光度法》（详见 GB/T 15262—1994）、《四氯汞盐副玫瑰苯胺分光光度法》（详见 GB 8970—1988）。

②总悬浮颗粒的监测 《重量法》（详见 GB/T 15432—1995）。

③氮氧化物的监测 《Saltzman 法》（详见 GB/T 15436—1995）。

④二氧化氮的监测 《Saltzman 法》（详见 GB/T 15435—1995）。

⑤一氧化碳的监测 《非分散红外法》（详见 GB/T 9801—1988）。

⑥铅的监测 《火焰原子吸收分光光度法》（详见 GB/T 15264—1994）。

⑦氟化物的监测 《滤膜氟离子选择电极法》（详见 GB/T 15434—1995）和《石灰滤纸氟离子选择电极法》（详见 GB/T 15433—1995）。

3.1.3.2 生态监测

生态监测是指利用生命系统各层次(个体水平、种群水平、生态系统水平)对自然或人为因素引起的环境变化的反应,来监测环境质量状况及其变化。生态监测具有较高的灵敏度,能连续对环境进行监测,同种生物能监测多种环境因子。目前主要用植物作为大气污染指示生物,因为植物能长期生长于某一固定地点,能对大气短期污染做出急性反应,对长期污染做出累积反应,而微生物和动物则主要用于水体污染的监测。气体污染物多数是从叶片的气孔进入植物体内,植物首先受害的往往是叶片,受不同气体的危害,叶片所表现出的受害症状也不同。受到臭氧的污染,叶片上出现各种密集斑点、漂白斑,生长受抑制,过早落叶,先是老叶后是幼叶。受到二氧化氮污染,中叶的叶缘部和叶脉间呈不规则的白色或褐色的斑块。受到二氧化硫的污染,中叶的叶脉间和叶缘部漂白化,褪绿,生长受抑制,早期落叶,产量减少。受到氟化氢的污染,叶尖与叶缘烧焦,褪绿,落叶减产。受到氯的污染,成熟叶的叶脉间,叶尖漂白化,落叶。

3.2 水环境

水资源质量良好与否与是否充足会直接影响食品生产的产量、品质。动、植物所需要的矿物质必须溶解在水中才能被动、植物所吸收,动植物的生命活动离不开水。水是植物的重要组成部分,绿色植物含水量占总鲜重的70%～90%;水是光合作用不可缺少的原料,水是一种良好的溶剂,将植物的有机物质、土壤中的营养物质,甚至是氧气等溶解在其中,并将其传输到有关的部位,参与呼吸、蒸腾和植物体内有机物质转化等生理过程。

在我国,淡水资源的绝对量很大,但人均却很少,而且在地域上的分布也极不平衡。据统计资料,我国地表总水量每年达 $2.6×10^{12} m^3$,地下水总量为 $8×10^{11} m^3$,仅次于巴西、俄罗斯、加拿大、美国而居世界第五,但人均水量却仅为世界人均水量的1/4。我国东部、南部多水,西部、北部严重缺水。长江和珠江流域总面积占全国1/4,地表径流量却占全国1/2。而黄、淮、海三河流域面积占全国的1/7,但地表径流量却只占全国1/25。

近年来,由于工业发展速度很快,水资源利用不尽合理,再加上环境污染,我国许多地区曾出现"水荒",给人们的生活带来很大的不便,致使农业生产蒙受巨大损失。因此,合理开发利用水资源,保护好水环境,是发展持续农业,保持农业经济繁荣的关键之一。

3.2.1 水污染的来源

水污染主要是由人类活动产生的污染物造成的,它包括工业、农业和生活污染源三部分。目前全球已有20多亿人缺乏清洁用水,每年有2.5亿人应水污染问题而染病或死亡。

我国由于经济、管理、环保等原因,致使水污染问题尚未得到有效控制,污染物源源不断流入水体。七大水系、主要湖泊、近岸海域及部分地区地下水的污染依然十分严重。重点流域的氨氮、生化需氧量、高锰酸盐指数和挥发酚等有机污染突出;湖泊以富营养化为特征,总磷、总氮、化学需氧量和高锰酸盐指数等污染指标居高不下;近岸海域的无机氯、活性磷酸盐和重金属仍呈加剧之势。流经城市的河流水质90%不符合饮用水水源标准；75%的湖泊水域富营养化；城市地下水 50%以上受到了严重的污染。1999 年，在黄河流域的 114 个重点监测断面上，V 类和劣 V 类水体分别为 70%和 56.2%。

造成如此严重的水污染的一个不容忽视的原因是在农业生产中大量使用化肥和农药。化肥中对水的污染最严重的是氮肥，在我国化肥生产与消费中，氮肥占的比例最大(约占生产总量的 80%，消费总量的 70%)，而且施入土壤中的氮肥有 40%~50%进入水体或空气中。其中，进入水体的氮几天后便大部分转化为硝酸盐。据测定，北京、天津地区 50%的地下水硝酸盐浓度超过 50mg/L，而世界卫生组织规定的饮用水硝酸盐含量标准为 10mg/L。

20 世纪 60 年代，某些农药有害健康的观念得到认可后，人们才意识到真正的威胁是来自地下水中的农药。研究表明，农药不仅会渗入地下含水层，有时在停止使用后还会长期残留在原地。尽管美国在 30 年前就禁止使用 DDT，但现在的水中仍存在着这种农药。

3.2.2 水污染的危害

随着工业生产的发展和城市人口的增加，工业废水和生活污水的排放量日益增加，大量污染物进入河流、湖泊、海洋和地下水等水体，使水和水体底泥的理化性质或生物群落发生变化，造成水体污染。水体的污染会对渔业和农业带来严重的威胁，它不仅使渔业资源受到严重破坏，而且直接或间接影响农作物的生长发育，造成作物减产，同时也给食品的安全性带来严重的影响。污染水体的污染源复杂，污染物的种类繁多。各地区的具体条件不同，其水体污染物的类型和危害程度也有较大的差异。对食品安全性有影响的水污染物有 3 类：①无机有毒物，包括各类重金属和氧化物、氟化物等；②有机有毒物，主要为苯酚、多环芳烃；③各种人工合成的具有蓄积性的稳定的有机化合物，如多氯联苯和有机农药及病原体等。

水体污染主要是通过污水中的有害物质在动、植物中蓄积而影响食品安全性。污染物随污水进入水体以后，能够通过水生植物的根系吸收向水上部分以及果实中转移，使有害物质在作物中蓄积，同时也能进入生活在水中的水生动物体内并蓄积。有些污染物(如汞、镉)当其含量远低于引起农作物或水体动物生长发育危害的量时，就已在体内蓄积，使其可食用部分的有害物质的蓄积量超过食用标准，对人体健康产生危害。

水体污染对陆生生物的影响主要是通过污灌的方式进入，污灌会引起农作物中有害物质含量增加。许多国家都禁止在干旱地区污灌生吃作物，烧煮后食用的作物也要在收获前 20~45d 停止污水灌溉，并且要求污水灌溉既不危害作物的生长发育，不降低作物的产量和质量，又不恶化土壤，不妨碍环境卫生和人体健康。

我国的水污染的情况较为严重，绝大部分污水未经处理就用于农业灌溉，作物中污染物超标，已达到影响食用品质、危害人体健康的程度。少数城市的混合污水灌区和大部分工矿灌区的饮用水源中重金属超标，饮用水的安全性下降。

污灌中最常见的污染物是酚类污染物、氰化物、石油、苯及其同系物以及重金属，这些物质可以在作物中蓄积，影响农作物产品中的品质，甚至会引起作物死亡；水体污染物对鱼类等水生动物的生存也有重要影响，低浓度时能影响鱼类繁殖，并使其产生异味，从而降低食用价值。

3.2.3 水污染物的监测

3.2.3.1 绿色食品生产对水质的要求

生产绿色食品要求产地地表水、地下水水质清洁无污染，水域上游没有对该产品构成污染威胁的污染源，生产用水质量符合绿色食品水质(农田灌溉水、渔业水、兽禽饮用水、加工水)环境质量标准。

(1)对农田灌溉水的要求

由于灌溉水质差，对农业生产、产品品质及人体健康均有明显的影响，为此，我国在1979 年就颁布了《农田灌溉用水水质标准》(TJ 24—1979)，1985 年、1992 年作了两次修订(GB 5084—1985)，2005 年又再次修订，成为目前执行的《农田灌溉水质标准》(GB 5084—2005)。

绿色食品生产基地的农田灌溉用水，其各项指标应全部达到标准的要求。这些标准的制定，是依据国内外大量文献、小区盆栽试验及大面积大田灌溉试验调查后确定的。如pH 值，适宜植物生长的水和土壤的 pH 值为 5.5~8.5，如使用 pH 值<2.5 的水灌溉，则水稻生长受到抑制，幼苗期危害严重，大大降低产量。长期以 pH 值<5.5 的水灌溉，会抑制土壤的硝化菌，并使土壤中重金属毒物的可溶性提高，易被作物吸收，影响产品品质。但如果长期灌溉 pH 值>8.5 的水，土壤中的钠离子活性会增加，从而抑制根系发育，甚至使某些敏感的蔬菜死亡。汞及其化合物(以总汞计)可以在粮食和其他农产品中累积，危害人体健康。在水中的含汞量达到 0.005mg/L 时，粮食、蔬菜中汞的含量增加明显，而水中的含汞量达到 0.001mg/L 时，则增加不明显，因此将灌溉水中总汞的指标定为 0.001mg/L。镉及其化合物(以总镉计)灌溉水中的含镉量达到 0.01mg/L 时，80%~90%的镉可被土壤吸附，造成污染，而用含镉 0.005mg/L 的水灌溉时，所得产品中的镉含量能达到绿色食品标准，所以将总镉的含量限制在 0.005mg/L 以内。因此，该标准符合实际，对绿色食品生产具有非常重要的指导意义，必须严格遵守执行。

一些缺水的地区，特别是离城镇较近的农村，为解决农业灌溉的缺水问题，常常利用污水来灌溉农地，即污灌。污灌具有缓解农业用水难题，合理利用可使农作物增产两成以上，可利用土壤中的大量微生物净化污水等优点。但由于多数地区生活污水与成分复杂的工业污水混合排放，有的污水中毒害物质含量很高，如未经达标处理直接灌溉农田，不但污染土壤、作物、农产品和地下水，而且会严重损害人们的身体健康。而且受污水灌溉的土壤，特别是受重金属污染后，难以治理，现在唯一有效的办法是通过人工换土，但耗工、费资十分巨大，不易实现。因此，为了减少对土壤的污染，提高土壤的肥力与活力，形成良性的物质生态循环，绿色食品生产基地应严格把好农田灌溉水质量关，最好不使用污水直接灌溉农田。特别是对于成分不明的工业废水，绝不允许使用到绿色食品生产中去。

(2)对养殖用水的要求

由农业部、国家水产总局组织有关单位编制的《渔业水质标准》(TJ 35—1979)，于1979 年 12 月 1 日起执行。随后国家环保局等有关单位对该标准进行了修订，并于 1989 年开始执行，这就是 GB 11607—1989 在养殖业生产中，其产品申报绿色食品的养殖场，水质环境的各项指标必须符合或优于该标准。

制定该标准的目的，在于保护环境和自然资源，防治污染和其他公害，使渔业水质符合鱼虾贝藻类正常生长繁殖的需要，不影响水产品的质量，特别是要保证产品的各项卫生指标符合有关标准，以保障人民的身体健康，促进渔业、水产事业的蓬勃发展。

（3）对加工用水的要求

绿色食品加工用水用于原料、容器等的洗涤和直接作为食品配方，对绿色食品的质量与卫生影响很大，必须严格按照《生活饮用水卫生标准》（GB 5749—2006）来执行。

（4）对畜禽饮用水的要求

在畜禽养殖过程中，饮用水是否达标会直接影响畜禽的健康生长与产品质量，畜禽饮用水评价采用《地面水环境质量标准》（GB 3838—2002）。

3.2.3.2　监测方法

①pH 值　玻璃电极法。
②汞　冷原子吸收分光光度法、高锰酸钾-过硫酸钾消解法。
③重金属　铜、锌、铅、镉用原子吸收分光光度法；砷用二乙基二硫代氨基甲酸银分光光度法；镉和铅也可用双硫腙分光光度法；铬用二苯碳酰二肼分光光度法。
④氟化物　茜素磺酸锆目视比色法、氟试剂分光光度法、离子选择电极法。
⑤氯化物　硝酸银滴定法。
⑥溶解氧　电化学探头法、碘量法。
⑦挥发酚　蒸馏后用 4-氨基安替比林分光光度法、蒸馏后溴化容量法。
⑧化学需氧量　重铬酸盐法。
⑨生化需氧量　稀释与接种法。
⑩细菌总数　平皿计数法测定细菌总数。
⑪总大肠菌群　滤膜法测定总大肠菌群。
⑫粪大肠菌群　滤膜法测定粪大肠菌群。

3.3　土壤环境

土壤由土壤矿物质、有机质、水分、可溶物、空气、生物组成。它是充满活力的一个生态子系统。土壤环境状态直接影响作物的产量及品质，是最基本的生产资料和物质基础。只有在土壤具备协调的水、肥、气、热、pH 值等条件下，植物才能正常生长，只有在未受到人类活动污染、破坏的良好土壤上，才能生产出优质、营养、安全的绿色食品。

3.3.1　土壤污染的来源

根据污染来源及其分布特点，土壤污染可以分为以下 5 个类型。

3.3.1.1　水体污染型

水体污染型土壤污染的污染源为各种工矿企业及生活污水。这些污水的成分极为复杂，可通过河道渠网等进入农田、菜园、果园等地的土壤，污染物多集中在土壤耕作层内。污染物的成分因不同污水的不同来源而不同，主要有重金属、有机物、有毒化学物质等。其中最为严重的是重金属。而在重金属污染中，最为严重的有汞、镉、铅等。

世界上未污染的土壤中，汞的平均浓度为 0.007mg/kg，而前苏联的有色金属工业区，则达到 2.4mg/kg，美国、英国等国家的某些工业区土壤中汞的含量也很高，达 4.6~15.6mg/kg。在日本九州鹿儿岛水俣湾有一个水俣镇，镇上的居民普遍患有一种奇特的病，早期病人口齿不清，进而发展到全身麻木、耳聋眼瞎，最后身体弯曲、精神失常，在大呼小叫的痛苦挣扎中死去。由于当时不明病因，世界上又尚无这种病例，便根据发病地的地名称为水俣病。后来查明病因，是由于合成醋酸厂将含汞的工业废水直接排放到水俣湾水域中，有机汞污染了水中的鱼类与其他生物，人食用了被污染的鱼而中毒就发生了水俣病。

土壤或水中的镉可以被作物吸收，通过食物链危害人体，日本曾出现过"镉米事件"。在我国许多刊物上也曾有过此类报道，如在沈阳张士灌区、上海川沙和蚂蚁浜灌区，土壤因误灌污水，受到重金属镉的污染，蚂蚁浜灌区土壤中，镉的含量最高达到 130mg/kg，北京东郊土壤中受到镉的污染面积达 14hm^2。

另外，铬、铜、锰、镍、锌等金属也对动物有或多或少的危害。国外一家畜牧场，由于母牛食用了焦化厂污水灌溉的牧草，每头母牛的产奶量从 1983 年的 3749kg 下降到 1985 年的 2987kg。每一百头母牛的牛犊出生率从 102 头下降到 87 头，流产率由 2%上升到 11%。同时，以上重金属多半会影响作物生长发育，并降低其品质。前苏联分析了重金属污染严重的土壤上种植的蔬菜，发现含氮、蛋白质和粗纤维显著降低。因此，杜绝用未达标的水灌溉，是保证绿色食品生产的重要措施之一。

3.3.1.2 大气污染型

大气污染型土壤污染是指污染物通过大气输送到田间、地头而造成的土壤污染。它的特点是以污染源为中心，呈椭圆形或带状分布，其主要长轴是沿当地主导风向延伸。由于不同类型的土壤，均可通过吸附、富集，甚至与黏土矿物晶体中的羟基负离子交换等多种途径来吸收大气中的氟，所以比较典型的大气污染型土壤污染是大气中的氟对土壤的污染。

工业"三废"、汽车尾气和食品添加剂是食品铅污染的主要来源。土壤中如果含有过量的铅，会造成作物中蓄积过量的铅，人类食用铅超标的食品会中毒。印第安人的骨骼测定证实其中不含有铅。而现代人体内不仅有铅的积蓄，而且呈现随年龄而增大的趋势。美国人由婴儿到中年骨铅增加 10 倍，肺铅增加 3 倍。

3.3.1.3 生物污染型

利用未经消毒灭菌的生活污水、医院污水、粪便等对土壤进行灌溉或施肥时，可能使土壤受到有害微生物的污染，成为某些病原菌的栖息繁殖基地，进而影响人体健康。

3.3.1.4 固体废弃物污染型

有些地区把工业生产中的一些矿渣及其他废弃物用于改良土壤理化环境，如果这些废弃物中含有一些有毒、有害的物质，则就造成了固体废弃物污染型的土壤污染。

工业废弃物中的有机物和重金属是对土壤造成污染的主要因素。虽然土壤是一个充满活力的生态子系统，不间断地进行着物质与能量的转换和物理、化学、生物等反应。但对于一些非天然有机物，其分解能力较弱，特别是当遇到一些毒性较大的化学物质时，土壤生物受到伤害，活性丧失，影响了作物的生长。而一些小的有害的有机质分子，不但影响植物正常生长，而且会进入到可食部位，危害人体健康。

因此，在生产绿色食品时，应注意对于那些成分不明或含有毒、有害物质的工业废弃物，不能用作肥料。

3.3.1.5　农业生产污染型

农业污染型土壤污染是指农药、化肥施用不当造成的土壤污染。

(1) 农药污染

农药在使用时，通过机械或人工喷雾(粉)，以粉尘或气溶胶的形式散逸到大气中，随风飘洒。最终，有的落到植株上、土壤上，有的进入水体，还有的留在大气中。进入土壤中的农药会通过植物、农产品或食物链进一步富集后，以食品的形式进入人体，对人体健康造成严重的危害。同时，农药在消灭害虫的同时也杀灭了害虫的天敌与其他有益物种，反而加重了病虫害，不得不加大农药用量或毒性，造成恶性循环。据医学调查，许多疾病，特别是癌症，与食物中残留的农药有极大的关系。1998 年 10 月，美国环境保护署对已注册的 360 种农药进行了重新评审，其中有 70 多种被认为有潜在的致癌作用，杀虫脒可以诱发膀胱癌已被证实。有机硫杀菌剂也被认为有明显的致癌作用。而已被证实对人类有致畸胎性的有有机汞类杀菌剂、有机氯类杀虫剂、西维因、敌百虫和五氯酚钠等。

世界上对农药的需求量在不断增加，1987 年为 $2.0×10^{10}$ t，到 2000 年增至 $2.18×10^{10}$ t，目前全世界作为商品注册和专利保护的农药品种有 1200 种，药剂类型超过 $6×10^4$ 种。如此大量的农药进入环境，对生态平衡造成极为不良的影响。英、美曾对数千头野生动物进行检测，绝大多数都受到高残留农药的污染，就连生活在南极的企鹅和北极的北极熊体内都检出了农药残留的存在，特别是处于食物链末端的动物体内农药含量更高。20 世纪，已有 200 多种动物在地球上绝迹，还有 600 多种正濒临绝迹，这主要是人类是乱用、滥用农药的结果。现代农业中，有毒农药通过食物链的富集作用进入人体，由此而生的各种疾病不但折磨着当代人，而且危及子孙后代。可以说，这些农药其实最终毒害的是人类本身。

据统计，从 20 世纪 40 年代开始使用滴滴涕(DDT)起，到 1987 年共生产 $3.15×10^7$ t，其中有 2/3 残留在生态环境中。尽管现在这种农药不再使用，但它残留的部分由于不易分解而将长期危害整个生物界。喷雾和喷粉是目前使用农药的重要方式，在风的作用下，农药传遍了世界每一个角落，其中性质稳定的有机氯农药在这方面的表现尤为突出，从对南极、北极的地表冰雪、企鹅肉的检测证明，这些地区也受到了六六六、DDT 的污染。

1962 年，美国有一本最畅销的书名叫《寂静的春天》，也被译成《春风无语》，是美国生物学家蕾切尔·卡逊女士写的。卡逊女士在书中详细记述了美国密歇根州的东辛兰市为消灭榆树上的害虫，使用杀虫剂 DDT 造成危害生态环境的全过程：头一年这个城市的树上喷洒了 DDT，秋天带有 DDT 的树叶落在了地上，待大地回春后，进入土壤的 DDT 毒死了虫子，小鸟吃了虫子。这个城市的知更鸟在一周内几乎全部死光，使东辛兰市的春天只有花香，没有鸟语。卡逊女士在书中写下了这样发人深省的话："全世界广泛遭受治虫药物的污染，化学药物已浸入万物赖以生存的水中，渗入土壤，而且在植物表面构成一种有害的薄膜，已对人类造成严重的损害。除此之外，还有可怕的后遗祸患几个世代都无法察觉"。卡逊女士为杀虫剂问题出庭作证，得到了当时美国总统肯尼迪的支持。从此，美国政府才认识到所有生物均要彼此依赖，而且要有健康的环境才能生存。发达国家开始对本国的田地、河流及近海加以观察，检测被污染的程度，并开始注重生态环境的保护。

我国在用农药量居世界第一，农药品种102种，据调查，我国六六六在人体中的平均含量居世界前列，DDT为英、美、意、加等发达国家的1.2~4.4倍。

（2）施肥污染

施肥污染是指过量施用化肥所带来的污染。由于人们在农业生产中片面追求高产，过量使用化学肥料，再加上使用方法不当，养分配比也不合理，给环境尤其是土壤带来严重的污染。其结果不但不能大幅度增加农产品的产量，而且使生产成本大大增加。更令人担忧的是生产出来的农产品品质低劣，严重危害人体健康，甚至致癌。不同种类的化肥对土壤造成的污染也不同。

① 氮肥污染　氮是植物生长所必需的主要营养元素之一，农业生产中氮肥的增产效果比较明显。但如果氮肥使用量过大，会通过土壤在农产品中片积累大量的硝酸盐与亚硝酸盐，现已证明，硝酸盐在动物体内外经微生物作用极易还原成亚硝酸盐，可直接使动物缺氧中毒、患亚铁血红朊症，严重者可致死。同时，亚硝酸盐可与胃中的含氮化合物在强酸性条件下结合成强致癌物质——亚硝胺，人体内的硝酸盐70%~80%来自被硝酸盐污染的蔬菜。

② 磷肥污染　磷肥也是目前农业生产中应用量大、施用范围广、增产明显的主要肥料之一。但由于生产磷肥的主要原料是磷灰石矿物，而自然界中纯的磷灰石矿物几乎不存在，所以在磷肥中不同程度地含有微量元素及有毒害作用的重金属元素。其中氟的含量为$2×10^4$ ~ $4×10^4$mg/kg，铜 1 ~ 100mg/kg，砷 10 ~ 100mg/kg，镉 1 ~ 100mg/kg，铬 10 ~ 2000mg/kg，铅 1~100mg/kg 等。所以，农业生产在施用大量磷肥的同时，这些元素会污染农田。

③ 微肥的污染　近年来许多地区根据实际情况，已将微量元素的施用技术应用到农业生产中，如北方地区大豆喷施钼肥，小麦用锌肥拌种等，取得了较好的增产效益。但由于植物本身对微量元素的需求量很小，如微肥施用不当，特别是用量太大时，会直接危害农作物，其危害程度甚至远大于大量元素，而且含某种微量元素过多的农产品，还会造成人和动物中毒。另外，为了降低成本，很多厂家在工艺不成熟的条件下，以矿渣为原料生产微肥，从而带入了多种有毒害作用的重金属元素，施用这样的微肥则危害性更大。

由于上述原因，绿色食品生产中提倡使用有机肥，但并不是所有的有机肥都可以用，在有机肥使用过程中特别要注意污水及粪水造成的致病微生物污染。选用的有机肥种类，应符合《生产绿色食品肥料使用准则》中的有关内容要求，除秸秆还田外，其他多数有机肥都应作无害化处理，以防止污染土壤和农产品。

3.3.2　土壤污染的危害

土壤中存在有无数微生物和动物，它们在为作物制造营养的同时，还使许多有毒有机物变成无毒物质。当进入土壤的污染物超过一定的量，致使土壤结构严重破坏，土壤中的微生物和动物就会死亡，此时农作物的产量会明显下降，收获的作物体内毒物的残留量很高，影响食用安全。土壤污染的特点是进入土壤的有害物质迁移的速度缓慢，污染达到一定程度后，即使中断污染源，土壤也很难复原。

土壤污染的途径首先是化肥、农药的施用和污灌，污染物进入土壤，并随之积累；其次，土壤作为废物(垃圾、废渣和污水等)的处理场所，使大量的有机和无机的污染物质进入土壤；此外，大气或水体中污染物质的迁移和转化也带来环境污染。土壤中的污染物质与大气和水体中的污染物质有很多相同，污染物的种类也常常与所处的环境相关，种类复杂，如在钢铁工业区，常发生酚、金属的残留积累；石油工业区，发生油、芳烃、烷烃、苯并芘等污染。

化肥施用是土壤污染的重要来源之一，虽然它能给农民带来丰收的喜悦，但是化肥产生的污染却给作物的食用安全带来新的问题。特别令人担忧的是施用氮肥带来的硝酸盐累积问题。生长在施用化肥土壤上的作物可以通过根系吸收土壤中的硝酸盐，硝酸根离子进入作物体内后，经作物体内的硝酸酶的作用还原成亚硝态氮，再转化为氨基酸类化合物，以维持作物的正常生理作用。但由于环境条件的限制，作物对硝酸盐的吸收往往不充分，致使大量的硝酸盐蓄积于作物的叶、茎和根中，这种积累对作物本身无害，但却对人畜产生危害。在新鲜蔬菜中，亚硝酸盐的含量通常低于 1mg/kg，而硝酸盐的含量却可达每千克数千毫克。蔬菜是人们食用较多且硝酸盐含量较高的食品，世界各国都在研究和筛选低富集硝酸盐的蔬菜品种，并通过控制氮肥的用量和时间，调节营养元素平衡，制定标准和改变食用方式等措施，以减轻硝酸盐积累对人体的危害。各国都规定了硝酸盐和亚硝酸盐的食品限量标准，世界卫生组织在 1973 年规定硝酸盐的限量指标为 5mg/kg，亚硝酸盐为 0.2mg/kg。

土壤中重金属的残留也严重影响食品的安全。重金属由于不能够被土壤微生物所分解，易在土壤中积累，并通过食物链在动物、人体内蓄积，影响人体健康，造成生理障碍、胚胎的不正常发育，威胁儿童身体健康，降低人口身体素质。重金属污染在世界范围内广泛存在，日本、瑞士、澳洲都有过重金属残留危害食品安全的案例发生。我国目前受重金属残留污染的耕地面积近 $0.2 \times 10^8 hm^2$，也占总耕地面积的 1/5，主要是镉、汞和铅污染。目前，重金属残留公害事件已经引起人们的广泛关注，并开展了对重金属污染及其防治问题方面的研究。

此外，农药、污泥、垃圾等物质也产生土壤污染，使生长在土壤中的农作物籽粒中有害物质含量超过食品卫生标准，这些因素也都是影响食品安全的重要隐患。

3.3.3 土壤污染物的监测

为保证绿色食品的质量，对于要求生产绿色食品的地块，应完全按照农业部所规定的规范，均匀取样，对规定项目做全部分析测试，对于那些曾受到过污染，并仍存在着影响的地块，以及虽未受到污染，但因母质原因某重金属元素含量过高的地块，均不得作为绿色食品生产用地。对于已申报并确定为绿色食品生产用地的，应加强管理，要防止来自大气、土壤、水及人工活动等各方面带来的污染。

根据调查结果，同时满足下列条件，免做土壤质量监测：①不属于与土壤环境有关的地方病区。②主导风向和次主导风向的上风向 5km 范围内没有工矿企业废气污染源的区域。③产地 3 km 范围内无生活垃圾填埋场、电厂灰场、工业固体废物和危险废物填埋场的区域。④已进行土壤环境背景值调查或近 3 年内已进行土壤质量监测，且背景值或监测结果符合绿色食品环境质量标准的区域。⑤自土壤环境背景值调查或土壤质量监测以来，未使用有机汞、有机砷农药，未施用污泥、垃圾多元肥料和稀土肥料，未大量引进外源有机肥的产地。⑥自土壤环境背景值调查或土壤质量监测以来，未进行污水灌溉，未进行客土的产地。矿泉水、纯净水、太空水等产地免做土壤质量监测。

各土壤污染物的常规监测如下：

①pH 值　玻璃电极法（土∶水 = 1.0∶2.5）。

②汞　土样经硝酸-硫酸-五氧化二钒或硫、硝酸锰酸钾消解后，冷原子吸收法测定。

③镉　土样经盐酸-硝酸-高氯酸（或盐酸-硝酸-氢氟酸-高氯酸）消解后，萃取-火焰原子吸收法测定或石墨炉原子吸收分光光度法测定。

④铅　土样经盐酸-硝酸-氢氟酸-高氯酸消解后，萃取-火焰原子吸收法测定或石墨炉原子吸收分光光度法测定。

⑤砷　土样经硫酸-硝酸-高氯酸消解后，二乙基二硫代氨基甲酸银分光光度法测定；或土样经硝酸-盐酸-高氯酸消解后，硼氢化钾-硝酸银分光光度法测定。

⑥铬　土样经硫酸-硝酸-氢氟酸消解后，高锰酸钾氧化-二苯碳酰二肼光度法测定或加氯化铵液，火焰原子吸收分光光度法测定。

3.4　产地选择

全国绿色食品原料标准化生产基地是指符合绿色食品产地环境质量标准，按照绿色食品技术标准、全程质量控制体系等要求实施生产与管理，建立健全并有效运行基地管理体系，具有一定规模，并经农业农村部绿色食品管理办公室和中国绿色食品发展中心审核批准的种植区域或养殖场所。

基地建设原则上由县级人民政府负责组织实施，以提供绿色食品生产企业所需的优质原料为目标，以实施标准化生产为手段，结合农业标准化、产业化、农产品优势区域布局、农产品质量安全管理和生态环境建设等工作，坚持"政府推进、产业化经营、相对集中连片、适度规模发展"的原则，建立"基地+企业+农户"的生产经营管理模式，强化产销对接能力，逐步成为绿色食品加工企业或养殖企业的原料供应主体。

3.4.1　产地环境质量标准

绿色食品是按照一整套绿色食品标准生产的，绿色食品标准比相应的食品国家标准或行业标准更严，其要求的生产环境质量要求严格，应按照《绿色食品产地环境质量标准》（NY/T 391—2013）执行。主要体现在以下几个方面：对大气，要求产地周围没有大气污染源，大气质量要稳定，符合绿色食品大气环境质量标准；对水环境，要求产地地表水、地下水水质清洁无污染，水域上游没有对该产品构成污染威胁的污染源，生产用水质量符合绿色食品水质（农田灌溉水、渔业水、兽禽饮用水、加工水）环境质量标准；对土壤，要求产地土壤元素背景值正常，周围没有金属或非金属矿山，没有农药残留污染，具有较高的土壤肥力，土壤质量符合绿色食品土壤质量标准。原料产地环境质量评价工作主要选择那些毒性大、作物易积累的物质作为评价因子，具体评价因子如图 3-1 所示。

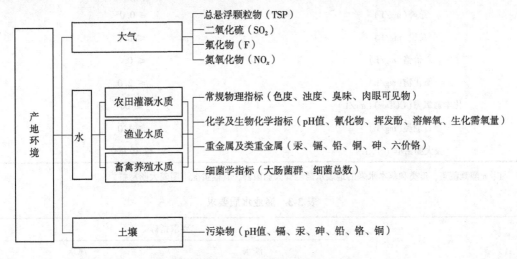

图 3-1　绿色食品产地环境质量评价因子

绿色食品生产应选择生态环境良好、地势平坦、无风蚀和水蚀的肥沃的土壤无污染的地区，远离工矿区和公路铁路干线，避开污染源。应在绿色食品和常规生产区域之间设置有效的缓冲带或物理屏障，以防止绿色食品生产基地受到污染。建立生物栖息地，保护基因多样性、物种多样性和生态系统多样性，以维持生态平衡。应保证基地具有可持续生产能力，不对环境或周边其他生物产生污染。具体要求如下：

（1）空气质量要求（表 3-1）

表 3-1　空气质量要求（标准状态）

项　　目	要求指标	
	日平均[a]	1h[b]
总悬浮颗粒物（mg/m³）	≤ 0.30	—
二氧化硫（mg/m³）	≤ 0.15	≤ 0.50
二氧化氮（mg/m³）	≤ 0.08	≤ 0.20
氟化物（μg/m³）	≤ 7	≤ 20

注：a 指任何一日的平均指标；b 指任何一小时的指标；引自 NY/T 391—2013，下同。

（2）水质要求（表 3-2 至表 3-6）

表 3-2　农田灌溉水质要求

项　　目	要求指标
pH	5.5~8.5
总汞（mg/L）	≤ 0.001

（续）

项　目	要求指标
总镉（mg/L）	≤ 0.005
总砷（mg/L）	≤ 0.05
总铅（mg/L）	≤ 0.1
六价铬（mg/L）	≤ 0.1
氟化物（mg/L）	≤ 2.0
化学需氧量（CODcr）（mg/L）	≤ 60
石油类（mg/L）	≤ 1.0
粪大肠菌群[a]（个/L）	≤ 10 000

注：a 灌溉蔬菜、瓜类和草本水果的地表水需测粪大肠菌群，其他情况不测粪大肠菌群。

表 3-3　渔业水质要求

项　目	要求指标	
	淡水	海水
色、臭、味	不应有异色、异臭、异味	
pH	6.5~9.0	
溶解氧（mg/L）	>5	
生化需氧量（BOD_5）（mg/L）	≤5	≤3
总大肠菌群，MPN/100mL	≤ 500（贝类 50）	
总汞（mg/L）	≤ 0.0005	≤ 0.0002
总镉（mg/L）	≤ 0.005	
总铅（mg/L）	≤ 0.05	≤ 0.005
总铜（mg/L）	≤ 0.01	
总砷（mg/L）	≤0.05	≤ 0.03
六价铬（mg/L）	≤ 0.1	≤ 0.01
挥发酚（mg/L）	≤ 0.005	
石油类（mg/L）	≤ 0.05	
活性磷酸盐（以 P 计）（mg/L）	—	≤0.03

表 3-4　畜禽养殖用水要求

项　目	要求指标
色度[a]	≤ 15，并不应呈现其他异色
浑浊度[a]（散射浑浊度单位）（NTU）	≤ 3
臭和味	不应有异臭、异味

（续）

项　目	要求指标
肉眼可见物[a]	不应含有
pH	6.5~8.5
氟化物（mg/L）	≤ 1.0
氰化物（mg/L）	≤ 0.05
总砷（mg/L）	≤ 0.05
总汞（mg/L）	≤ 0.001
总镉（mg/L）	≤ 0.01
六价铬（mg/L）	≤ 0.05
总铅（mg/L）	≤ 0.05
菌落总数[a]，cfu（mL）	≤ 100
总大肠菌群，MPN（100mL）	不得检出

注：a 散养模式免测该指标。

表 3-5　加工用水要求

项　目	要求指标
pH	6.5~8.5
总汞（mg/L）	≤ 0.001
总砷（mg/L）	≤ 0.01
总镉（mg/L）	≤ 0.005
总铅（mg/L）	≤ 0.01
六价铬（mg/L）	≤ 0.05
氰化物（mg/L）	≤ 0.05
氟化物（mg/L）	≤ 1.0
菌落总数，cfu（mL）	≤ 100
总大肠菌群，MPN（100mL）	不得检出

表 3-6　食用盐原料水质要求

项　目	要求指标
总汞（mg/L）	≤ 0.001
总砷（mg/L）	≤ 0.03
总镉（mg/L）	≤ 0.005
总铅（mg/L）	≤ 0.01

（3）土壤质量要求（表3-7至表3-9）

表3-7 土壤质量要求

项 目	旱田			水田		
	pH<6.5	6.5≤pH≤7.5	pH>7.5	pH<6.5	6.5≤pH≤7.5	pH>7.5
总镉(mg/kg)	≤ 0.30	≤ 0.30	≤ 0.40	≤ 0.30	≤ 0.30	≤ 0.40
总汞(mg/kg)	≤ 0.25	≤ 0.30	≤ 0.35	≤ 0.30	≤ 0.40	≤ 0.40
总砷(mg/kg)	≤ 25	≤ 20	≤ 20	≤ 20	≤ 20	≤ 15
总铅(mg/kg)	≤ 50	≤ 50	≤ 50	≤ 50	≤ 50	≤ 50
总铬(mg/kg)	≤ 120	≤ 120	≤ 120	≤ 120	≤ 120	≤ 120
总铜(mg/kg)	≤ 50	≤ 60	≤ 60	≤ 50	≤ 60	≤ 60

注：果园土壤中铜限量值为旱田中铜限量值的2倍；水旱轮作的标准值取严不取宽；底泥按照水田标准值执行。

表3-8 土壤肥力分级指标

项 目	级别	旱地	水田	菜地	园地	牧地
有机质(g/kg)	I	>15	>25	>30	>20	>20
	II	10~15	20~25	20~30	15~20	15~20
	III	<10	<20	<20	<15	<15
全氮(g/kg)	I	>1.0	>1.2	>1.2	>1.0	—
	II	0.8~1.0	1.0~1.2	1.0~1.2	0.8~1.0	—
	III	<0.8	<1.0	<1.0	<0.8	—
有效磷(mg/kg)	I	>10	>15	>40	>10	>10
	II	5~10	10~15	20~40	5~10	5~10
	III	<5	<10	<20	<5	<5
速效钾(mg/kg)	I	>120	>100	>150	>100	
	II	80~120	50~100	100~150	50~100	
	III	<80	<50	<100	<50	
阳离子交换量 [cmol(+)/kg]	I	>20	>20	>20	>20	
	II	15~20	15~20	15~20	15~20	
	III	<15	<15	<15	<15	

注：底泥、食用菌栽培基质不做土壤肥力检测。

表3-9 食用菌栽培基质要求

项 目	要求指标
总汞(mg/kg)	≤ 0.1
总砷(mg/kg)	≤ 0.8
总镉(mg/kg)	≤ 0.3
总铅(mg/kg)	≤ 35

除此之外，绿色产品产地要求使用绿色肥料、有机肥、绿肥等，不能使用城市、医院、农家的垃圾肥，因其易混进废电池、洗衣粉、塑料、化学品等有害物质及病原菌。而且不得选择长期、大量施用农药和化肥的，特别是施用过六氯环己烷和 DDT 及剧毒、高残留的农药历史的地段。

3.4.2　产地环境因子的危害及毒理

3.4.2.1　悬浮颗粒物

我国现行环境标准规定，凡粒径在 100μm 以下的颗粒物统称为总悬浮粒。粒径大于 10μm 的颗粒叫作降尘。另一类粒径小于 10μm 的颗粒，可长时间在空气中飘浮，这种微小的颗粒叫作飘尘。飘尘中很大一部分比细菌还小，人眼观察不到，它可以几小时、几天或者几年浮游在大气中。飘浮的范围从几公里到几十公里，甚至上千公里。因此，在大气中会造成不断蓄积使污染程度加重。飘尘能越过动物呼吸道的屏障，黏附于支气管壁或肺泡壁上。粒径不同的飘尘随空气进入肺部，以碰撞、扩散、沉积等方式，滞留在呼吸道的不同部位，对动物的呼吸系统造成伤害。对植物的影响，在植物的表面上沉积，影响植物正常的呼吸作用，对植物造成一定的伤害。

在颗粒物表面还能浓缩和富集某些化学物质如多环芳烃类化合物等，这些物质把颗粒物作为载体，随呼吸进入动物体内成为肺癌的致病因子。许多重金属(如铁、铍、铝、锰、铅、镉等)化合物附在颗粒物表面上，也可对动物造成危害。悬浮颗粒物长期悬浮于大气中，对阳光起散射作用，吸收阳光紫外线，使紫外线到达地面的量减少，致使植物病虫害发病率增高。

3.4.2.2　二氧化硫

二氧化硫是大气中主要污染物之一，是衡量大气是否遭到污染的重要标志。同时，二氧化硫也是形成酸雨的主要组成成分之一。自工业革命以来，世界上已经有很多城市发生过二氧化硫危害的严重事件，致使大量人员中毒或死亡。目前，我国一些城镇大气二氧化硫污染所引起的危害普遍而严重。

二氧化硫可被吸收进入血液，对动物产生毒害作用，它能破坏酶的活力，从而明显地影响碳水化合物及蛋白质的代谢，对肝脏有一定损害。二氧化硫慢性中毒后，动物的免疫力受到明显抑制。

若飘尘表面吸附金属微粒，在其催化作用下，使二氧化硫氧化为硫酸雾，其刺激作用比二氧化硫增强约 1 倍。长期生活在大气污染的环境中，由于二氧化硫和飘尘的联合作用，可促使动物肺泡壁纤维增生，如果增生范围波及广泛，形成肺纤维性变，发展下去可使纤维断裂形成肺气肿。对植物的危害是加速植物叶面蜡层的腐蚀。

3.4.2.3　氟化物

氟(F)是一种黄绿色的气体，有剧毒。在自然界中，氟常以化合物的形态存在。常见的氟化物有氟化氢(HF)、氟化钠(NaF)、氟化钡(BaF_2)、氟硅酸钠(Na_2SiF_6)、氟化钙(CaF_2)以及冰晶石(Na_3AlF_6)等。氟化氢是无色有刺激性气体，是一种积累性毒物，大气中氟化氢的含量达 0.005mg/m³ 时，对人体的健康就有潜在的危害。人体摄入的氟过量，会引起上、下肢长骨疼痛，重者骨质增生、疏松或变形，且易导致自发性骨折。此外，人体常因摄入高氟引起缺钙而导致抽搐、痉挛，重者呼吸麻痹而死亡。

3.4.2.4 氮氧化物

对动、植物有危害的氮氧化物主要是：一氧化二氮、一氧化氮、三氧化氮、二氧化氮、四氧化二氮、五氧化二氮等。它们是构成酸雨的主要成分。酸化土壤，使土壤中重金属的含量增多。加速植物蜡层的腐蚀，破坏植物叶片表面结构，使植物体内的营养元素淋溶，导致养分亏损，生长势减弱。对一些植物病虫害的生长发育有促进作用，诱使病虫害爆发。通过酸化土壤间接影响植物。土壤酸化使许多有毒的金属溶解出来，植物体从土壤中吸收的有毒金属，扰乱了植物的生理代谢过程，抑制植物的生长发育。

3.4.2.5 重金属

从大量的生物毒性试验结果可以推测，毒性是由于重金属与生物大分子作用造成的。金属离子既可取代生物大分子活性点位上原有的金属，也可以结合在该分子的其他位置。当有毒金属离子与生物大分子的活性点位或非活性点位结合后，可以改变生物大分子正常的生理和代谢功能，使生物体表现中毒现象甚至死亡。

（1）汞

汞对人体健康的危害与汞的化学形态、环境条件和侵入人体的途径、方式有关。金属汞蒸气有高度的扩散性和较大的脂溶性，侵入呼吸道后可被肺泡完全吸收并经血液运至全身。血液中的金属汞，可通过血脑屏障进入脑组织，然后在脑组织中氧化成汞离子。由于汞离子较难通过血脑屏障返回血液，因而逐渐蓄积在脑组织中，损害脑组织。在其他组织中的金属汞，可能被氧化成离子状态，并转移到肾中蓄积起来。金属汞慢性中毒的临床表现，主要是神经性症状，有头痛、头晕、肢体麻木和疼痛、肌肉震颤、运动失调等。大量吸入汞蒸气会出现急性汞中毒，其病症为肝炎、肾炎、蛋白尿、血尿和尿毒症等。

（2）铅

经过饮水和食物进入人体消化道的铅，有 5%～10% 被人体吸收。通过呼吸道进入肺部的铅，其吸收沉积率为 30%～50%。四乙基铅除经呼吸道和消化道外，还能通过皮肤侵入人体内。侵入人体内的铅，有 90%～95% 形成难溶性的磷酸铅，沉积于骨骼，其余则通过排泄系统排出体外。蓄积在骨骼中的铅，当遇上过度劳累、外伤、感染发烧、患传染病、缺钙或食入酸碱性药物，使血液酸碱平衡改变时，铅便可再变为可溶性磷酸氢铅而进入血液，引起内源性铅中毒。铅主要是损害骨髓造血系统和神经系统，对男性的生殖腺也有一定的损害。对造血系统主要是引起贫血，这是由于铅干扰血红素的合成而造成的。铅引起贫血的另一个原因是溶血。正常的红细胞膜上有一种三磷酸腺苷酶。这种酶能控制红细胞膜内外的钾、钠离子和水分的分布。当这种酶被铅抑制，红细胞膜内外的钾、钠离子和水分的分布便失去控制，使红细胞内的钾离子和水分脱失而导致溶血。铅对神经系统的损害是引起末梢神经炎，出现运动和感觉障碍。此外，铅随血流入脑组织，损害小脑和大脑皮质细胞，干扰代谢活动，使营养物质和氧气供应不足，引起脑内小毛细管内皮细胞肿胀，进而发展成为弥漫性的脑损伤。经常接触低浓度铅的人，当血铅达到每 100 毫升 60～80μg 时，就会出现头痛、头晕、疲乏、记忆力减退和失眠，常伴有食欲不振、便秘、腹痛等消化系统的症状。除此之外，幼儿大脑对铅污染比成年人敏感。大气中的铅对儿童的智力发育和行为，会有不良影响。儿童的血铅超过每 100 毫升 $60\mu g$ 时，会出现智能发育障碍和行为异常。铅对儿童骨骼的生长发育也能造成损害。铅还能透过母体胎盘，侵入胎儿体内和脑组织。

(3) 砷

砷通过呼吸道、消化道和皮肤接触进入人体。如摄入量超过排泄量，砷就会在人体的肝、肾、脾、子宫、胎盘、骨骼、肌肉等部位，特别是在毛发、指甲中蓄积，从而引起慢性砷中毒，潜伏期可长达几年甚至几十年。砷的毒害作用主要是三价砷离子与人体细胞中酶系统的巯基结合，使细胞代谢失调，营养发生障碍，对神经细胞的危害最大。三价砷离子还能通过血液循环，作用于毛细血管壁，使其通透性增大，麻痹毛细血管，造成营养组织障碍，产生急性或慢性中毒。慢性砷中毒有消化系统症状(如食欲不振、胃痛、恶心、肝肿大)、神经系统症状(神经衰弱症状群、多发性神经炎)和皮肤病等，其中尤以皮肤病变比较突出，主要表现为皮肤色素高度沉着和皮肤高度角化，发生龟裂性溃疡，有时可恶变成皮肤原位癌。砷被认为是致癌、致畸、致突变的"三致物质"。砷可通过食物链富集，海洋生物能从海水中富集大量的砷，故海产品的含砷量一般较高。

(4) 镉

环境受到镉污染后，镉可在生物体内富集，通过食物链进入人体，引起慢性中毒。镉和其他元素(如铜、锌)的协同作用，能增加其毒性，对水生物、微生物、农作物都有毒害作用。进入人体的镉，在体内形成镉硫蛋白，通过血液到达全身，并有选择性地蓄积于肾、肝中。肾脏可蓄积吸收量的 1/3，是镉中毒的靶器官。此外，在脾、胰、甲状腺、睾丸和毛发中也有一定的蓄积。镉的排泄途径主要通过粪便，也有少量从尿中排出。镉与含羟基、氨基、巯基的蛋白质分子结合，能使许多酶系统受到抑制，从而影响肝、肾器官中酶系统的正常功能。镉还会损伤肾小管，使人出现糖尿、蛋白尿和氨基酸尿等症状，并使尿钙和尿酸的排出量增加。肾功能不全，又会影响维生素 D 的活性，使骨骼的生长代谢受阻碍，从而造成骨骼疏松、萎缩、变形等。慢性镉中毒主要是影响肾脏，此外还可以引起贫血。除此之外，含镉气体通过呼吸道，会引起呼吸道刺激症状，如出现肺炎、肺水肿、呼吸困难等。镉从消化道进入人体，则会出现呕吐、胃肠痉挛、腹痛、腹泻等症状，甚至因肝肾综合征死亡。

(5) 铬

铬是人和动物所必需的一种微量元素，能增加人体内胆固醇的分解和排泄。铬能辅助胰岛素利用葡萄糖。在一般情况下，人体每日从环境(主要是食物)中摄取数微克的铬，如食物不能提供足够的铬，人体会因缺铬，影响糖类和脂类代谢。但是大量的铬污染环境，也会危害人体健康。三价铬和六价铬对人体健康都有害，被怀疑有致癌作用。通常认为六价铬的毒性比三价铬高 100 倍，更易为人体吸收，而且可在体内蓄积。近年来的研究表明，铬先以六价铬的形式渗入细胞，在细胞内还原为三价铬而构成"终致癌物"，与细胞内大分子相结合，引起遗传密码的改变，进而引起细胞的突变和癌变。铬的化合物常以溶液、粉尘或蒸气的形式污染环境，通过消化道、呼吸道、皮肤和黏膜进入人体，危害人体健康。铬对人体的毒害有全身中毒，对皮肤黏膜的刺激作用，引起皮炎、湿疹、气管炎、鼻炎和变态反应。如六价铬可以诱发肺癌和鼻咽癌。

3.4.2.6 氰化物

氰化物是含有氰基(—CN)的一类化合物的总称。分简单氰化物、氰络合物和有机氰化物3种，简单氰化物最常见的是氰化氢、氰化钠和氰化钾，均易溶于水，进入人体后易解离出氰基，对人体有剧毒。多种金属均可与氰形成氰络离子化合物，氰络离子的解离度很小不易形成游离的氰基，其毒性也较低。常见的有机氰类环境污染物有丙烯腈、己腈、丁腈等，均有异臭，可溶于水，在氧化剂存在下可释放出游离氰基。

氰化物进入人体后可被迅速吸收入血，在血液中氰化物与红细胞中的氧化型细胞色素氧化酶结合，并阻碍其还原，使生物体内的氧化还原反应不能进行，造成细胞窒息、组织缺氧，出现神经性呼吸衰竭，是氰化物急性中毒致死的主要原因。氰化物的慢性中毒多为吸入性中毒，一方面氰化物使神经系统发生细胞退行性变，产生头痛、头晕、动作不协调等症状；另一方面氰化物的代谢产物硫氰化物在体内蓄积，妨碍甲状腺素的合成，引起甲状腺功能低下。

3.4.2.7 挥发酚

根据酚类能否与水蒸气一起蒸出，分为挥发酚与不挥发酚。挥发酚多指沸点在23℃以下的酚类，通常属一元酚。酚类主要来自炼油、煤气洗涤、炼焦、造纸、合成氨、木材防腐和化工等废水。

酚类属高毒类，为细胞原浆毒物，低浓度能使蛋白质变性，高浓度能使蛋白质沉淀，对各种细胞有直接损害，对皮肤和黏膜有强烈的腐蚀作用。长期饮用被酚污染的水，可引起头昏、出疹、瘙痒、贫血、恶心、呕吐及各种神经系统症状。酚类化合物对人及哺乳动物有促癌作用(GB 5749—2006对生活饮用水中挥发酚类的含量要求小于0.002mg/L)。

3.4.2.8 其他环境条件

(1)pH值

毒物所处的环境中pH值高低直接影响毒物的毒性，主要是因为环境中pH值不同，则毒物的溶解度也不同。在中性环境中，在镉污染条件下生物体内含有可溶性镉量最低(约30%)，随着环境中酸度增加，生物体内含镉量相应增加。在酸性条件下，镉大多为无机盐游离态，在碱性条件下则和蛋白质结合。游离态镉对生物的毒性较大，如果镉与蛋白质结合形成镉-硫蛋白，毒性明显降低。在食物加工过程中pH值也影响食物的含镉量。pH值还影响毒物存在的形态及比例。以SO_2毒性与pH值关系为例，在pH值为2~5的范围时体内主要以HSO_3为主，毒性大，受害重；在pH值为6~8时体内以SO_3^{2-}占主导地位，毒性明显降低，引起植物受害较轻。

(2)溶解氧

保持水中足够的溶解氧，可抑制生成有毒物质的化学反应，转化和降低有毒物质的含量。例如，水中有机物腐烂后产生氨和硫化氢，在有充足氧存在的条件下，经微生物的耗氧分解作用，氨会转化成亚硝酸盐再转化成硝酸盐，硫化氢则被转化成硫酸盐，变成无毒的最终产物，并被浮游生物光合作用所吸收。因此，水中保持足够的溶解氧非常重要，如果缺氧，这些有毒物极易迅速达到危害的程度。

（3）生化需氧量

生化需氧量又称生化耗氧量（biochemical oxygen demand），缩写 BOD，是表示水中有机物等需氧污染物质含量的一个综合指标，它说明水中有机物出于微生物的生化作用进行氧化分解，使之无机化或气体化时所消耗水中溶解氧的总数量。其值越高，说明水中有机污染物质越多，污染也就越严重。以悬浮或溶解状态存在于生活污水和制糖、食品、造纸、纤维等工业废水中的碳氢化合物、蛋白质、油脂、木质素等均为有机污染物，可经好气菌的生物化学作用而分解，由于在分解过程中消耗氧气，故也称需氧污染物质。若这类污染物质排入水体过多，将造成水中溶解氧缺乏，同时，有机物又通过水中厌氧菌的分解引起腐败现象，产生甲烷、硫化氢、硫醇和氨等恶臭气体，使水体变质发臭。

3.4.3 产地环境质量的监管以及防治措施

目前，世界各国对环境污染都十分重视。2001 年 5 月下旬，联合国环境规划署组织在瑞典斯德哥尔摩召开了系列会议和谈判，签署了禁止和严格限制使用持久性有机污染物（POPs）的国际公约；已经有 80 个国家签字加入国际贸易对某些危险化学品和农药采用事先知情同意程序公约（PIC 国际公约）；1985 年和 1987 年国际社会制定了"保护臭氧层维也纳公约"和"关于消耗臭氧层物质的蒙特利尔议定书"，要求发达国家在 2000 年前全部淘汰消耗臭氧层的氟氰烃类，发展中国家 2010 年停止生产和使用。

我国也对环境污染对人民生活的影响做过一些调查、监测，并制定了一些相应的法规。对环境污染调查的结果显示，我国城市空气、地面水和饮用水源、河流等污染严重，有机农药、多氯联苯、氟氯烃类、苯系物、苯酚类、重金属等在大气、水体、土壤环境中均有检出，有些地区甚至还存在有二噁英污染现象。在监督管理有毒化学品方面，中国国家环保总局（现环保部）加强了有毒、有害化学品的监督管理；农业部（现农业农村部）制订了《农药管理条例》和《农药管理条例实施办法》；国家经贸委列出了 997 种常见危险化学品，进行鉴定分类和登记注册管理。颁布了《淘汰落后生产能力、工艺和产品目录》；筛选出一些优先控制的污染物，在污水综合排放标准中增加了 40 项有毒有害化学品项目，在大气污染综合排放标准中增加了 17 项有机污染物等。

尽管国家对环境污染影响食品安全的问题已经给予充分的关注，但是仅有国家的单方面努力还是不够的，消费者和生产企业也应该承担起相应的责任和义务，只有国家、企业和消费者三方共同协作才能够建立起完整的预防污染的体系。

对于消费者而言，应该树立绿色消费观念，科学、理智、健康、安全消费。在购买商品和接受服务时，一方面要注意对自身健康和公众安全是否有利，选择无污染和无公害的绿色产品；另一方面也要有利于节约能源，保护生态环境，不以大量消耗资源、损害环境求得生活上的安全、舒适，将环境保护融入我们日常的消费行为中。

（1）购买绿色食品

我国早在 1990 年就颁布了绿色食品的认证标准，分为 A 级和 AA 级。A 级绿色食品允许有控制地使用部分农药，对人体也是安全的，它作为符合我国国情又具有发展方向的过渡时期产品，值得广大消费者信赖和选购；AA 级绿色食品则严格限定不使用化学农药和化肥，基本与国际有机食品的标准相一致，是今后绿色食品的发展方向，如果经济条件许可，尽可放心购买。面对那些施用了生长素、催熟素和大量化肥的食品，以及外观看上去超过正常水平大小的水果、蔬菜，则应不购为宜。在购买食品时注意看成分说明，最好选择没用或少用人工合成添加剂的食品，尤其是孕妇、儿童等特殊消费人群更应注意。购买肉类食品一定要注意有无检疫标志，拒购无检疫肉制品。最好选购有信誉的品牌。尽量少消费熏制、腌制的各类食品，长期摄入这类食品有害健康。

（2）培养健康饮食习惯

要维持身体健康，养成健康的饮食习惯尤为重要。首先是注意食物品种的多样性。日常生活中，要以平衡膳食原则来调配自己的饮食，并注意增加蔬菜、水果和谷物制品的摄入。此外，由于各种作物中残留的污染物质不尽相同，因此蔬菜、水果品种的多样化尤为重要，这可以避免因食用品种单一造成某种农药摄入过多引起中毒。食用方便食品时，要同时注意补充其他营养物质，以平衡人体营养。如果不得已要以快餐长期作为主餐，就必须在饮食中增加水果、蔬菜和谷物等。养成蔬菜和水果在食用前一定要清洗干净的好习惯。水果最好削皮后食用，因为表皮的农药含量往往最高。吃叶类蔬菜时，一定要清洗干净，但不宜过久浸泡。

（3）从环保的角度考虑购买产品

不购买污染环境的产品，包括过多包装，以及用后会变成污染物、生产时会制造污染或者使用时会造成浪费或污染的产品。尽量不使用一次性塑料袋，以减少白色污染。更换电池时，选用环保电池，以减少废旧电池里重金属带来的污染。注意废旧电池的集中回收。

而对于生产企业而言应该采取措施是：有效控制对人体健康有害的各种污染。禁用、禁销危害人体健康的各种人工合成原料，尤其高毒、高残留的农药和化肥等；并限用一些长期使用会对环境产生污染积累的化工原料；对部分必须使用的，也要制订严格的使用规范，以确保安全。并把生产绿色产品作为企业的发展方向，从产品设计、原材料选择、产品生产到产品包装，在所有的生产环节和销售环节都考虑对消费者的健康是否有利，对环境是否有利，以绿色产品的形象来赢得广大消费者的信赖。

3.5 环境质量监测与评价

产地环境质量状况直接影响绿色食品质量，是绿色食品可持续发展的先决条件。绿色食品的安全、优质和营养特性，不仅依赖合格的空气、水质、土壤等产地环境质量要素，也需要合理的农业产业结构和配套的生态环境保护措施。一套科学有效的产地环境调查、监测与评价方法是保证绿色食品生产基地安全条件的基本要求。

通过正确地评价绿色食品产地环境质量，为绿色食品认证提供科学依据的同时通过以清洁生产和生态保护为基础的农业生态结构调节，保证农业生态系统的主要功能趋于良性循环，达到保护资源、增加效益、促进农业可持续发展的目的，最终实现经济效应和生态安全和谐统一。

3.5.1 产地环境调查

（1）调查目的和原则

产地环境质量调查的目的是科学、准确地了解产地环境质量现状，为优化监测布点提供科学依据。根据绿色食品产地环境特点，兼顾重要性、典型性、代表性，重点调查产地环境质量现状、发展趋势及区域污染控制措施，兼顾产地自然环境、社会经济及工农业生产对产地环境质量的影响。

（2）调查方法

省级绿色食品工作机构负责组织对申报绿色食品产品的产地环境进行现状调查，并确定布点采样方案。现状调查应采用现场调查方法，可以采取资料核查、座谈会、问卷调查等多种形式。

（3）调查内容

调查内容包括自然地理、气候与气象、水文状况、土地资源、植被及生物资源、自然灾害状况、社会经济概况、农业生产方式、工农业污染情况以及生态环境保护措施等情况。

调查结束后，根据调查指标了解掌握相关资料的基础上，对产地环境质量进行初步判断分析，出具调查分析报告，具体调查报告规范请查阅《绿色食品产地环境调查、监测与评价规范》（NY/T 1054—2013）。

3.5.2 产地环境质量监测

3.5.2.1 空气监测

由于空气污染物浓度的时空分布不均，空气质量监测必须注意监测样点的选择。依据产地环境调查分析结论和产品工艺特点，确定是否进行空气质量监测。进行产地环境空气质量监测的地区，可根据当地生物生长期内的主导风向，重点监测可能对产地环境造成污染的污染源的下风向。

（1）监测样点布设

样点布设点数应充分考虑产地布局、工矿污染源情况和生产工艺等特点，按表 3-10 监测点进行布设。

监测点选择应远离树木、城市建筑及公路、铁路的开阔地带，若为地势平坦区域，沿主导风向 45°~90°夹角内布点；若为山谷地貌区域，应沿山谷走向布点。各监测点之间的设置条件相对一致，间距一般不超过 5km，保证各监测点所获数据具有可比性。

表 3-10　空气监测样点布设

产地类型	布设点数（个）
布局相对集中，面积较小，无工矿污染源	1~3
布局较为分散，面积较大，无工矿污染源	3~4

注：引自 NY/T 1054—2013，下同。

（2）采样时间和频率

采样时间应选择在空气污染对生产质量影响较大的时期进行，采样频率为每天 4 次，上下午各 2 次，连采 2d。采样时间分别为：晨起、午前、午后和黄昏，每次采样量不得低于 10m³。遇雨雪等降水天气停采，时间顺延。取 4 次平均值，作为日均值。

3.5.2.2 水质监测

坚持从水污染对产地环境质量的影响和危害出发，突出重点，照顾一般的原则。即优先布点监测代表性强，最有可能对产地环境造成污染的方位、水源（系）或产品生产过程中对其质量有直接影响的水源。

（1）监测样点布设

对于水资源丰富、水质相对稳定的同一水源（系），样点布设 1~3 个，若不同水源（系）则依次叠加。水资源相对贫乏、水质稳定性较差的水源及对水质要求较高的作物产地，则根据实际情况适当增设采样点数，具体见表 3-11。

灌溉水系：用地表水进行灌溉的，可根据情况采用灵活的采样方法；直接引用江河进行灌溉的，应在灌溉水进入农田前的灌溉道附近河流断面设置采样点；用小型河流灌溉的，应根据用水情况分段设置监测断面。常年宽度大于 30m、水深大于 5m 的河流，应在监测断面上分段（左、中、右）设置采样点，采样时应在水面 0.3~0.5m 处各采分样，分样混合作为一个水样点；对于一般河流，在采样断面的中点处水面下 0.3~0.5m 处采样即可。湖、水库、水塘、洼地，10hm² 以下水面，在水面中心处设置取水断面，在水面下 0.3~0.5m 处采样；10hm² 以上水面，可根据水面功能划分若干断面，按照小型水面设置采样点。引用地下水进行灌溉的，在地下水取井处设置采样点。

表 3-11　水质监测样点布设

产地类型		布设点数（个）
种植业（包括水培蔬菜和水生植物）		1
近海（包括滩涂）渔业		1~3
养殖业	集中养殖	1~3
	分散养殖	1
食用盐原料用水		1~3
加工用水		1~3

注：以每个水源或水系计。

（2）采样时间和频率

种植业用水在农作物生长过程中灌溉用水的主要灌期采样 1 次；水产养殖用水，在其生长期采样 1 次；畜禽养殖业用水，宜与原料产地灌溉用水同步采集饮用水水样 1 次；加工用水每个水源采集水样 1 次。

3.5.2.3　土壤监测

绿色食品产地土壤监测点布设，以能代表整个产地监测区域为原则；不同的功能区采取不同的布点原则；宜选择代表性强、可能造成污染的最不利的方位、地块。在土壤质量监测工作中，准备调查区的土壤图、行政区划图、交通图、工矿企业及污染源分布图等的同时，应组织当地群众与主要部门相关人员现场考察土壤污染分布情况。

（1）监测样点布设

环境因素分布均匀地段采取网络法或梅花法布点，环境要素分布复杂地段采取随机布点法布点，可能受污染地段可采用放射法布点，具体见表 3-12 至表 3-16。

表 3-12　大田种植区土壤监测样点布设

产地面积(hm²)	布设点数(个)
2000 以内	3~5
2000 以上	每增加 1000,增加 1

表 3-13　蔬菜露地种植区土壤监测样点布设

产地面积(hm²)	布设点数(个)
200 以内	3~5
200 以上	每增加 100,增加 1

注:莲藕、荸荠等水生植物采集底泥。

表 3-14　设施种植业区土壤监测样点布设

产地面积(hm²)	布设点数(个)
100 以内	3
100~300 之间	5
300 以上	每增加 100,增加 1

表 3-15　野生产品生产区土壤监测样点布设

产地面积(hm²)	布设点数(个)
2000 以内	3
2000~5000 之间	5
5000~10 000 之间	7
10 000 以上	每增加 5000,增加 1

表 3-16　其他生产区域土壤监测样点布设

产地类型	布设点数(个)
近海(包括滩涂)渔业	不少于 3(底泥)
淡水养殖区	不少于 3(底泥)

注:深海和网箱养殖区、食用盐原料产区、矿泉水、加工业区免测。

(2)采样时间

土壤样品应安排在作物生长期内采样,采样层次按表 3-17 方法进行,对于基地区域内同时种植一年生和多年生作物,采样点数量按照申报品种,分别计算面积进行确定。

表 3-17　土壤采样层次

产地类型	采样层次(cm)
一年生作物	0~20
多年生作物	0~40
底泥	0~20

3.5.3 产地环境质量评价

绿色食品产地环境质量评价的目的是为保证绿色食品安全和优质，从源头上为生产基地选择优良的生态环境，为绿色食品管理部门的决策提供科学依据，实现农业可持续发展。环境质量现状评价是根据环境（包括污染源）的调查与监测资料，应用具有代表性、简便性和适用性的环境质量指数系统进行综合处理，然后对这一区域的环境质量现状做出定量描述，并提出该区域环境污染综合防治措施。产地环境质量评价包括污染指数评价、土壤肥力等级划分和生态环境质量分析等。

3.5.3.1 评价原则

产地环境质量评价是绿色食品开发的一项基础工作，应遵循以下原则：①评价应在该区域性环境初步优化的基础上进行，同时不应该忽视农业生产过程中的自身污染；②绿色食品产地的各项环境质量标准（空气、水质、土壤）是评价产地环境质量合格与否的重要依据，要从严掌握；③在全面反映产地环境质量现状的前提下，突出对产品生产危害较大的环境要素（严控指标）和高浓度污染物对环境质量的影响。

3.5.3.2 评价程序

如图 3-2 所示。

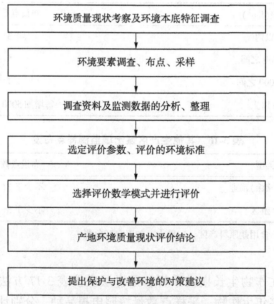

图 3-2　绿色食品产地环境质量评价工作程序

3.5.3.3 评价方法

进行单项污染指数评价，按照公式（1）计算。如果有一项单项污染指数大于 1，视为该产地环境质量不符合要求，不适宜发展绿色食品。对于有检出限的未检出项目，污染物实测值取检出限的 1/2 进行计算，而没有检出限的未检出项目（如总大肠菌群），污染物实测值取 0 进行计算。对于 pH 的单项污染指数按公式（2）计算。

$$P_i = \frac{C_i}{S_i} \tag{1}$$

式中　P_i——监测项目 i 的污染指数；

　　　C_i——监测项目 i 的实测值；

　　　S_i——监测项目 i 的评价标准值。

$$P_{pH} = \frac{|\,pH - pH_{SM}\,|}{(pH_{su} - pH_{sd})/2} \tag{2}$$

　　其中，　　　　　　$pH_{SM} = \frac{1}{2}(pH_{su} + pH_{sd})$

式中　P_{pH}——pH 的污染指数；

　　　pH——pH 的实测值；

　　　pH_{su}——pH 允许幅度的上限值；

　　　pH_{sd}——pH 允许幅度的下限值。

单项污染指数均小于等于 1，则继续进行综合污染指数评价。综合污染指数分别按照式(3)和式(4)计算，并按表 3-18 的规定进行分级。综合污染指数可作为长期绿色食品生产环境变化趋势的评价指标。

$$P_{综} = \sqrt{\frac{(C_i/S_i)^2_{max} + (C_i/S_i)^2_{ave}}{2}} \tag{3}$$

式中　$P_{综}$——水质(或土壤)的综合污染指数；

　　　$(C_i/S_i)_{max}$——水质(或土壤)中污染物中污染指数的最大值；

　　　$(C_i/S_i)_{ave}$——水质(或土壤)污染物中污染指数的平均值。

$$P' = \sqrt{(C'_i/S'_i)_{max} \times (C'_i/S'_i)_{ave}} \tag{4}$$

式中　P'——空气的综合污染指数；

　　　$(C'_i/S'_i)_{max}$——空气污染物中污染指数的最大值；

　　　$(C'_i/S'_i)_{ave}$——空气污染物中污染指数的平均值。

表 3-18　综合污染指数分级标准

土壤综合污染指数	水质综合污染指数	空气综合污染指数	等级
≤0.7	≤0.5	≤0.6	清洁
0.7~1.0	0.5~1.0	0.6~1.0	尚清洁

3.6　环境修复

良好的生态环境条件是绿色食品优质的保障。随着社会对绿色食品需求越来越大，希望发展绿色食品的地区越来越多，但很多地方苦于环境质量达不到要求而不具备生产资格。因此，如何对被污染的生态环境进行修复，使之恢复到良好的状态，不仅是为绿色食品的生产创造必要的条件，而且对于促进和保持生态平衡，保障人民健康具有很大的意义。

3.6.1 地球化学工程学修复

荷兰的 R. D. Shuiling(1990 年)首次给地球化学工程学(Geochemical Engineering)下定义,"将地球化学作用用于改造环境",其要点是利用自然的地球化学作用,尽可能地不干扰自然界,依元素自然循环去除有关的化学元素。

地球化学工程学与环境地球化学之间具有密切的关系,环境地球化学是运用表生地球化学理论和手段,系统研究污染物质在岩石圈、水圈、大气圈及生物圈和各层圈之间的交换,尤其是界面反应研究,从理论上阐明污染的规律及其环境效应,因此,在环境地球化学中,地球化学工作者研究地球化学作用,而地球化学工程学将这样的作用当作环境工艺发展的起点,选择合适的物质治理和修复环境。

目前地球化学工程学修复技术主要利用环境矿物材料来进行环境修复。可以有效地修复土壤污染、水污染和大气污染。

3.6.1.1 土壤污染的修复

(1)利用土壤中的天然矿物治理土壤重金属污染的方法

当前,关于地学作为土壤科学的重要基础的理论日益受到关注。在国内外关于土壤的重金属污染物防治活动中,人们一直在强调土壤的自净能力。需要指出的是,土壤的自净能力离不开土壤中的矿物对重金属的吸附与解吸作用、固定与释放作用。

土壤中的天然铁锰铝氧化物及氢氧化物中的磁铁矿、赤铁矿、针铁矿、软锰矿、硬锰矿与铝土矿等正在成为国际关于天然矿物净化污染研究的重点对象。这些矿物的表面具有明显的化学吸附性特征,锰氧化物与氢氧化物还具有较完善的孔道特性,尤其是 Fe、Mn 为常见的变价元素,往往可表现出一定的氧化还原作用。因此,可以说铁锰铝氧化物及氢氧化物具有潜在的净化重金属污染的功能。另外,还可以利用黄铁矿吸附土壤中的 Cu、Pb、Zn 等重金属以修复污染,也可以利用褐煤作为土壤重金属污染地吸附剂。

(2)利用表面活性剂对受污染的土壤进行修复

一般情况下表层土壤中的可降解污染物,在环境微生物的作用下会逐渐矿化而进行生物修复,而深层土壤和地下水中的污染物处于厌氧环境,生物降解缓慢,单凭环境的自净作用进行修复还远远不够。20 世纪 90 年代以后开展起来的表面活性剂–增效修复(surfactant-enhanced remediation)技术有效地解决了这一问题,国外专家在这一领域开展了大量的研究工作。他们利用表面活性剂溶液对憎水性有机污染物的增溶作用(solubilization)和增流作用(mobilization),来驱逐地下含水层中的非水相液体以及吸附于土壤颗粒物上的污染物,再经过进一步处理后,达到修复受污染环境的目的。

表面活性剂(surfactant 或 surface active agent,简称 SAA)溶于水后,在表面富集,随着浓度的增大出现胶团。形成胶团所需 SAA 的最低浓度称为临界胶团浓度(critical micelle concentration,简称 Ccmc)。形成胶团后的 SAA 溶液有其特殊性,对憎水性有机化合物有增溶作用。可见,Ccmc 小的表面活性剂比较适合用于消除污染物。

近年来国外用于环境修复的常见 SAA 列于表 3-19 中。

从表 3-19 中可见，聚氧乙烯型非离子 SAA 占了绝大多数。这类 SAA 无毒，可生物降解，有的甚至是食品添加剂，Ccmc 较低，不带电荷，受环境 pH 值、离子强度等因素影响较小。

表 3-19 用于环境修复的常见 SAA

类型	名称	Ccmc(mol/L)	所清除的污染物
非离子表面活性剂	十二烷基聚氧乙烯醚	$(1.2 \sim 2) \times 10^{-4}$	十二烷、苯、甲苯、氯苯、二氯苯、三氯乙烯、多环芳烃
	辛烷基聚氧乙烯醚	2.1×10^{-4}	多环芳烃
	壬烷基聚氧乙烯醚	0.5×10^{-4}	多环芳烃
	辛基苯基聚氧乙烯醚	8.3×10^{-3}	三氯乙烯、四氯乙烯、三氯苯、DDT、多氯联苯
	壬基苯基聚氧乙烯醚	1.3×10^{-4}	三氯乙烯、四氯乙烯、二氯苯、四氯苯、多环芳烃
	聚氧乙烯失水山梨醇	1.2×10^{-5}	烷烃
	单油酸酯	1.2×10^{-5}	烷烃
	聚氧乙烯油酸酯	6.3×10^{-5}	十二烷、甲苯、三甲苯、二氯苯、菲
阴离子表面活性剂	十二烷基硫酸钠	8.1×10^{-3}	多氯联苯
	十二烷基苯磺酸钠	1.2×10^{-3}	多环芳烃
	十六烷基双苯磺酸钠	0.3×10^{-3}	多环芳烃

3.6.1.2 水污染的修复

地表水和地下水污染问题令人担忧。其中，地表水污染是我国水环境恶化的主要问题。目前，全国污水总排放量近 5.0×10^{10} t，80% 以上的污水未经处理就直接排入江河湖海。全国 90% 以上的城市水环境恶化，城市附近的河流或河道多已成为排污沟渠。

随着乡镇企业的迅速兴起，水质污染更迅速地向广大城郊和农村蔓延，同时也增加了地区间排放污水的矛盾。因此，我国东部地区与大城市水资源短缺主要是人口集中和经济发展产生的发展型缺水和水质污染引起的水质型缺水。解决这类缺水最主要的措施是污水治理和再利用，把污染水变成资源水。而地下水污染也呈加重的趋势，高氟、高砷、高磷与高硝酸根甚至含超量重金属等问题长期未得到根本改善，干旱和半干旱地区分布广泛、储量较大的微咸水也未得到有效治理与合理利用。因此，加强对污染水的治理技术研究势在必行。

(1)水污染修复的一般方法

可以利用地球化学数据库圈定地下水的危险区及保护区，也可以向地下水注入地球化学添加剂修复污染，如应用树皮中提取出的具有螯合作用的有机物可有效地去除污水中的重金属。矿山废液的处理，可以采用废液的地下注入以消除污染，如可以利用蒙脱石或润滑土去除废液中的重金属污染。

(2)利用天然矿物修复被污染的水

对于量多面广的区域性地表水和地下水的治理改善工程不是一般的环境治理技术所能

支撑的，而需采用成本低廉的地质方法——天然自净化作用才可能达到规模治污能力。地质方法治理水污染，归根到底还是天然矿物对各种污染物的净化能力问题。

环境矿物材料中矿物表面的吸附作用、矿物孔道的过滤作用、矿物层间的离子交换作用和金属矿物微溶性的化学活性作用等基本性能，均能在污染水与劣质水治理与改善工程中发挥有效作用。水体中的色度、有机污染物、氨氮、油类物质及病原细菌等均能通过矿物的过滤作用与离子交换作用得以去除。

对天然矿物进行合理改性是提高环境矿物材料性能的有效新途径。例如，天然黏土矿物的亲水性对无机性污染物具有较好的净化功能，一旦利用有机表面活性剂去置换天然黏土矿物中存在的大量可交换的无机阳离子，还可形成具有疏水性的有机黏土矿物，能有效吸附地下水中的有机污染物。另外，在常规污水处理过程中，铁盐和铝盐的絮凝作用得到普遍的采用，可选择具有净化功能的天然矿物作为骨料，再将一定形态的氧化铁或氧化铝固定在矿物骨料表面，从而形成经过改性的、性能更优的环境矿物材料。

3.6.1.3　大气污染的修复

我国是世界上最大的煤炭生产国与消费国，大量的工业电厂、锅炉燃煤与民用炉灶燃煤所带来的污染已成为我国大气的主要污染源，其中二氧化硫和碳质粉尘的危害尤为严重。针对燃煤型大气污染的治理问题，业已投入不少的力量，取得了一些技术成果，但从目前的治理效果来看，由于设备价格较贵，很难得到广大燃煤用户的自觉利用。尤其是民用炉灶量多面广，集中于冬季，煤炭燃烧不充分导致碳质煤尘较大，而且难以统一管理与集中治理，加上烟气的低空排放，再遇上冬季恶劣气候而不易扩散，常常弥漫在人的呼吸带与绿色食品生产带，对人体健康与绿色食品的质量造成严重的威胁。

研究结果表明，煤中硫的存在形式主要是有机硫与无机单质硫、黄铁矿和硫酸盐，其中含量较高、燃烧过程中排放出二氧化硫较多的是黄铁矿。粉尘成分主要是未充分燃烧的碳质微粒。目前，国内外有关治理燃煤污染的途径不外乎 3 条：一是燃烧前控制，如采用洗选煤炭的方法脱去硫分与灰分；二是燃烧中控制，如在燃煤中添加固硫物相来固化硫分；三是燃烧后控制，如在煤气通道中安装消烟除尘与脱硫装置。而民用炉灶燃煤所带来的燃煤污染直到最近才得到重视，有学者提出选用天然矿物材料固硫剂、除尘过滤器与脱硫除尘喷洒剂等方法，具有一定的技术特点与成本优势。另外，还可以利用沸石吸附空气中的二氧化硫，利用黄铁矿及黏土矿物吸附空气中的重金属。

3.6.2　生物修复

生物修复是利用生物恢复环境的方法，它是利用各种天然生物过程而发展起来的一种处理环境污染的技术，具有处理费用低、对环境影响小、效率高等优点。目前，生物修复一般可分为植物修复（phytoremediation）和微生物修复（microremediation），但两者往往是相互联系、共同作用的。

3.6.2.1　植物修复

植物对环境的修复或简称植物修复是一门利用植物对环境污染物质进行处理的技术，它是利用植物及其微生物与环境之间的相互作用，对环境污染物质进行清除、分解、吸收或吸附，使土壤环境重新得到恢复。植物修复既可用于对有机污染物的分解，也可用于对无机污染物的清理。广义的植物修复技术包括利用植物固定或修复重金属污染土壤，利用植物净化水体和空气，利用植物清除放射性核素和利用植物及其根际微生物共存体系净化环境中的有机污染物等方面。而狭义的植物修复技术主要指利用植物清除污染土壤中的重金属。

近年来的研究表明，植物修复是经济而适于现场操作的去除环境污染物的技术。它是近几年才兴起的，现已成为生物修复中的一个研究热点。利用植物不仅可以去除环境中的有机污染物，还能去除重金属和放射性核素。植物修复适用于大面积、低浓度的污染位点。按不同的修复目的和应用机理，可以把植物对环境的修复技术划分成下列主要类型：

（1）植物提取

植物提取是把污染物质转移到植物体中，并在植物体中转移、积累，而积聚污染物质的植物体最终也能得到有效的利用或贮存。这一技术主要用于重金属污染地区。植物燃烧后重金属含量高的灰分有时可被用作矿物。这一技术对中等程度的亲脂性物质或有机酸污染也适用。

（2）根际过滤

根际过滤是指污染物被植物根系吸附或在根系上沉淀。这一技术主要用于水渍环境下的重金属元素提取，对亲脂性物质污染也可应用。

（3）植物固定

植物固定是指利用植物使污染物质在土壤中固定下来，或者土壤本身得到稳定。前一种固定是植物利用其根系的作用，改变根系分布范围内土壤的微环境，促进污染物从溶解态向非溶解态转化。当污染物从土壤中清理掉不太可行时，这一技术似乎是很好的选择，尤其是对疏水污染物和金属元素。由于污染物仍在土壤中，这一技术的应用难度较大，有时可以通过施肥、加入客土、增加有机质等措施来促进这一技术的实现。与其他技术相比，这一技术应用花费较低。

（4）植物根际和体内降解

根际降解是指污染物在根系中进行分解，它既可以是微生物的作用，也可以是根系自身的作用。植物体内降解是污染物通过转移在植物体中进行分解。根际对三氯乙烯的分解作用首先在美国橡树岭国家实验室得到证实。根际和体内降解技术通常被应用于有机物如石油、杀虫剂、TNT、含氯溶剂、BTEX 等的污染地区。

（5）植物挥发

植物挥发是指植物吸收污染物质并转移到叶片和枝条中，再挥发到植物体外。这一技术的应用条件是污染物在植物体内几乎很少参与代谢，却易被运输，同时大气蒸气压大。氯苯、三氯乙烯以及另一些含氯溶剂的污染都可用这一技术处理。有机态银也可以用这一方法处理，它能在植物体内转化成金属银而挥发至大气中。由于植物挥发是把土壤中的污染物质转移到大气中，所以这一结果不是很理想，但如果挥发物质浓度很小，或者由于阳光作用挥发物质能发生光解作用，则这一技术是可以应用的。

（6）水分控制

水分控制是指应用林木或其他植物对土壤中水分或地下水进行蒸腾，以防止污染物通过水向下层或周围渗透。这一技术的使用原则是植物本身不积累污染物，且具有一定的经济用途。水分控制技术成本低，而且还能同其他一些污染处理技术结合起来应用。

3.6.2.2 微生物修复

微生物修复则是利用微生物促进有毒、有害物质降解的环境污染修复技术。它成本低廉、操作简便、修复效果好，相比传统方法不存在二次环境污染的问题，已在国内外被广泛应用，也有了很多成功的典型案例。国内学者先后对微生物在赤潮、淡水湖泊水华、石油化工、重金属、农药等造成污染中的环境修复功能进行了研究。

（1）有机污染物的微生物修复

有机污染物微生物修复广泛应用于固体废弃物、大气、土壤、水体中。其中，由于在水体中的流动性导致其危害面更广。早在20世纪80年代就开始研究与应用微生物有机污染物的修复，迄今为止，微生物修复的应用技术已经发展成熟，但是它还是有很大的发展空间，得到各方面的广泛重视。

微生物修复主要有以下几个方面的广泛应用：固体废弃物中的好氧堆肥、厌氧堆肥、卫生填埋、发酵法；气体中的生物洗涤法、生物过滤法；水体中的应用更是广泛，包括好氧处理中的活性污泥法、生物膜法、酵母处理含酚废水技术、微污染水源的处理技术。联合处理中的水解-好氧处理工艺、间歇式活性污泥法、光合细菌法、厌氧处理技术，以及生态处理技术中的氧化塘、湿地生态处理技术等。

（2）污染土壤的微生物修复

①生物反应器处理技术　是将受污染的土壤挖掘起来，和水混合后，在接种了微生物的生物反应器装置内进行处理，其类似污水的生物处理方法，处理后的土壤与水分离后，脱水处理再运回原地。

这种处理技术是污染土壤生物修复技术中最有效的处理技术。但它对高分子量 PAHs 的修复效果不理想且运行费用较高，目前仅作为实验室内研究生物降解速率及影响因素的生物修复模型使用。

有人用规格为 0.45m×0.28m×0.31m 的聚氯乙烯反应器对装有 768kg 的含油污染土壤进行处理，其结果显示，经 28d 生物降解后，C-C 直链烷烃去除率达 35.3%~88.3%，支链烷烃去除率达 59.4%~100%，该技术在实际中已得到应用。

② 原位生物处理技术　是向污染区域投放氮、磷等营养物质，促进土壤中微生物的生长繁殖，或接种经驯化培养的高效微生物等，利用其代谢作用达到消耗污染物的目的。许多国家应用这种技术处理被石油污染的土壤。例如，美国犹他州某空军基地针对航空发动机机油污染的土壤，采用原位生物处理技术法处理，具体做法是：喷湿土壤，使土壤湿度保持在 8%~12% 范围内，同时添加氮、磷等营养物质，并在污染区打竖井，通过竖井抽风促进空气流动，增加氧气的供应。经过 13 个月后，土壤中平均油含量由 410mg/kg 降至 38mg/kg。常用的土壤原位修复技术见表 3-20。

表 3-20　常用的土壤原位修复技术特点及适用范围

类型	技术方法描述	适用范围
投菌法	直接向污染土壤接入外源的污染降解菌，同时提供这些细菌生长所需营养	不同的菌种可处理不同的污染物质
生物通风法	在不饱和土壤中通入空气，并注入营养液，为微生物降解提供充足的氧气、碳源和能源，促进其最大限度地降解	适用于挥发/半挥发性、含卤和非卤多环芳烃等有机污染物
生物搅拌法	向土壤饱和部分注入空气，从土壤不饱和部分吸出空气，加大气体流动性为微生物供氧，促进其最大限度地降解	适于无机污染物、腐蚀性和爆炸性污染物
工程螺钻法	用工程螺钻系统使表层污染土壤混合，并注入含有营养和氧气的溶液，促进微生物最大限度地降解	适用于杀虫剂/除草剂，挥发/半挥发性、含卤和非卤有机污染物、多环芳烃、二噁英/呋喃、多氯联苯等有机污染物
泵出生物法	是将污染场地的地下水抽出经地表处理后与营养液按一定比例配比后注入土壤，促进微生物最大限度地降解	适用于处理污染时间较长、状况已基本稳定的地区或受污染面积较大的地区
慢速渗滤法	通过污染土壤区内布设垂直井网，将营养液和氧气缓慢注入土壤表层，促进微生物最大限度地降解	土壤污染较深，污染物较易降解时可以选用
农耕法	对污染土壤进行耕耙处理，在处理进程中施入肥料，进行灌溉，加入石灰，从而为微生物降解提供良好的环境	土壤污染较浅，污染物较易降解时可以选用

③异位生物修复技术　是将受污染的土壤、沉积物移离原地，在异地利用特异性微生物和工程技术手段进行处理，最终污染物被降解，使受污染的土壤恢复原有功能的过程。主要的工艺类型包括土地填埋、生物农耕、预备床、堆腐和泥浆生物反应器（表 3-21）。

表 3-21　常用的土壤异位修复技术特点及适用范围

类型	技术方法描述	适用范围
土地填埋	将污泥施入土壤，通过施肥、灌溉、添加石灰等方式调节土壤的营养、湿度和 pH 值，保持污染物在土壤上层好氧降解	广泛用于油料工业的油泥处理
土壤耕作	将污染土壤撒于地表（约 0.5m），通过定期农耕的方法改善土壤结构，供给氧气、水分和无机营养，促进污染物降解	适用于可降解的有机污染物，如杀虫剂/除草剂，挥发/半挥发性、含卤和非卤有机污染物和多环芳烃；不适于二噁英/呋喃和多氯联苯
预备床	将土壤运输到一个经过各种工程准备的预备床上进行生物处理，处理过程中通过施肥、灌溉、控制 pH 值等方式保持对污染物的最佳降解状态，有时也加入一些微生物和表面活性剂	适用于挥发/半挥发性、含卤和非卤有机污染物、多环芳烃及爆炸性污染物

(续)

类型	技术方法描述	适用范围
堆腐法	堆积污染土壤，通过翻耕和施加一定数量的稻草、麦秸、碎木片和树皮等增加土壤透气性和改善土壤结构，促进污染物微生物分解	适用于挥发/半挥发性、非卤有机污染物和多环芳烃
泥浆生物反应器	污染土壤和水混合成泥浆在带有机械搅拌装置的反应器内通过人为调控温度、pH 值、营养物和供氧等促进专性微生物最大限度地降解污染物	适用于杀虫剂/除草剂，挥发/半挥发性、含卤和非卤有机污染物、多环芳烃、二噁英/呋喃等有机污染物

（3）污染水的微生物修复

① 活性污泥法　是将污水置于强烈通气（或称曝气）池中并与由无机物（泥土，也可以是絮凝沉淀物）为骨架和具有大量微生物（包括原虫）的污泥相接触的过程，由于微生物的作用，可将污水中的有机物分解为二氧化碳、水及其他简单物质。此外，由于活性污泥具有较强的生物吸附作用，可以吸附污水中的悬浮物、胶体物质、色素和有毒物质等。

② 生物滤池法　在污水处理领域中，是作为一种有机性污水的好氧处理技术而发展起来的，它将微生物附着在固定的载体（滤料）上，污水从上向下散布，在其流经滤料表面的过程中，通过微生物对有机物的吸附以及生物氧化等作用，对污染物质进行分解。

③ 氧化塘法　是一种类似于池塘（无论是自然形成的或是人工挖掘的）的处理设备，污水在其中的停留时间比较长，通过微生物的净化作用而得到修复。

④ 厌氧微生物处理法　又称厌气微生物处理法、消化法、甲烷发酵法、沼气发酵法。此法是在缺乏溶解氧的情况下，利用厌氧微生物的生命活动来分解污水中的污染物，分解后的最终产物是甲烷、二氧化碳、少量氮气、氢气、硫化氢和氨等。

第4章 绿色食品生产及加工技术

本章主要介绍种植业、养殖业、加工业绿色食品生产及加工技术以及绿色食品贮藏保鲜技术。

绿色食品生产技术包括生产资料使用准则与生产操作规程两部分。

生产资料使用准则是对绿色食品生产过程中物质投入的一个原则性规定，它包括农药、肥料、兽药、水产养殖用药、食品添加剂和饲料添加剂的使用准则。对允许、限制和禁止使用的生产资料及其使用方法、使用剂量、使用次数、休药期等都做了明确规定。

绿色食品生产操作规程是以上述准则为依据，按作物种类、畜禽种类和不同农业区域的生长特性分别制定的、用于指导绿色食品生产活动、规范绿色食品生产技术的规定，包括农产品种植、畜禽饲养、水产养殖和食品加工等操作规程。

4.1 种植业绿色食品生产及加工技术

种植业产品不仅可以直接供应市场，而且可以为加工业提供原料，为养殖业提供饲料。因此，种植业产品是否符合绿色食品标准是整个绿色食品行业健康发展的基础，种植业绿色食品生产技术是至关重要的。

种植业产品主要的污染来自于农用化学品投入和工业"三废"带来的污染。绿色和平组织于2008年12月和2009年2月在北京、上海和广州的多家超市及农贸市场随机选取了当地当季的常见蔬菜水果，对这些样品上的农药残留进行了检测。结果显示，不仅大多数蔬菜水果都有农药残留，同时混合农药残留的情况非常严重。消费者在不知不觉中就喝入一杯多种农药调制成的"鸡尾酒"，这杯"农药鸡尾酒"的健康威胁可能远远超过这些农药各自产生的影响之总和。45份样中仅将"非法农药及高毒农药的样品数"9个计为不合格，则合格率仅为80%。全国不同地区市售蔬菜中的农药残留都有不同程度的检出，部分地区还相当严重。农药残留不仅降低农作物的品质，还对人体健康构成潜在威胁，摄入过多不仅会引起急性中毒，还会引起慢性毒性和特殊毒性。

种植业绿色食品的另一安全性隐患来自转基因食品。美国国际农业生物技术应用服务组织发布报告称，2011年全球转基因作物种植面积达到$1.6 \times 10^8 hm^2$。目前主要的转基因种植业食品是以抗病虫害、改善品质等为目的转基因水稻、土豆、西红柿、玉米、甜椒等。转基因食品安全性最主要的是"实质等同性"原则，即转基因食品必须与市场上的同类常规产品作"实质等同性"比较，主要考虑天然有毒物质含量变化、营养成分及抗营养因子的改变、过敏原与过敏性反应、导入基因的稳定性与标记基因的安全性等问题。转基因食品不能申报有机食品和绿色食品。

4.1.1 绿色食品肥料使用准则

4.1.1.1 允许使用的肥料种类

根据《绿色食品肥料使用准则》（NY/T 394—2013）规定，A 级绿色食品允许使用的肥料有农家肥料、有机肥料、微生物肥料、有机-无机复混肥料、无机肥料和土壤调理剂共六大类；但 AA 级绿色食品生产只可以使用农家肥料、有机肥料和微生物肥料。

（1）农家肥料

农家肥料是指就地取材，主要由植物和（或）动物残体、排泄物等富含有机物的物料制作而成的肥料。农家肥料包括秸秆肥、绿肥、厩肥、堆肥、沤肥、沼肥、饼肥等。

施用农家肥料不仅能为农作物提供全面营养，而且肥效长，可以增加和更新土壤有机质，促进微生物繁殖，改善土壤的理化性质和生物活性，是生产绿色食品的主要养分来源。可用于绿色食品生产的农家肥料按照来源的不同可分成 7 类。

①秸秆　以麦秸、稻草、玉米秸、豆秸、油菜秸等作物秸秆直接还田作为肥料。植物秸秆含有相当数量植物所必需的营养元素，在适宜的条件下通过土壤生物的作用，这些元素经过矿化回到土壤中，为作物吸收利用。

②绿肥　新鲜植物体作为肥料就地翻压还田或异地施用，主要分为豆科绿肥和非豆科绿肥两大类。

③厩肥　圈养牛、马、羊、猪、鸡、鸭等畜禽的排泄物与秸秆等垫料发酵腐熟而成的肥料。

④堆肥　动植物残体、排泄物等为主要原料，堆制发酵腐熟而成的肥料。

⑤沤肥　动植物残体、排泄物等有机物料在淹水条件下发酵腐熟而成的肥料。

⑥沼肥　动植物残体、排泄物等有机物料经沼气发酵后形成的沼液和沼渣肥料。

⑦饼肥　含油较多的植物种子经压榨去油后的残渣制成的肥料。例如，菜籽饼、茶籽饼、豆饼、芝麻饼、花生饼、蓖麻饼、棉籽饼等。

（2）有机肥料

有机肥料主要来源于植物和（或）动物，经过发酵腐熟的含碳有机物料，其功能是改善土壤肥力、提供植物营养、提高作物品质。

（3）微生物肥料

微生物肥料是含有特定微生物活体的制品，应用于农业生产，通过其中所含微生物的生命活动，增加植物养分的供应量或促进植物生长，提高产量，改善农产品品质及农业生态环境的肥料。

（4）有机-无机复混肥料

有机-无机复混肥料是含有一定量有机肥料的复混肥料，其中复混肥料是指氮、磷、钾 3 种养分中至少有 2 种养分标明量的由化学方法和（或）掺混方法制成的肥料。

（5）无机肥料

无机废料是主要以无机盐形式存在，能直接为植物提供矿质营养的肥料。

（6）土壤调理剂

土壤调理剂是加入土壤中用于改善土壤的物理、化学和（或）生物性状的物料，功能包括改良土壤结构、降低土壤盐碱危害、调节土壤酸碱度、改善土壤水分状况、修复土壤污染等。

4.1.1.2 不应使用的肥料种类

①添加有稀土元素的肥料。

②成分不明确的、含有安全隐患成分的肥料。

③未经发酵腐熟的人畜粪尿。

④生活垃圾、污泥和含有害物质（如毒气、病原微生物、重金属等）的工业垃圾。

⑤转基因品种（产品）及其副产品为原料生产的肥料。

⑥国家法律、法规规定不得使用的肥料。

4.1.1.3 绿色食品肥料使用原则

（1）持续发展原则

绿色食品生产中所使用的肥料应对环境无不良影响，有利于保护生态环境，保持或提高土壤肥力及土壤生物活性。

（2）安全优质原则

绿色食品生产中应使用安全、优质的肥料产品，生产安全、优质的绿色食品。肥料的使用应对作物（营养、味道、品质和植物抗性）不产生不良后果。

（3）化肥减控原则

在保障植物营养有效供给的基础上减少化肥用量，兼顾元素之间的比例平衡，无机氮素用量不得高于当季作物需求量的 1/2。

（4）有机为主原则

绿色食品生产过程中肥料种类的选取应以农家肥料、有机肥料、微生物肥料为主，化学肥料为辅。

4.1.1.4 绿色食品生产用肥料使用规定

（1）AA 级绿色食品生产用肥料使用规定

①应选用上述所列允许使用的肥料种类，主要有农家肥料、有机肥料和微生物肥料，不应使用化学合成肥料。

②可使用农家肥料，但肥料的重金属限量指标应符合《有机肥料》（NY 525—2012）要求，粪大肠菌群数、蛔虫卵死亡率应符合《生物有机肥》（NY 884—2012）要求。宜使用秸秆和绿肥，配合施用具有生物固氮、腐熟秸秆等功效的微生物肥料。

③有机肥料应达到 NY 525—2012 技术指标，主要以基肥施入，用量视地力和目标产量而定，可配施农家肥料和微生物肥料。

④微生物肥料应符合《农用微生物菌剂》（GB 20287—2006）或（NY 884—2012）或《复合微生物肥料》（NY/T 798—2015）标准要求，可与农家肥料、有机肥料配合施用，用于拌种、基肥或追肥。

⑤无土栽培可使用农家肥料、有机肥料和微生物肥料，掺混在基质中使用。

（2）A级绿色食品生产用肥料使用规定

①应选用上述所列允许使用的肥料种类，主要有农家肥料、有机肥料、微生物肥料、有机-无机复混肥料、无机肥料和土壤调理剂。

②农家肥料的使用按AA级绿色食品规定执行。耕作制度允许情况下，宜利用秸秆和绿肥，按照约25∶1的比例补充化学氮素。厩肥、堆肥、沤肥、沼肥、饼肥等农家肥料应完全腐熟，肥料的重金属限量指标应符合NY 525—2012要求。

③有机肥料的使用按AA级绿色食品规定执行。可配施所列允许使用的其他肥料。

④微生物肥料的使用按AA级绿色食品规定执行。可配施所列允许使用的其他肥料。

⑤有机-无机复混肥料、无机肥料在绿色食品生产中作为辅助肥料使用，用来补充农家肥料、有机肥料、微生物肥料所含养分的不足。减控化肥用量，其中无机氮素用量按当地同种作物习惯施肥量减半使用。

⑥根据土壤障碍因素，可选用土壤调理剂改良土壤。

4.1.2　绿色食品农药使用准则

4.1.2.1　绿色食品有害生物防治原则

绿色食品生产中有害生物的防治应遵循以下原则：

①以保持和优化农业生态系统为基础　建立有利于各类天敌繁衍和不利于病虫草害滋生的环境条件，提高生物多样性，维持农业生态系统的平衡。

②优先采用农业措施　如抗病虫品种、种子种苗检疫、培育壮苗、加强栽培管理、中耕除草、耕翻晒垡、清洁田园、轮作倒茬、间作套种等。

③尽量利用物理和生物措施　如用灯光、色彩诱杀害虫，机械捕捉害虫，释放害虫天敌，机械或人工除草等。

④必要时合理使用低风险农药　如没有足够有效的农业、物理和生物措施，在确保人员、产品和环境安全的前提下按照本书4.1.2.2和4.1.2.3的规定，配合使用低风险的农药。

4.1.2.2　农药选用

①所选用的农药应符合相关的法律、法规，并获得国家农药登记许可。

②应选择对主要防治对象有效的低风险农药品种，提倡兼治和不同作用机理农药交替使用。

③农药剂型宜选用悬浮剂、微囊悬浮剂、水剂、水乳剂、微乳剂、颗粒剂、水分散粒剂和可溶性粒剂等环境友好型剂型。

④AA级绿色食品生产应按照表4-1的规定选用农药及其他植物保护产品。

⑤A级绿色食品生产应按照表4-1和表4-2的规定，优先从表4-1中选用农药。在表4-1所列农药不能满足有害生物防治需要时，还可适量使用表4-2中所列的农药。

4.1.2.3　农药使用规范

①应在主要防治对象的防治适期，根据有害生物的发生特点和农药特性，选择适当的施药方式，但不宜采用喷粉等风险较大的施药方式。

②应按照农药产品标签或《农药合理使用准则》（GB/T 8321.10—2018）和《农药贮运、

销售和使用的防毒规程》(GB 12475—2006)的规定使用农药，控制施药剂量(或浓度)、施药次数和安全间隔期。

4.1.2.4　绿色食品农药残留要求

①绿色食品生产中允许使用的农药，其残留量应不低于《食品安全国家标准 食品中农药最大残留限量》(GB 2763—2016)的要求。

②在环境中长期残留的国家明令禁用农药，其再残留量应符合 GB 2763—2016 的要求。

③其他农药的残留量不得超过 0.01mg/kg，并应符合 GB 2763—2016 的要求。

4.1.2.5　绿色食品生产允许使用的农药和其他植保产品清单

见表 4-1 和表 4-2。

表 4-1　AA 级和 A 级绿色食品生产均允许使用的农药和其他植保产品清单

类别	组分名称	备 注
Ⅰ. 植物和动物来源	棟素(苦楝、印棟等提取物，如印棟素等)	杀虫
	天然除虫菊素(除虫菊科植物提取液)	杀虫
	苦参碱及氧化苦参碱(苦参等提取物)	杀虫
	蛇床子素(蛇床子提取物)	杀虫、杀菌
	小檗碱(黄连、黄柏等提取物)	杀菌
	大黄素甲醚(大黄、虎杖等提取物)	杀菌
	乙蒜素(大蒜提取物)	杀菌
	苦皮藤素(苦皮藤提取物)	杀虫
	藜芦碱(百合科藜芦属和喷嚏草属植物提取物)	杀虫
	桉油精(桉树叶提取物)	杀虫
	植物油(如薄荷油、松树油、香菜油、八角茴香油)	杀虫、杀螨、杀真菌、抑制发芽
	寡聚糖(甲壳素)	杀菌、植物生长调节
	天然诱集和杀线虫剂(如万寿菊、孔雀草、芥子油)	杀线虫
	天然酸(如食醋、木醋和竹醋等)	杀菌
	菇类蛋白多糖(菇类提取物)	杀菌
	水解蛋白质	引诱
	蜂蜡	保护嫁接和修剪伤口
	明胶	杀虫
	具有驱避作用的植物提取物(大蒜、薄荷、辣椒、花椒、薰衣草、柴胡、艾草的提取物)	驱避
	害虫天敌(如寄生蜂、瓢虫、草蛉等)	控制虫害
Ⅱ. 微生物来源	真菌及真菌提取物(白僵菌、轮枝菌、木霉菌、耳霉菌、淡紫拟青霉、金龟子绿僵菌、寡雄腐霉菌等)	杀虫、杀菌、杀线虫
	细菌及细菌提取物(苏云金芽孢杆菌、枯草芽孢杆菌、蜡质芽孢杆菌、地衣芽孢杆菌、多黏类芽孢杆菌、荧光假单胞杆菌、短稳杆菌等)	杀虫、杀菌

(续)

类别	组分名称	备注
Ⅱ. 微生物来源	病毒及病毒提取物(核型多角体病毒、质型多角体病毒、颗粒体病毒等)	杀虫
	多杀霉素、乙基多杀菌素	杀虫
	春雷霉素、多抗霉素、井冈霉素、(硫酸)链霉素、嘧啶核苷类抗菌素、宁南霉素、申嗪霉素和中生菌素	杀菌
	S-诱抗素	植物生长调节
Ⅲ. 生物化学产物	氨基寡糖素、低聚糖素、香菇多糖	防病
	几丁聚糖	防病、植物生长调节
	苄氨基嘌呤、超敏蛋白、赤霉酸、羟烯腺嘌呤、三十烷醇、乙烯利、吲哚丁酸、吲哚乙酸、芸苔素内酯	植物生长调节
Ⅳ. 矿物来源	石硫合剂	杀菌、杀虫、杀螨
	铜盐(如波尔多液、氢氧化铜等)	杀菌,每年铜使用量不能超过 6kg/hm²
	氢氧化钙(石灰水)	杀菌、杀虫
	硫黄	杀菌、杀螨、驱避
	高锰酸钾	杀菌,仅用于果树
	碳酸氢钾	杀菌
	矿物油	杀虫、杀螨、杀菌
	氯化钙	仅用于治疗缺钙症
	硅藻土	杀虫
	黏土(如斑脱土、珍珠岩、蛭石、沸石等)	杀虫
	硅酸盐(硅酸钠、石英)	驱避
	硫酸铁(3价铁离子)	杀软体动物
Ⅴ. 其他	氢氧化钙	杀菌
	二氧化碳	杀虫,用于贮存设施
	过氧化物类和含氯类消毒剂(如过氧乙酸、二氧化氯、二氯异氰尿酸钠、三氯异氰尿酸等)	杀菌,用于土壤和培养基质消毒
	乙醇	杀菌
	海盐和盐水	杀菌,仅用于种子(如稻谷等)处理
	软皂(钾肥皂)	杀虫
	乙烯	催熟等
	石英砂	杀菌、杀螨、驱避
	昆虫性外激素	引诱,限用于诱捕器和散发皿内
	磷酸氢二铵	引诱,限用于诱捕器中使用

注：1. 该清单每年都可能根据新的评估结果发布修改单。
2. 国家新禁用的农药自动从该清单中删除。

当表 4-1 所列农药和其他植保产品不能满足有害生物防治需要时，A 级绿色食品生产还可按照农药产品标签或《农药合理使用准则》（GB/T 8321.10—2018）的规定使用下列表 4-2 所列农药。

表 4-2　A 级绿色食品生产允许使用的其他农药清单

类别	农药清单	
杀虫剂	S-氰戊菊酯　esfenvalerate	抗蚜威　pirimicarb
	吡丙醚　pyriproxifen	联苯菊酯　bifenthrin
	吡虫啉　imidacloprid	螺虫乙酯　spirotetramat
	吡蚜酮　pymetrozine	氯虫苯甲酰胺　chlorantraniliprole
	丙溴磷　profenofos	氯氟氰菊酯　cyhalothrin
	除虫脲　diflubenzuron	氯菊酯　permethrin
	啶虫脒　acetamiprid	氯氰菊酯　cypermethrin
	毒死蜱　chlorpyrifos	灭蝇胺　cyromazine
	氟虫脲　flufenoxuron	灭幼脲　chlorbenzuron
	氟啶虫酰胺　flonicamid	噻虫啉　thiacloprid
	氟铃脲　hexaflumuron	噻虫嗪　thiamethoxam
	高效氯氰菊酯　beta-cypermethrin	噻嗪酮　buprofezin
	甲氨基阿维菌素苯甲酸盐　emamectin benzoate	辛硫磷　phoxim
	甲氰菊酯　fenpropathrin	茚虫威　indoxacard
杀螨剂	苯丁锡　fenbutatin oxide	噻螨酮　hexythiazox
	喹螨醚　fenazaquin	四螨嗪　clofentezine
	联苯肼酯　bifenazate	乙螨唑　etoxazole
	螺螨酯　spirodiclofen	唑螨酯　fenpyroximate
杀软体动物剂	四聚乙醛　metaldehyde	
杀菌剂	吡唑醚菌酯　pyraclostrobin	腈苯唑　fenbuconazole
	丙环唑　propiconazol	腈菌唑　myclobutanil
	代森联　metriam	精甲霜灵　metalaxyl-M
	代森锰锌　mancozeb	克菌丹　captan
	代森锌　zineb	醚菌酯　kresoxim-methyl
	啶酰菌胺　boscalid	嘧菌酯　azoxystrobin
	啶氧菌酯　picoxystrobin	嘧霉胺　pyrimethanil
	多菌灵　carbendazim	氰霜唑　cyazofamid
	噁霉灵　hymexazol	噻菌灵　thiabendazole
	噁霜灵　oxadixyl	三乙膦酸铝　fosetyl-aluminium
	粉唑醇　flutriafol	三唑醇　triadimenol

（续）

类别	农药清单		
杀菌剂	氟吡菌胺　fluopicolide		三唑酮　triadimefon
	氟啶胺　fluazinam		双炔酰菌胺　mandipropamid
	氟环唑　epoxiconazole		霜霉威　propamocarb
	氟菌唑　triflumizole		霜脲氰　cymoxanil
	腐霉利　procymidone		萎锈灵　carboxin
	咯菌腈　fludioxonil		戊唑醇　tebuconazole
	甲基立枯磷　tolclofos-methyl		烯酰吗啉　dimethomorph
	甲基硫菌灵　thiophanate-methyl		异菌脲　iprodione
	甲霜灵　metalaxyl		抑霉唑　imazalil
熏蒸剂	棉隆　dazomet		威百亩　metam-sodium
除草剂	二甲四氯　MCPA		麦草畏　dicamba
	氨氯吡啶酸　picloram		咪唑喹啉酸　imazaquin
	丙炔氟草胺　flumioxazin		灭草松　bentazone
	草铵膦　glufosinate-ammonium		氰氟草酯　cyhalofop butyl
	草甘膦　glyphosate		炔草酯　clodinafop-propargyl
	敌草隆　diuron		乳氟禾草灵　lactofen
	噁草酮　oxadiazon		噻吩磺隆　thifensulfuron-methyl
	二甲戊灵　pendimethalin		双氟磺草胺　florasulam
	二氯吡啶酸　clopyralid		甜菜安　desmedipham
	二氯喹啉酸　quinclorac		甜菜宁　phenmedipham
	氟唑磺隆　flucarbazone-sodium		西玛津　simazine
	禾草丹　thiobencarb		烯草酮　clethodim
	禾草敌　molinate		烯禾啶　sethoxydim
	禾草灵　diclofop-methyl		硝磺草酮　mesotrione
	环嗪酮　hexazinone		野麦畏　tri-allate
	磺草酮　sulcotrione		乙草胺　acetochlor
	甲草胺　alachlor		乙氧氟草醚　oxyfluorfen
	精吡氟禾草灵　fluazifop-P		异丙甲草胺　metolachlor
	精喹禾灵　quizalofop-P		异丙隆　isoproturon
	绿麦隆　chlortoluron		莠灭净　ametryn
	氯氟吡氧乙酸（异辛酸）　fluroxypyr		唑草酮　carfentrazone-ethyl
	氯氟吡氧乙酸异辛酯　fluroxypyr-mepthyl		仲丁灵　butralin
植物生长调节剂	2,4-滴　2,4-D		氯吡脲　forchlorfenuron
	（只允许作为植物生长调节剂使用）		萘乙酸　1-naphthal acetic acid
	矮壮素　chlormequat		噻苯隆　thidiazuron
	多效唑　paclobutrazol		烯效唑　uniconazole

注：1. 该清单每年都可能根据新的评估结果发布修改单。
　　2. 国家新禁用的农药自动从该清单中删除。

4.1.3　种植业绿色食品的生产操作规程

种植业绿色食品生产操作规程系指在农作物播种、施肥、灌溉、喷药及收获等各个生产环节中必须遵守的规定。

从事绿色食品生产的各企业、单位和个人都应根据所生产的产品种类，参照国家有关标准及绿色食品发展中心制定的"准则"有关要求，制定出本企业相应的"操作规程"，以便有章可循、有据可查，保证生产出符合标准要求的绿色食品。

4.1.3.1　绿色食品操作规程制定原则

（1）操作规程要有可操作性

农业生产受环境的影响很大，表现出明显的地域性，各地区在种植方法、耕作措施、肥料施用、田间管理上，都积累了丰富的经验。在制作操作规程时，应将这些宝贵的经验都融入规程中，并使之条理化、系统化，便于掌握和应用。同时还应注意吸收外地的先进经验，经消化吸收后，有机结合到规程中去，但不可生搬硬套，不能搞形式主义。在编写规程时，除以条文说明外，有条件的，应搞一些图表，便于理解、操作和实际应用。

（2）操作规程要严格遵循"准则"的要求制定

为规范和统一绿色食品生产，国家绿色食品发展中心按照规定要求制定了一系列的"准则"，"准则"中详细地规定了与生产绿色食品有关的化学物质的用量、用法、使用时间等，以及禁止使用的化学物质。凡未被允许使用的农用化学物质，在制作操作规程中不得采用。

（3）操作规程要按技术文件要求进行管理

各地的操作规程在制定过程中，要注意征求和采纳植保、环保等部门的意见，要对出现的问题认真加以修改。修改完成的文本应按技术监督局所要求的格式打印，编制成册，在当地技术监督局备案，并送至省绿色食品管理部门和绿色食品生产者手中。随着农业技术的进步，可根据实际情况对文中的条文内容做适当修改、修订、补充，但仍需按文件管理要求，进行审核和备案。操作规程一经批准，绿色食品生产单位和个人，不得随意改变。对擅自违反有关规定者，绿色食品管理部门有权进行处理。

（4）操作规程要符合要求

所有绿色食品的生产单位，都应制定符合要求的绿色食品生产操作规程。绿色食品涵盖的范围较广，涉及的企业、生产单位较多，为把住产品质量关，实现全程质量控制，从原料生产操作规程到成品加工生产操作规程，都应体现出绿色食品的质量与形象特点。

4.1.3.2　绿色食品操作规程的主要内容

（1）植保方面

要控制、选择所用农药种类、使用量、浓度、方法、时间、残留量等，使之完全与

《生产绿色食品的农药使用准则》相符。

（2）栽培方面

使用的肥料种类、用量等必须与《生产绿色食品的肥料使用准则》要求相符。肥料和化学合成生长调节剂的使用，必须限制在不对环境和作物产量、质量、品质产生不良影响，不使作物产品有毒物质残留量积累到影响人体健康的程度。有机肥的用量要求达到保持或增加土壤有机质含量的程度。

（3）品种选育方面

选育尽可能适应当地土壤和气候条件，并对病、虫、草害有较强抵抗力的高品质优良品种。

（4）在耕作制度方面

尽可能采用生态学原理，保持物种的多样性，减少化学物质的投入。

（5）灌溉用水方面

选用水源清洁，各项指标符合国家灌溉水标准要求的水。

4.1.3.3 实例

下面以农业行业标准《绿色食品花生生产技术规程》（NY/T 2400—2013）为例来具体说明。

绿色食品花生生产技术规程

1 范围

本标准规定了绿色食品花生产地环境要求和生产管理措施。本标准适用于绿色食品花生生产。

2 规范性引用文件

下列文件对于本文件的应用是必不可少的。凡是注日期的引用文件，仅注日期的版本适用于本文件。凡是不注日期的引用文件，其最新版本（包括所有的修改单）适用于本文件。

GB 4407.2 经济作物种子 第2部分：油料类

NY/T 391 绿色食品产地环境技术条件

NY/T 393 绿色食品农药使用准则

NY/T 394 绿色食品肥料使用准则

NY/T 420 绿色食品花生及制品

NY/T 855 花生产地环境技术条件

3 要求

3.1 产地环境

产地环境应符合 NY/T 391 和 NY/T 855 的要求。选择地力中等以上、土传病害轻的生茬地。

3.2 品种选择

选用通过国家或省级部门审（鉴、认）定或登记的花生品种，种子质量符合 GB 4407.2 的要求。

3.3 剥壳与选种

播种前 10 d 内剥壳，剥壳前晒种 2~3 d。选用大而饱满的籽仁作种子。

3.4 除草

选用 0.004 ~ 0.006mm、符合 NY/T 393 规定的除草地膜。如覆盖普通地膜，覆膜前喷施符合 NY/T 393 的除草剂。露栽播种后 3d 内，可喷洒符合 NY/T 393 规定的除草剂。露栽田和垄种的垄沟可用机械耕耘、人工拔除等方法进行除草。

3.5 施肥

3.5.1 肥料选择

符合 NY/T 394 的要求。

3.5.2 施肥量

花生肥料用量，每 667m² 施用氮（N）10～12kg、磷（P$_2$O$_5$）5～6kg 、钾（K$_2$O）10～12 kg、钙（CaO）8～10kg。其中有机氮与无机氮之比不低于 1∶1。根据需要适量施用硫、硼、钙、铁、铝等肥料。在结荚后期每 667m² 叶面喷施 0.2%～0.3% 的磷酸二氢钾水溶液或符合绿色食品生产要求的其他叶面肥料。

3.6 水分管理

花针期和结荚期遇旱应及时适量浇水。饱果期（收获前 1 个月）遇旱应小水润浇。灌溉水应符合 NY/T 391 的规定。结荚后如果雨水较多，应及时排水防涝。

3.7 病虫害防治

3.7.1 病虫监测

在掌握病虫发生规律的基础上，综合病虫情报和影响其发生的相关因子，对病虫的发生期、发生量、危害程度等做出近、中长期预测预报，并指导病虫防治。

3.7.2 农艺防治

采用与禾本科轮、间、套作（种）等栽培制度治理病虫，不宜与豆科和茄科轮作。

采取排灌、施肥、施用花生生长调节剂（或微量元素）、冬耕、冬灌、中耕灭茬等措施控制病虫害。

3.7.3 生物防治

保护与利用瓢虫、草岭、食蚜蝇等防治花生蚜虫，用食螨小黑瓢虫防治叶螨，用福腮钩土蜂防治大黑蛴螬等。

3.7.4 化学防治

施用农药按照 NY/T 393 的规定执行。

3.8 收获与晾晒

3.8.1 适期收获

当 70% 以上荚果果壳硬化、网纹清晰、果壳内壁呈青褐色斑块时，是适宜收获期。采用适当的收获方式，防止花生荚果在收获时受损或破裂。

3.8.2 晾晒

刚收获的花生鲜果应迅速摊开、晒干，并尽快将荚果含水量降至 10% 以下。阴雨天气，应采用干燥设备。荚果质量应符合 NY/T 420 的规定。

4.2 养殖业绿色食品生产及加工技术

4.2.1 养殖业绿色食品概况

养殖业是指畜禽饲养及水产品饲养。畜禽、水产品是人类脂肪、蛋白质等营养物质的主要来源，是人们的生活必需品。养殖业产品不仅仅直接供应市场，同时也是一些加工业的重要原料。养殖业的绿色食品产品就是要求保证畜禽、水产品有较高的质量，没有化学农药、重金属、激素、抗生素等有害人体健康的物质残留，绿色食品畜禽、水产品的生产要严格按照畜禽、水产品生理要求和绿色食品生产操作的有关规定进行生产和管理。

自改革开放以来，我国畜牧和渔业科技水平有了很大发展，畜禽和水产养殖业已发展成为农业和农村经济的重要支柱产业。随着养殖业现代化程度的提高，采用了高度的集约化和大规模工厂化养殖，生产操作全程机械化和管理自功化，按规定程序自动有条不紊地进行，这种现代化的养殖业生产方式大大减轻繁重的体力劳动，有效地提高了劳动生产效率。

但是随着规模化养殖的蓬勃发展，带来一系列的问题。有些大型养殖场未注意解决禽畜粪便的处理问题，既污染了周围的环境，也直接影响着养殖场本身的卫生防疫，降低了畜产品的质量。另外，高密度集约化养殖会增加疫病的发生机会和传播速度；各种防病治病的抗生素和化学药物的大量使用，造成动物抗药性提高和药物残留加重，养殖的产品质量必然下降，由此形成的恶性循环已成为影响我国养殖产品出口重要制约因素之一。

近年来，国内外频发各种养殖产品安全事件，如英国疯牛病事件、比利时二噁英毒鸡事件、禽流感、猪流感事件；国内有用致癌物质苏丹红喂鸭子生产的红心鸭蛋事件、多宝鱼含致癌物孔雀石绿的事件、为使猪多产瘦肉往饲料中添加瘦肉精事件等。由于饲养方式、贸易全球化、气候变化等原因，像禽流感、猪流感这种人畜共患病多发乃至致人死亡。为缩短畜禽生长期，提高出肉率、产蛋率等，一些商家在饲料中加入了激素，如从前农户养殖需要近半年才成熟的鸡，现在添加激素 40d 左右就出栏。有资料表明，由于吃了含有激素的饲料喂养的畜禽和生长素催熟的蔬菜、水果，我国女孩月经初潮已从 20 年前的 14 岁提前到现在的 10 岁，育龄男性的平均精子数已从 20 世纪 40 年代的 6000×10^4 个降低到目前的 2000×10^4 个。为了防止畜禽患病或治病的需要，养殖户在饲料中加入或给畜禽注射过量抗生素。有资料表明，美国农场每年为饲养牲畜投入的抗生素数量接近美国抗生素年产量的一半，人吃了含有过量抗生素的畜禽产品很容易得胃肠病，甚至会发生过敏反应。为提高猪肉的瘦肉率，一些厂商在饲料中添加了盐酸克伦特罗，俗称"瘦肉精"，食后引起人肌肉震颤、心悸、神经过敏、头痛、目眩等不良反应。有关养殖产品安全事件造成了人们对动物产品缺乏信任感。在反省高密度集约化养殖业带来的负面作用的同时，尽快制定动物养殖产品安全新方式和标准及建立全生产过程监测和预警保障体系已是当务之急。发展养殖业绿色食品已成为时代的迫切需要。

4.2.2 养殖业绿色食品生产原则

绿色食品生产是一个整体系统，其设计力求生产力适度，农业生产系统中的各个群落间相互协调，其中包括土壤有机质、植物、动物和人。绿色食品生产的主要目标是发展可持续并与环境相协调的生产企业。在绿色食品生产中，畜牧生产是整个农业生态系统不可分割的一部分。从管理的观点看，这是传统畜牧业和绿色食品畜牧生产最显著的区别之一。因此，很有必要了解绿色食品养殖业生产的原理和基本原则。归纳起来，绿色食品动物生产的基本原则包括：①保护环境，降低土壤退化和侵蚀，减少污染，使生物量适度，保持畜禽良好的健康状况；②通过增强土壤中的生物活性来增加和保持土壤的长期肥力；③保持系统的多样性，保护和提高本地植物和动物的多样性；④在绿色食品生产中，尽可能使物质和资源达到最大限度的循环利用；⑤精心管理，促进家畜健康和满足家畜行为需要；⑥从开始到销售保持食物和加工产品的完整性。

绿色食品饲养的动物力争通过饲喂绿色食品生产的饲料、提供充足的圈舍、走伦理道德的养殖业道路、采取各项降低应激的措施和进行常规调整等多方面结合来防病和促进健康，即通过精心的管理来提高动物的健康状况，满足动物的行为需要。对于一个成功的绿色食品生产者来说，饲养方式与动物的健康和活力之间的关系是绿色生产能否成功的一个关键因素。传统畜牧业生产体系中，家畜与土壤接触的较少。绿色食品农场则必须认识到土壤的健康状况、农作物和动物健康之间相互联系的重要性。

4.2.3 绿色食品养殖业对环境的要求

动物的生活环境不仅直接影响到它们的健康生长，而且还间接地影响到动物产品的品质。因此，绿色养殖动物的生长应特别注意动物的生活环境。为它们提供足够的空间，适宜的温度、湿度、光照和清新的空气。

4.2.3.1 畜禽饲养场的选址和建设

畜禽饲养的环境包括养殖场的外部环境和内部环境。按照中国绿色食品发展中心的要求，评价和衡量绿色食品饲养场的环境质量有空气、土壤、水质。生产绿色畜禽产品的产地应符合《绿色食品产地环境技术标准》(NY/T 391—2000)；符合国家畜牧行政主管部门制定的良种繁育体系规划的布局要求；符合当地土地利用发展规划和村镇建设发展规划；符合当地农业产业化发展和结构调整要求。

(1) 场址选择

拟建的畜禽饲养场(舍)要根据饲养动物的生理特点及当地环境、地形、地势等选择适宜的位置，合理规划整个饲养场(舍)。要求能为畜禽创造一个舒适的生活环境，便于饲养管理和卫生防疫，保证整个畜禽群体能健康生长，提高其生产能力。畜禽舍的环境卫生不仅直接影响到畜禽的健康生长，而且还能间接地影响到畜禽产品的品质。因此，绿色食品畜禽场(舍)地应基本满足下述要求。

①地势要求干燥、平坦、背风、向阳，牧场场地应高出当地历史最高洪水线，地下水位则要在 2m 以下。

②饮用水必须达到国家《生活饮用水卫生标准》。水源充足，最好用深层地下水。

③场地地形开阔整齐，交通便利，距交通主干线 1000m 以上。

④圈舍周围无工业等污染源。场地尽量远离居民生活区，一般在 2000m 以外。应位于村镇的上风处，以利于有效地防止疫病的传播。以下地段和地区不得建场：水源保护区、旅游区、自然保护区、环境污染严重地区、畜禽疫病常发区等。

(2) 场内布局

在设计建造畜禽场时，应尽量考虑避免外界不良环境对畜禽健康品质及生长发育的影响，又能使饲养效率充分发挥，取得最大的经济效益。场舍内的布局合理与否对生产管理影响很大，要坚持有利于生产、管理、防疫和方便生活的原则，统一规划，合理布局。要求行政、生活区距场舍 250m 以上，场舍要单独隔离，在场舍下风 50m 左右的地势低洼处建粪便、垃圾处理场，禽畜粪便应进行无害化处理，如进入沼气池发酵、高温堆肥、除臭膨化等。废水的排放应达到国家《污水综合排放标准》(GB 8978—1996)。为有效防止疫病传播，应建立消毒设施，进入场舍必须进行消毒。各场舍下风处 150m 远的地方还应建立病畜禽隔离间等。场区布局与畜禽舍建筑要充分考虑畜禽生长发育和繁殖生产的环境要求，给予其舒适的外部环境，让其享受充足的阳光和空气，尽可能为畜禽提高它们固有的生活习惯所需的条件。

（3）舍内环境要求

畜禽的适宜生长环境因素主要包括光照、温度、湿度、清新的空气及空间等。

①光照　不同品种的畜禽在不同生长阶段所需要的光照时间、光照强度不同。保证舍内自然光照充足。如果用人工照明，则光照时间一般每天不超过 16h（低于 16h 影响健康除外）。

②温度　避免过度太阳照射，过高、过低温度和大风、大雨。舍内温度根据畜禽种类、品种，要求不同，如猪一般为 15~23℃、羊 10~25℃。

③湿度　禽舍空气中的湿度不仅直接影响家畜健康和生产性能，而且严重影响畜舍保温效果，是失热增多的重要原因。舍内相对湿度以 50%~70% 为宜，最高不超过 75%。

④空气　舍内空气流通、新鲜。夏季舍内流速一般为 0.2~0.5m/s，冬季则为 0.1~0.2 m/s。畜禽舍排出的有害气体主要是氨气、硫化氢和二氧化硫、这些气体不仅影响畜禽健康及生产性能，而且影响产品品质。禽舍氨气浓度不超过 20 mL/L，鸡舍不超过 15 mL/L；硫化氢舍内浓度不超过 5 mL/L；二氧化碳舍内浓度在 0.1% 以内。

⑤空间　足够的活动空间和休息场所。如有机猪养殖，要求每头猪至少提供 1.2m²。根据畜禽的生活习性和需求，可进行放养和放牧，草场应轮作、轮放，避免过度放牧。

⑥干扰　要防止有害动物及昆虫的侵扰。主要防止啮齿类动物、鸟类和其他动物的干扰。

（4）建设要求

绿色食品养殖场建设应本着合理布局、利于生产、促进流通、便于检疫和管理、防止污染环境为原则。加强饲养场周围环境的管理，控制外来污染物。养殖场内和周围应禁止使用滞留性强的农药、灭鼠药、驱蚊药等，防止通过空气或地面的污染进而影响畜禽的健康。地面养殖畜禽以及规划的畜禽运动场还应对土壤样品进行检测，土壤中农药、化肥、兽药以及重金属盐等有害物质含量不可超标。建场前要通过对环保部门的环境监测，无"三废"污染，大气质量应符合《大气环境质量标准》（GB 3095—1996）的要求。除严格按设计图施工外，还要求必须精心细致；建筑材料如木材、涂料、油漆等以及生产设备应对畜禽和人类健康无害，包括潜在的危害都不能存在；内墙表面应光滑平整，墙面不易脱落；具有良好的防鼠、防虫和防鸟设施；动物饲养场和畜产品加工厂的污水、污物处理应符合国家《畜禽养殖场污染防治管理办法》的要求，要求排污沟进行硬化处理，绝对禁止在场内或场外随意堆放和排放畜禽粪便和污水，防治对周围环境造成污染。除此之外，还要做好场区绿化，改善局部小气候，采取切实有效的生态环境净化措施，从源头上把好质量安全关。

4.2.3.2　绿色食品水产品养殖区的选择

我国是世界上水产资源较丰富的国家之一，全国内陆水域面积约 $1.73×10^7 hm^2$，沿海水深 10m 以内的浅海面积 $7.8×10^6 hm^2$；潮间带滩涂面积为 $2×10^6 hm^2$，这些水域绝大部分地处亚热带和温带，气候温和，雨量充沛，适宜水产品的繁殖和人工养殖。虽然我国有辽阔的水产养殖区域，但由于近几年工农业的迅速发展，有些区域受到不同程度的污染，已经不适合绿色食品的生产，所以，在选择绿色食品水产品养殖区时，应遵循以下几方面原则：

①周围没有矿山、工厂、城市等大的工业和生活污染源，养殖区生态环境良好，达到绿色食品产地环境质量要求。

②水源充足，常年有足够的流量。水质符合国家《渔业水域水质标准》。

③交通便利，有利于水产品苗种、饲料、成品的运输。

④养殖场进排水方便，水温适宜。可根据不同养殖对象灵活调节水温、处理污水、供应氧气，以保证水生动物健康生长。

⑤海水养殖区应选择潮流畅通、潮差大、盐度相对稳定的区域，注意不得靠近河口，以防洪水期淡水冲击，盐度大幅度下降，导致鱼虾死亡以及污染物直接进入养殖区造成污染。

4.2.4 动物营养与饲料及饲料添加剂要求

营养需要也称营养需要量，是指动物在最适宜环境条件下，正常、健康生长或达到理想生产成绩对各种营养物质种类和数量的最低要求，简称"需要"。营养需要量是一个群体平均值，不包括一切可能增加需要量而设定的保险系数。根据动物营养、饲料科学的研究成果和进展，饲养标准以动物为基础分类制定。现在已经制定出了猪、禽、奶牛、肉牛、绵羊、山羊、马、兔、鱼、实验动物、狗、猫、非人灵长类动物等的饲养标准或营养需要，并在动物生产和饲料工业中得到广泛应用，对促进科学养殖、科学饲养动物起到了重要的指导作用，创造了显著的社会、经济效益。

4.2.4.1 绿色食品养殖对象的营养需求

(1) 蛋白质和氨基酸

动物生长主要是蛋白质在体内积累的结果。饲料中的蛋白质除提供生长、修补组织和构成生物活性物质，还可作为主要的能源。因此，动物养殖饲料中蛋白质含量要丰富。鱼饲料中的蛋白质含量相对畜禽要高。

(2) 脂肪

脂肪是提供能源、必需脂肪酸和作为脂溶性维生素的媒介物。脂肪的数量、质量对养殖动物的健康和生长同样起很大的作用。因此，动物饲料中必需还有一定量的脂肪。通常，海水鱼类和冷水性鱼类对脂肪酸的要求比一般淡水鱼要高。

(3) 碳水化合物

碳水化合物除构成动物组织外，还可为动物提供热能，而且多余的碳水化合物还可作为能源储存起来。而鱼类对碳水化合物的利用能力有限，相对来说，冷水性和温水性鱼类饲料中的适宜碳水化合物含量分别为20%和30%左右。

(4) 矿物质

矿物质主要用于维持动物正常的内在环境，保持物质代谢的正常运行，以及保证各种组织和器官的正常活动。按其需要量，可分为常量元素和微量元素。

(5) 维生素

维生素是动物生长发育必不可少的一类营养物质。根据其溶解性可分为脂溶性和水溶性两大类。脂溶性维生素包括维生素 A、维生素 D、维生素 E、维生素 K；水溶性维生素包括 B 族维生素、维生素 C。

绿色食品动物养殖的营养供应要与动物的生理需要相一致。既要满足其生命活动的必须，也要满足生产各种动物产品的营养需要。要考虑营养物质的种类和数量及各种营养物质的比例。饲料必须来自绿色食品产地或经检测符合绿色食品标准的产区。在饲料生产过程中，饲料添加剂的使用必须符合《绿色食品饲料及饲料添加剂使用准则》。严格控制各种激素、抗生素、化学防腐剂等有害人体健康的物质进入畜禽、水产品，保证产品质量。

4.2.4.2 饲料及饲料添加剂使用准则

饲料生产的原料主要为单一大宗原料和饲料添加剂。生产绿色食品畜禽、水产品，使用的饲料原料和饲料添加剂等生产资料必须符合《饲料卫生标准》《饲料标签标准》及《绿色食品饲料及饲料添加剂使用准则》的相关规定。

(1) 绿色食品饲料及饲料添加剂使用原则

①安全优质原则　生产过程中，饲料和饲料添加剂的使用应对养殖动物机体健康无不良影响，所生产的动物产品品质优，对消费者健康无不良影响。

②绿色环保原则　绿色食品生产中所使用的饲料和饲料添加剂应对环境无不良影响，在畜禽和水产动物产品及排泄物中存留量对环境也无不良影响，有利于生态环境和养殖业可持续发展。

③以天然原料为主原则　提倡优先使用微生物制剂、酶制剂、天然植物添加剂和有机矿物质，限制使用化学合成饲料和饲料添加剂。

(2) 绿色食品饲料及饲料添加剂要求

①基本要求　饲料原料的产地环境应符合《绿色食品产地环境质量》(NY/T 391—2000) 的要求，植物源性饲料原料种植过程中肥料和农药的使用应符合《绿色食品肥料使用准则》(NY/T 394—2013) 和《绿色食品农药使用准则》(NY/T 393—2000) 的要求。

饲料和饲料添加剂的选择和使用应符合中华人民共和国国务院第 609 号令及中华人民共和国农业部公告第 176 号、中华人民共和国农业部公告第 1519 号、中华人民共和国农业部公告第 1773 号、中华人民共和国农业部公告第 2038 号、中华人民共和国农业部公告第 2045 号、中华人民共和国农业部公告第 2133 号、中华人民共和国农业部公告第 2134 号的规定；对于不在目录之内的原料和添加剂应是农业农村部批准使用的品种，或是允许进口的饲料和饲料添加剂品种，且使用范围和用量应符合相关标准的规定；本标准颁布实施后，国家相关规定不再允许使用的品种，则本标准也相应不再允许使用。

使用的饲料原料、饲料添加剂、配合饲料、浓缩饲料和添加剂预混合饲料应符合其产品质量标准的规定。

应根据养殖动物不同生理阶段和营养需求配制饲料，原料组成宜多样化，营养全面，各营养素间相互平衡，饲料的配制应当符合健康、节约、环保的理念。

应保证草食动物每天都能得到满足其营养需要的粗饲料。在其日粮中，粗饲料、鲜草、青干草或青贮饲料等所占的比例不应低于 60%（以干物质计）；对于育肥期肉用畜和泌乳期的前 3 个月的乳用畜，此比例可降低为 50%（以干物质计）。

购买的商品饲料，其原料来源和生产过程应符合本标准的规定。

应做好饲料原料和添加剂的相关记录，确保所有原料和添加剂的可追溯性。

②卫生要求　饲料和饲料添加剂的卫生指标应符合《饲料卫生标准》（GB 13078—2017）的要求。

（3）使用规定

①饲料原料　植物源性饲料原料应是已通过认定的绿色食品及其副产品；或来源于绿色食品原料标准化生产基地的产品及其副产品；或按照绿色食品生产方式生产、并经绿色食品工作机构认定基地生产的产品及其副产品。

动物源性饲料原料只应使用乳及乳制品、鱼粉，其他动物源性饲料不应使用；鱼粉应来自经国家饲料管理部门认定的产地或加工厂。

进口饲料原料应来自经过绿色食品工作机构认定的产地或加工厂。

宜使用药食同源天然植物。

不应使用：转基因品种（产品）为原料生产的饲料；动物粪便；畜禽屠宰场副产品；非蛋白氮；鱼粉（限反刍动物）。

②饲料添加剂　饲料添加剂和添加剂预混合饲料应选自取得生产许可证的厂家，并具有产品标准及其产品批准文号。进口饲料添加剂应具有进口产品许可证及配套的质量检验手段，经进出口检验检疫部门鉴定合格。

饲料添加剂的使用应根据养殖动物的营养需求，按照中华人民共和国农业部公告第 1224 号的推荐量合理添加和使用，尽量减少对环境的污染。

不应使用药物饲料添加剂（包括抗生素、抗寄生虫药、激素等）及制药工业副产品。

饲料添加剂的使用应按照《绿色食品饲料及饲料添加剂使用准则》（NY/T 471—2018）的规定执行；NY/T 471—2018 的添加剂来自以下物质或方法生产的也不应使用：含有转基因成分的品种（产品）；来源于动物蹄角及毛发生产的氨基酸。

矿物质饲料添加剂中应有不少于 60% 的种类来源于天然矿物质饲料或有机微量元素产品。

③加工、包装、贮存和运输　饲料加工车间（饲料厂）的工厂设计与设施的卫生要求、工厂和生产过程的卫生管理应符合《配合饲料企业卫生规范》（GB/T 16764—2006）的要求。

生产绿色食品的饲料和饲料添加剂的加工、贮存、运输全过程都应与非绿色食品饲料和饲料添加剂严格区分管理，并防霉变、防雨淋、防鼠害。

包装应按照《绿色食品包装通用准则》（NY/T 658—2015）的规定执行。

储存和运输应按照《绿色食品贮藏运输准则》（NY/T 1056—2006）的规定执行。

4.2.4.3　日粮配合

平衡日粮是各种饲料原料的一种组合，平衡日粮能按一定的数量和形式提供各种营养物质，并在不发生过多浪费的前提下为一给定家畜供应营养以用于特定目的如生长、维持、妊娠、哺乳或劳作等。从逻辑上说，平衡日粮是最经济的饲料。因为动物的生产性能水平受限于限制性最大的营养素，供应的其他营养物质超过生产性能限度的需要量时都会被浪费掉。

大多数营养学家依靠列于各科学机构发表的营养需要表中的标准来配合平衡日粮。

日粮饲料类别主要包括：

(1)添加剂预混料

它是由营养物质添加剂如维生素、微量元素、氨基酸和非营养物质添加剂组成，并以玉米粉或小麦麸为载体，按配方要求进行预混合而成。它是饲料加工厂的半成品，可以作为添加剂在市场上直接出售。这种添加剂可以直接在基础日粮中使用。

(2)浓缩饲料

浓缩饲料又称平衡混合料。它是在预混料中加入蛋白质饲料(如鱼粉、豆饼、棉籽饼、花生饼等)和矿物质(如食盐、骨粉、贝壳粉等)混合而成的。用浓缩饲料再加上一定比例的能量饲料(如玉米、麸皮、大麦、稻谷粉)就可直接使用。浓缩饲料的生产不仅可以避免运输方面的浪费，同时还解决了饲养单位因蛋白质饲料缺乏而造成的畜禽营养不足。

(3)全价配合饲料

由浓缩饲料加精饲料配制而成，也叫全日粮配合饲料。这种饲料营养全面，饲料报酬高，大多用于集约化养殖场，使用时不需要另加添加剂。

(4)初级配合饲料

初级配合饲料也称混合饲料。由能量饲料和蛋白质、矿物质饲料按照一定配方组成，能够满足动物对能量和蛋白质、钙、磷、食盐等营养物质的需要，如再搭配一定的青粗饲料或添加剂，即可满足畜禽对维生素、矿物质元素的需要。

绿色食品畜牧业生产中，家畜营养最重要的原理是家畜饲养要适应家畜的生理特点。传统农业中可以见到出于违背家畜生理特点而引起的大规模的灾难，如英国的疯牛病。如果不按家畜的生理特点进行饲喂，至少会使家畜对疾病的易感性增加，或引起更多与健康有关的问题。

反刍动物瘤胃中有益微生物菌群可以消化植物中的纤维素和其他成分，并转化成蛋白质，可直接利用人类不能利用的农副产品。反刍动物的基础日粮是粗饲料而不是精饲料。饲喂精料会降低瘤胃中的 pH 值，从而使瘤胃微生物菌群发生改变，还可引起炎症，导致疾病发生。若喂奶牛太多精饲料，容易引起牛的瘤胃病。而改变养牛方式为放牧，结果发现这些牛胃病变消失了。再喂奶牛其他饲料，这种由于喂饲料所引起的应激也就不存在了。北美标准规定，家畜日粮应按家畜的营养需要来配合。英国土壤协会制定的标准更加明确，反刍动物的日粮中粗饲料最少占干物质的60%。

猪是单胃动物，猪只喂给牧草型日粮不能很好存活，因此，猪需要更多的精料。猪可以利用多种饲料。禽类口粮也是精料型。猪、禽常用日粮是小麦和大麦。也有不少饲养者用放牧的方式饲养这类家畜。

4.2.5　动物健康与疾病防治

4.2.5.1　绿色食品生产对畜禽疾病防治的规定

绿色食品标准规定，绿色食品生产者应严格按《中华人民共和国动物卫生法》的规定防止动物发病和死亡。动物疾病以预防为主，坚持"防重于治"的原则。预防治疗和诊断疾病所用的兽药必须符合兽药管理条例、兽药规范、兽药典和兽药质量标准的有关规定，其生产企业必须具有生产许可证，兽药产品必须具有产品批准文号。生产 A 级绿色食品养殖产品允许使用规定的兽药，同时允许使用下列兽药制品：钙、磷、硒、钾等补充药，酸碱平衡药，体液补充药，电解质补充药，营养药，血容量补充药，抗贫血药，维生素类药和助消化药；血清、菌(疫)苗、诊断液等生物制品；允许使用安全的中药材、中成药及其制剂。在使用上述兽药时，优先使用绿色食品生产资料中的兽药产品。在使用兽药时，应注意以下几点：

①进口兽药必须符合农业部进口兽药质量标准。

②严格按规定的使用对象、使用途径、剂量及停药期执行。

③当被检食品中的兽药残留量超过《动物性食品中兽药最高残留限量》时需延长停药期直到不超过规定的最高限量为止。

④禁止使用有致畸、致癌、致突变等毒副作用较大的兽药：林丹、毒杀芬、呋喃丹、杀虫脒、双甲脒、酒石酸锑钾、锥虫胂胺、孔雀石绿、五氯酚酸钠、各种汞制剂。

⑤禁止使用放射性药品。

⑥禁止使用解毒药。

⑦禁止使用激素类药品：玉米赤霉醇、去甲雄三烯醇酮、醋酸甲羟孕酮及制剂。

⑧禁止使用安眠镇静、麻醉、骨骼肌松弛、化学保定药等用于调节神经系统机能的兽药，氯丙嗪、地西泮(安定)及其盐、酯及制剂。

⑨建立并保持患病动物的治疗记录，包括患病动物的畜号或其他标志、发病时间及症状、治疗用药的经过、治疗时间、疗程、所用药物的商品名称及主要成分。

⑩认证机构根据具体情况，抽检动物产品中的兽药残留量。

4.2.5.2 绿色养殖业疫病控制原则

(1)健康养殖和以防为主的原则

①选择抗病的并适合当地气候与环境特点的动物品种。

②采用能满足动物生物学和生态学特性饲养的饲养方式并控制饲养强度。

③提供适合动物要求的生活环境，预防传染病，增强动物本身抗病能力。

④高质量的饲料配合、有规则的运动和放牧有益于提高动物自然的免疫力。

⑤保持合适的饲养密度，避免饲养密度过大和任何影响动物健康的问题。

(2)绿色养殖业中的兽药使用准则

兽药使用要符合《绿色食品兽药使用准则》(NY/T 472—2013)。

①兽药基本原则　生产者应供给动物充足的营养，应按照《绿色食品产地环境质量》(NY/T 391—2000)提供良好的饲养环境，加强饲养管理，采取各种措施以减少应激，增强动物自身的抗病能力。

应按《中华人民共和国动物防疫法》的规定进行动物疾病的防治，在养殖过程中尽量不用或少用药物；确需使用兽药时，应在执业兽医指导下进行。

所用兽药应来自取得生产许可证和产品批准文号的生产企业，或者取得进口兽药登记许可证的供应商。

兽药的质量应符合《中华人民共和国兽药典》《兽药质量标准》《兽用生物制品质量标准》《进口兽药质量标准》的规定。

兽药的使用应符合《兽药管理条例》和农业部公告第 278 号等有关规定，建立用药记录。

②生产 AA 级绿色食品的兽药使用原则　按《有机产品第 1 部分：生产》（GB/T 19630.1—2011）执行。

③生产 A 级绿色食品的兽药使用原则

可使用的兽药种类：

• 优先使用生产 AA 级绿色食品所规定的兽药。

• 优先使用农业部公告第 235 号中无最高残留限量（MRLs）要求或农业部公告第 278 号中无休药期要求的兽药。

• 可使用国务院兽医行政管理部门批准的微生态制剂、中药制剂和生物制品。

• 可使用高效、低毒和对环境污染低的消毒剂。

• 可使用《绿色食品兽药使用准则》（NY/T 472—2013）附录 A 以外且国家许可的抗菌药、抗寄生虫药及其他兽药。

不应使用药物种类：

• 不应使用《绿色食品兽药使用准则》（NY/T 472—2013）附录 A 中的药物以及国家规定的其他禁止在畜禽养殖过程中使用的药物；产蛋期和泌乳期还不应使用附录 B 中的兽药。

• 不应使用药物饲料添加剂。

• 不应使用酚类消毒剂，产蛋期不应使用酚类和醛类消毒剂。

• 不应为了促进畜禽生长而使用抗菌药物、抗寄生虫药、激素或其他生长促进剂。

• 不应使用基因工程方法生产的兽药。

（3）兽药使用记录

①应符合《畜禽标识和养殖档案管理办法》规定的记录要求。

②应建立兽药入库、出库记录，记录内容包括药物的商品名称、通用名称、主要成分、生产单位、批号、有效期、贮存条件等。

③应建立兽药使用记录，包括消毒记录、动物免疫记录和患病动物诊疗记录等。其中，消毒记录内容包括消毒剂名称、剂量、消毒方式、消毒时间等；动物免疫记录内容包括疫苗名称、剂量、使用方法、使用时间等；患病动物诊疗记录内容包括发病时间、症状、诊断结论以及所用的药物名称、剂量、使用方法、使用时间等。

④所有记录资料应在畜禽及其产品上市后保存两年以上。

4.2.5.3　动物健康维护的措施

绿色食品养殖产业中动物的管理是疾病控制的关键。需要应用整体思想，认为动物健康是一种平衡状态，并且要求在日粮、饲养管理和观察等方面都达到了平衡，那么养殖动物的医疗费用就会减少。绿色食品养殖业生产的目的是通过营养和育种手段来降低动物应激，保持动物强壮、健康。如果养殖的动物经常发病或长期发病，就须对整个养殖场进行检查，也可找兽医进行咨询。除了通过提供平衡日粮和优良环境来抵抗

致病因子的影响外，还可通过一些方法来提高动物免疫力，保持动物健康。如保证让
幼畜吃到初乳，增加免疫力；通过使用有益微生物建立非特异性免疫；对新引进的家
畜先进行隔离观察等。

4.2.5.4　紧急疾病的处理

一旦发现动物不正常应立即采取行动，使用兽药的天然替代物（如草药）和利用顺
势疗法一般能取得很好的效果。及早治疗是关键，切勿等到动物真的发病了再治疗。
对于绿色生产的养殖业，当使用替代疗法不见效时，可在兽医的指导下利用传统兽药
进行治疗。经常使用或预防性使用兽药是不允许的，如果使用，停药期时间要长，至
少是传统停药期的两倍。某些情况下，肉用动物使用抗生素就不能按绿色产品销售。
动物福利是首要的，因此在不能进行顺势疗法时，一味地为了保持绿色而禁止使用药
物也是不可取的。用药确实能收到好的效果，有时必须使用药物以挽救动物生命或避
免不必要的损失，但它不能根除病因。药物疗法通常会掩盖症状，降低动物的免疫机
能，结果动物对其他疾病的易感性增加。疾病不能依靠药物来治疗，主要通过锻炼来
提高其免疫系统的正常功能。

除了采取必要的治疗措施外，最重要的是研究疾病发生的原因。分析所有可能引起疾病
的因素，包括从土壤、水体到管理，然后调整管理方式，从而防止此类疾病的再次发生。

4.2.6　养殖业绿色食品加工技术

4.2.6.1　出栏

动物离开饲养地前，必须按《中华人民共和国动物防疫法》和《绿色食品畜禽卫生防疫
准则》（NY/T 473—2016）的要求实施产地检疫。动物驱赶采用友好方式，切勿用棍、棒等
驱赶，以免出现应激反应。比如肉鸡在晚上视觉较差，不容易受惊，可选择在夜间出栏，
装笼运输。

动物出栏后厩舍的清理消毒。方法包括清扫、水洗、更换垫土、阳光、紫外线、火烧
以及使用毒性低的消毒剂（如甲醛、石灰、碘和碘与酸的混合物）。既要防止病原微生物对
后续饲养的影响，也要减少药物在食品中残留和对环境的污染。

4.2.6.2　畜禽屠宰场卫生防疫要求

（1）畜禽屠宰场址选择、建设条件要求

①畜禽屠宰场的场址选择、卫生条件、屠宰设施设备应符合《生猪屠宰加工场（厂）动
物卫生条件》（NY/T 2076—2011）、《家禽屠宰质量管理规范》（NY/T 1340—2007）、《家畜
屠宰质量管理规范》（NY/T 1341—2007）的要求。

②绿色食品畜禽屠宰场还应满足以下要求：

应选择水源充足、无污染和生态条件良好的地区，距离垃圾处理场、垃圾填埋场、点
污染源等污染场所5km以上；污染场所或地区应处于场址常年主导风向的下风向；

畜禽待宰圈（区）、可疑病畜观察圈（区）应有充足的活动场所及相关的设施设备，以
充分保障动物福利。

（2）屠宰过程中的卫生防疫要求

①对有绿色食品畜禽饲养基地的屠宰场，应对待宰畜禽进行查验并进行检验检疫。

②对实施代宰的畜禽屠宰场，应与绿色食品畜禽饲养场签订委托屠宰或购销合同，并应对绿色食品畜禽饲养场进行定期评估和监控，对来自绿色食品畜禽饲养场的畜禽在出栏前进行随机抽样检验，检验不合格批次的畜禽不能进场接收。

③只有出具准宰通知书的畜禽才可进入屠宰线。

④畜禽屠宰应按照《生猪人道屠宰技术规范》（GB/T 22569—2008）的要求实施人道屠宰，宜满足动物福利要求。

（3）畜禽屠宰场检验检疫要求

①宰前检验　待宰畜、禽应来自非疫区，健康状况良好。待宰畜禽入场前应进行相关资料查验。查验内容包括：相关检疫证明；饲料添加剂类型；兽药类型、施用期和休药期；疫苗种类和接种日期。生猪、肉牛、肉羊等进入屠宰场前，还应进行 β-受体激动剂自检；检测合格的方可进场。

②宰前检疫　宰前检疫发现可疑病畜禽，应隔离观察，并按照 NY/T 473-2016 规定进行详细的个体临床检查，必要时进行实验室检查。健康畜禽在留养待宰期间应随时进行临床观察，送宰前再进行一次群体检疫，剔除患病畜禽。

③宰前检疫后的处理　发现疑似 NY/T 473—2016 附录 A 所列疫病时，应按照《畜禽屠宰卫生检疫规范》（NY 467—2001）的规定执行。畜禽待宰圈（区）、可疑病畜观察圈（区）、屠宰场所应严格消毒，采取防疫措施，并立即向当地兽医行政管理部门报告疫情，并按照国家相关规定进行处置。

发现疑似狂犬病、炭疽、布鲁氏菌病、弓形虫病、结核病、日本血吸虫病、囊尾蚴病、马鼻疽、兔黏液瘤病等疫病时，应实施生物安全处置，按照农医发（2017）25 号的规定执行。畜禽待宰圈（区）、可疑病畜观察圈（区）、屠宰场所应严格消毒，采取防疫措施，并立即向当地兽医行政管理部门报告疫情。

发现除上述所列疫病外，患有其他疫病的畜禽，实行急宰，将病变部分剔除并销毁，其余部分按照农医发（2017）25 号的规定进行生物安全处理。

对判为健康的畜禽，送宰前应由宰前检疫人员出具准宰通知书。

④宰后检验检疫　畜禽屠宰后应立即进行宰后检验检疫，宰后检疫应在适宜的光照条件下进行。

头、蹄爪、内脏、胴体应按照 NY 467—2001 的规定实施同步检疫，综合判定。必要时进行实验室检验。

⑤宰后检验检疫后的处理　通过对内脏、胴体的检疫，做出综合判断和处理意见；检疫合格的畜禽产品，按照 NY 467—2001 的规定进行分割和储存。

检疫不合格的胴体和肉品，应按照农医发（2017）25 号规定进行生物安全处理。

检疫合格的胴体和肉品，应加盖统一的检疫合格印章，签发检疫合格证。

（4）记录

所有畜禽屠宰场的生产、销售和相应的检验检疫、处理记录，应保存 3 年以上。

4.2.7　实例——绿色食品肉鸡饲养操作规程

4.2.7.1　肉鸡场的总体要求

①肉鸡场应远离交通要道、公共场所、居民区、学校、医院和水源。地势较平坦，具有一定的坡度。新建肉鸡场不可位于传统的新城疫和高致病性禽流感疫区内。

②必须严格执行生产区和生活区相分离的原则。人员、鸡只和物质运转应采取单向流向，防止污染和疫病传播。

③鸡场的污水、污物处理应符合国家环保要求。环境卫生质量达到 NY/T 388—1999 规定的要求，鸡场排放的废弃物实行减量化、无害化、资源化原则处理。

④鸡场必须采用国家畜牧兽医管理部门认证的疾病和残留方案，并接受当地畜牧兽医部门的监督，养鸡场管理人员应能够向当地畜牧兽医管理部门出示有关养鸡场卫生状况的持续性档案记录。

⑤同一养禽场内原则上只能饲养一种类型的家禽；如果场内饲养多种家禽，必须充分隔离饲养。

⑥鸡场的消毒和病害肉尸的无害化处理应按 GB/T 16569—1996 进行。

⑦鸡舍设备式样和安装应符合特定生产规程的要求，保证能够防止疾病传入、发生、传播。此外，还应有良好的防鼠、防虫和防鸟设施。具备良好的卫生条件并适宜卫生监测。各种设施必须考虑肉鸡的卫生福利。

⑧鸡场应有严格的卫生管理制度。工作人员进入生产区必须淋浴消毒，并穿戴合适的工作服。尽量做到谢绝参观，在特定条件下，参观人员在淋浴消毒后穿戴保护服方可进入。

⑨房屋、鸡舍及其他设施均处于良好维修状态。

⑩建立生产记录档案，包括进雏时间、数量、来源、饲养员。每日记录日期、肉鸡日龄、死亡数、死亡原因、存栏数、温度、湿度、免疫、消毒、用药、喂料量、鸡群健康状况、出售日期、出售数量购买单位。每群鸡的相关资料，如鸡群史、登记情况、用药情况及生产数据等必须在清群后保存两年以上。

4.2.7.2　肉鸡场卫生管理

(1) 场区卫生管理和消毒要求

肉鸡场大门口设运输车辆消毒池和人员消毒室，车辆消毒池前后两头为缓坡，消毒液为3%的氢氧化钠溶液，每周更换两次。人员消毒室设紫外线灯，地面铺草垫，用3%氢氧化钠溶液浸湿。饲养区大门设淋浴间，进入饲养区人员必须经淋浴更衣后，方可入场。

场区内无杂草，无垃圾，不准放杂物，每月用3%热氢氧化钠溶液消毒场区地面两次。

生活区要整洁卫生，每月用3%氢氧化钠溶液消毒两次。

场区内净道、污道分开，苗鸡车和饲料车走净道；毛鸡车、出粪车、病死鸡处理车走污道。场区道路硬化，两边设排水沟，沟底硬化，有一定坡度。排水方向从清洁区流向污染区。

(2)鸡舍卫生管理和消毒要求

新建鸡场进鸡前，要求鸡舍干燥后，舍顶和地面用消毒剂消毒一次，饮水器、料桶等用具充分清洗消毒。

使用过的鸡舍，彻底清除一切物品，然后用高压水枪由上而下、由内向外冲洗。要求无鸡毛、鸡粪和灰尘。待鸡舍干燥后，再用消毒剂从上到下整个鸡舍喷雾消毒一次。

售鸡后，撤出的设备、工具等用消毒液浸泡 30min，然后用清水冲洗，置阳光下暴晒 2~3d 后搬入鸡舍。进鸡前 6d，用 3 倍剂量福尔马林（每立方米高锰酸钾 21g，甲醛 42mL）在室内温度 20~25℃、相对湿度 75%条件下，封闭熏蒸 24h，通风 2d。

鸡舍门口设脚踏消毒池和消毒盆，消毒液每天更换一次。工作人员进入鸡舍前，先洗手，穿工作服、工作鞋，脚踏消毒液，工作服不能穿出舍外。

饲养人员不得互相串舍，鸡舍内工具固定，不得互相串用。

(3)消毒药的选择

3%~5%的氢氧化钠溶液喷洒，或 10%~15%的石灰水泼洒。百毒杀或拜洁喷雾消毒，百毒杀按 1：300 倍稀释，拜洁按 1：800 倍稀释。甲醛+高锰酸钾熏蒸消毒，每立方米高锰酸钾 21g 与甲醛 42mL 配比。

消毒剂不准对鸡只直接使用。不准使用酚类消毒剂。消毒后物体表面微生物学检测标准见表 4-3。鸡舍消毒后，舍内空气微生物学检测标准同表 4-3。

表 4-3 物体表面微生物学检测标准

个/cm²

级别	评价	平板上的菌落数
1	干净	0.15~1.5
2	轻度污染	1.7~3.1
3	中度污染	3.2~4.6
4	高度污染	4.6 以上

4.2.7.3 雏鸡来源及要求

(1)自繁

有自繁条件的种鸡场、孵化场必须达到绿色食品设备条件及卫生要求等规定，并制订绿色食品饲养、生产操作规程及质量保证措施。

(2)外引

必须从符合绿色食品标准规定条件的家禽繁育场引进，或者从符合绿色食品规定条件的其他国家家禽繁育场进口家禽。

4.2.7.4 饲料及饲料添加剂

饲料是提供肉鸡所需的养分，保证健康、促进生长，在合理使用中不发生有害作用的物质。饲养肉鸡所用饲料，可以自行配制加工，可以购买商品配合饲料，也可以购买肉鸡预混料、浓缩料后自行配制。但无论采取何种方式取得饲料，须做到：配合饲料必须达到中华人民共和国《鸡的饲养标准》(ZBB 43005—1986),必须符合《产蛋后备鸡、产蛋鸡、肉用仔鸡配合饲料》(GB/T 5916—2008)和《饲料卫生标准》(GB 13078—2017),必须遵守《绿色食品饲料及饲料添加剂使用准则》,优先使用绿色食品生产资料的饲料类产品。

饲料的主原料及饲料含量90%以上的原料必须来自绿色食品原料基地(经环境及种植过程控制或是绿色食品标志产品)。其他10%的非主要原料也要有固定来源,并有质检报告。

禁止使用转基因方法生产的饲料原料,禁止使用以哺乳动物为原料的动物性饲料产品,禁止使用工业合成的油脂,禁止使用畜禽粪便。

自配或购买预混料、浓缩料或配合料,必须注意或弄清饲料添加剂的品种。必须遵守1997年7月26日中华人民共和国农业部公告第105号《允许使用的饲料添加剂品种名录》,但不包括各种人工合成的调味剂和香料、着色剂,如乙氧基喹啉、二丁基羟基甲苯(BHT)、丁基羟基茴香醚(BHA)等抗氧化剂;羧甲基纤维素钠、聚氧乙烯、山梨醇酐单油酸酯、聚丙烯酸树脂Ⅱ等黏结剂、抗结剂和稳定剂;苯甲酸、苯甲酸钠等防腐剂。

禁止使用任何药物性饲料添加剂,禁止使用激素类、安眠镇静类药品。

4.2.7.5 饲养管理

(1)总的要求

必须使用符合《绿色食品饲料及饲料添加剂使用准则》要求的饲料。兽药使用必须符合《绿色食品兽药使用准则》的要求,并做好记录,保存两年以上。厚垫料地面散养和架养均可,以架养为好。饲养管理有关参数见表4-4、表4-5。

表 4-4　肉鸡饲料量、体重与料重比参数

饲养阶段 (d)	饲养天数	平均采食量 (克/只·日)	饲养期采食量 (千克/只)	期末体重 (千克/只)	全期耗料/ 增重比	累计
1~21	21	41	0.85	0.66	1.50	1.29
22~42	21	118	2.47	1.86	2.32	1.78
42~49	7	170	1.19	2.30	2.69	1.96
50~56	7	193	1.35	2.74	3.12	2.14
总计	56	105	5.86	2.74	—	2.14

表 4-5　肉鸡生产管理参数

管理项目	管理方式 或设备	雏鸡 (0~21 日龄)	中鸡 (23~42 日龄)	大鸡 (43 日龄至出栏)
温度(℃)	供暖	34~24	24~20	24~18
饲养密度(只/米²)	棚架饲养	<35	<14	<11
料位[厘米/(只·小时)]	料桶	6	6	8
光照(Lx)	灯泡	10	5	5

（续）

管理项目	管理方式或设备	雏鸡 (0~21日龄)	中鸡 (23~42日龄)	大鸡 (43日龄至出栏)
通风量（米³/只）	—	2.5~3.0	6.0~8.0	8.0~10.0
舍内空气	NH_3 含量	$<20\times10^{-6}$	$<20\times10^{-6}$	$<20\times10^{-6}$
	H_2S 含量	$<20\times10^{-6}$	$<10\times10^{-6}$	$<10\times10^{-6}$

（2）鸡舍预热升温

安置好各种育雏设施，根据天气情况，在接雏鸡前，育雏室开始升温预热，将室内温度调节到33~34℃，以备进雏。

（3）雏鸡接送

在运输过程中，可根据季节、气候变化，做好保温、防暑、防雨、防寒等工作，并注意观察雏鸡状态，防止因闷、压、凉或日光直射造成伤亡或继发疾病。运到育雏室后要尽快卸车，将雏鸡轻轻放入育雏室内。

（4）温度控制

育雏前期温度可稍高。前3d掌握在33~34℃，以后每周降2℃，从第4周开始可维持在18~24℃。总之，根据季节和天气情况，看鸡施温，做到热不张嘴，冷不打堆。切忌温度忽高忽低，冬季防贼风侵袭，夏季应注意防暑降温。

（5）饮水

雏鸡入舍待稳定分布均匀后即可开始饮水，5d内饮凉开水，其中1~3d可在饮水中加入防应激补充营养的水溶性各种维生素。饮水器边缘高度应及时调整到与鸡背高度一致。

（6）开食和伺喂

雏鸡饮水2~3h后，将前期料均匀撒在深色塑料布上，少撒勤撒。第二天，同时使用小料桶和料布，料桶高度要调整，让料桶边缘与鸡背高度一致。

（7）通风

在保证温度的前提下，良好的通风可以排除舍内过多的氨气、二氧化碳以及灰尘、细菌、病毒。舍内风机、通气孔的开关应根据季节调整，鸡舍内不应有刺鼻的氨味、臭味、憋气的感觉。

（8）湿度

肉鸡适宜的相对湿度为55%~65%，最初前10d高些，相对湿度可达65%~70%，10d后，相对湿度要小一些，保持舍内干燥。

（9）光照

光照目的是延长鸡只采食时间，促进生长，但光线不宜过强，能看到采食即可。

（10）密度

鸡群密度要适当，既能养好鸡，又能充分利用鸡舍。育雏时应随着雏鸡增长逐渐扩群。冬季通风条件好，饲养密度可高些；夏季通风设施差，饲养密度可适当低些。不同日龄的肉鸡饲养密度见表4-6。

表 4-6　饲养密度参数

日龄	1～7	8～14	15～28	29～42	43～56
密度(只/米²)	30～35	20～25	17～20	12～15	8～9

(11) 观察鸡群

通过观察鸡群，一是促进鸡舍内环境随时改善，二是尽早发现疾病的征兆，以便及时治疗。

①精神状态　健康鸡反应敏感，眼睛有神，活动敏捷，分布均匀，羽毛舒展光润、贴身。病鸡则垂头缩颈，羽毛污秽、蓬乱，肛门周围有黄绿色或白色粪便黏附，呼吸异常，甩鼻，咳嗽，眼睑肿胀等。

②粪便　正常粪便干燥成形，带有白头。如出现红色、绿色、黄色等粪便，即是有病的征兆，应及时确诊治疗。

③采食量　采食量多少是判定鸡群是否正常的一个重要指标。肉鸡在整个饲养过程中，采食量一直是增加的，如采食量不增加或者减少，应查明原因，采取措施。

④死亡率　一般鸡发病 2～4d 才开始死亡，这时鸡群已处于发病状态，要及时确诊，给予治疗。

4.2.7.6　免疫程序

7～9 日龄，鸡新城Ⅳ系(克隆-30)苗或鸡新城 Ⅳ 系克隆-30+传支 120 苗，点眼滴鼻；15～21 日龄，法氏囊苗饮水；24～28 日龄，鸡新城疫苗(克隆-30)，2 倍饮水。

4.2.7.7　合理用药，控制药残

在肉鸡饲养过程中，提供鸡只充足营养和良好的饲养环境，采取各种措施，以减少应激，增强鸡只自身的抗病力。建立严格的生物安全体系。鸡群疫病以预防为主，力争不用或少用药物。必须用药时，须遵守《绿色食品兽药使用准则》及附录 A 的规定。

(1) 全程禁用药

克球粉、尼卡巴嗪、螺旋霉素、喹乙醇、甲砜霉素、恶喹酸、氨丙啉、磺胺喹恶啉、磺胺二甲基嘧啶、磺胺嘧啶、磺胺间甲氧嘧啶、磺胺-5-甲氧嘧啶、甲酚苯酚类消毒剂及人工合成激素。

(2) 用药方案

治疗大肠杆菌病、脐炎和雏鸡白痢，用大观霉素 1g/L 饮水，或新霉素 50mg/L 饮水，连用 3d，出栏前 5d 停用。

免疫后出现甩鼻、呼噜等应激时，使用硫氰酸红霉素 125mg/L 饮水，并配合使用电解多维 0.5mg/L 饮水，连用 3d，出栏前 5d 停用。

发生球虫病时，使用地克珠利 1mg/L 饮水，连用 3～5d，必要时几种球虫药交替使用，如加福等，出栏前 5d 停用。

(3) 鸡群治疗记录

建立并保存鸡群治疗记录，包括发病时间及症状，治疗用药的经过，治疗时间、疗程，所用药物商品名称、主要成分及疗效等，记录保存 2 年以上。

4.2.7.8 疫病监测控制方案

任何养鸡场必须制定详细的符合国家畜牧兽医主管部门有关规定的疫病监测和控制方案，并接受当地畜牧兽医主管部门的监督，获得当地畜牧兽医主管部门的批准和认可；官方兽医至少每年对执行情况检查一次，养殖场必须向当地畜牧兽医管理部门和官方兽医提供连续的疫情监测信息。

常规监测鸡群疫病的种类包括新城疫、禽流感、鸡败血支原体病、禽衣原体病、鸡沙门菌病、雏白痢沙门菌病、鸡传染性法氏囊病、鸡马立克病、禽结核和亚利桑那沙门菌病。

禽流感监测：35～55 日龄 0.5%抽样，采用琼脂双向扩散沉淀试验，检测血清中特异性抗体阳性率。新城疫监测：35～55 日龄 0.2%～0.5%抽样，采用红细胞凝集抑制试验，检测被检血清 HI 抗体效价。

定期对鸡的血液、水槽中的水和废料进行血清学或细菌学的方法检测鸡沙门菌、雏鸡白痢沙门菌和亚利桑那沙门菌。

鸡败血支原体可用血清学、细菌学方法检验。

4.2.7.9 出栏与屠宰

出栏前，必须由当地官方兽医实施产地检疫并出具"三证"（即健康监督证、检疫证及车辆消毒证），方可进入加工厂。捉鸡前 4～6h 停喂饲料，2h 停止饮水，搬出舍内所有工具、用具。

运鸡车辆和装鸡鸡笼在肉联加工厂卸货后必须严格消毒，方可出场。抓鸡、入笼、搬运、装卸动作要轻，途中运输平稳，防止挤压与碰伤。

肉鸡屠宰厂的大气和加工用水由环保部门监测化验。加工肉鸡产品采用国家标准《鲜、冻禽产品》（GB/T 16869—2005）。要做到专线加工、专库贮存、专车运输。

4.3 加工业绿色食品生产技术

4.3.1 绿色食品加工的基本原则

4.3.1.1 加工过程对食品安全性和营养成分的影响

粮谷类、豆类、蔬菜水果、畜禽肉、鱼、蛋、奶和食用油脂等食品能够提供人类生存所需的热能和各种营养素。食品按来源可分为动物类、植物类、食用菌类和以这 3 类食物为原料的加工食品四大类。动物、植物、食用菌等产品有些虽然能被人们直接食用，但其中绝大部分都要经过加工处理后才能食用或提高其利用价值。这种对农、畜、菌等产品的人工处理过程即为食品加工过程。食品加工过程或多或少都会对食物中的营养成分及有害物质含量产生影响。例如，在将小麦制成面粉的过程中通过研磨和筛理去除麦皮（麸皮）、分理出胚乳（面粉），会将小麦中的部分营养物质（存在于麦皮中的）去除掉。

下面我们重点探讨加工过程对食品安全性的影响。食品中对人类健康造成影响的危害物质主要有物理危害物、生物危害物和化学危害物。物理危害物包括金属类（铁丝、鱼钩、首饰等)和非金属类(玻璃、昆虫、木碎片等),其主要来源是原料本身携带的和加工过程混入的,如原料中有玻璃等外来异物,未经检测混入了食品中;不正确的加工规范或职工的恶劣操作,造成金属物、首饰等遗落到食品中。生物危害物包括细菌、病毒、寄生虫、原生动物、藻类及其所产生的毒性物质,其中致病性微生物(细菌)是造成食品生物危害最广泛的全球性问题。化学危害物则包括了农药残留、兽药残留、天然毒素和食品添加剂等物质,一般为生产中环境或人为因素造成的,如作物生长期农药的使用。

加工过程中去除不可食部分(去皮)、清洗、蒸煮及其他加工形式都会对食品中存在的化学危害物质及其他天然物质含量造成影响。同理,加工中某些添加剂的使用,也可能对食品中化学危害物质及其他天然物质含量造成影响。很多农药和污染物会因去皮而消失一部分,如柑橘类和马铃薯,不去皮的会因清洗而部分或全部去除。但是,有时加工也会导致食品中农药和环境污染物含量增加,如蔬菜脱水。

任何形式的加工都会影响食物中的微量营养素含量,通常,蒸煮不会影响矿物质和微量元素的含量,但会破坏一部分维生素,然而,蒸煮也可以提高营养素的生物药性(如胡萝卜素)。

综上所述,不同的加工方式对食品的安全性和营养素会有不同的影响,绿色食品加工就是要利用这个特点,保证食品的安全和营养。

4.3.1.2 绿色食品加工的基本原则

根据定义,绿色食品是遵守可持续发展原则生产的,因而绿色食品加工也必须遵守这个原则,做到节约能源、持续发展、清洁生产。

绿色食品加工应遵循的基本原则是:加工时节约能源,使物质循环利用;保持食物本身营养;保证加工过程中食品不受任何污染;不对环境和人产生任何污染与危害。

(1)绿色食品加工应遵循可持续发展原则,节约能源,综合利用原料

绿色食品加工应本着节约能源和物质循环再利用的原则,尽可能采用产品综合加工利用的方式。以生产苹果汁为例,用苹果制汁,产生的皮渣采用固态发酵法生产乙醇,余渣通过微生物发酵生产柠檬酸,再从剩下的发酵物中提取纤维素,生产粉状苹果纤维食品作为固态食品中非营养性填充物。剩下的废物还可以经厌气性细菌分解产生沼气,既可以提高效益,又可以减少副产品。

(2)绿色食品加工应尽可能保存食品的天然营养特性

绿色食品加工为了防止或尽量减少营养物质流失、氧化、降解,最大限度保留其营养价值,应采取一些科学、先进的加工工艺。如果汁加工时将其流失的香味物质回收并重新加入果汁中以保持其原有风味。

(3)绿色食品加工过程中必须严格贯彻全程质量控制原则,分析、控制加工中每个环节可能产生的污染和危害

绿色食品加工贯穿始终的一个根本原则就是"全程质量控制"。根据这个原则,结合绿色食品定义,经过分析加工过程(工艺)对食品的影响情况,一般来讲,绿色食品加工除一般食品加工应具备的条件外,还有以下几项特殊要求。

①企业要求 企业(加工厂)应选择合适的地理位置,工厂建筑布局合理(符合工艺流

程要求），卫生条件良好，供排系统完善，既要避免外界环境对企业生产加工造成污染，又要防止企业对环境和居民区造成污染。另外，企业生产人员应熟悉绿色食品标准，有较强的责任心和熟练的操作技能，严格执行操作规程，以避免操作中造成人为的污染和危害。

②原料要求　主原料应是绿色食品及其副产品。"农田是食品加工的第一车间"，原料质量直接决定了加工食品的质量。只有经过认证的绿色食品原料，才能体现出从产地环境到种植、养殖过程的"全程质量控制"，才能确实保证其质量。另外，通过对绿色食品原料的大量使用，也可以促进原料企业的生产积极性。

辅料（不包括水）一般低于总质量或体积的10%，可以不是绿色食品及其副产品，但必须达到绿色食品产品标准的要求。

食品添加剂应符合《绿色食品食品添加剂使用准则》（NY/T 392—2013）的要求。

加工用水应符合《生活饮用水卫生标准》（GB 5749—2006）的要求。

加工用水既可以保留在产品内成为其一种组成成分，也可仅作为原料、设备清洗用水。

原料不使用转基因产品或辐照食品。原因是这两类食品是否对人有害的争议较大，尚无定论，为保证安全，禁用转基因及辐照技术。

③设备要求　必须是生产绿色食品的专用设备，不能与非绿色食品生产混用。

应采用对食品生产无毒、无污染的材质制作的设备，并注意防止设备中有害成分，如铅、铝等金属元素污染。生产酸性食品时，更需特别注意。

使用清洗剂、杀菌剂清洗设备后必须用清水洗净，避免清洗剂、杀菌剂残留。

④工艺要求　绿色食品初加工阶段仅改变食品物理性状，不改变可食部分的化学成分，如浸泡、清洗、净化、分离、脱壳（皮）、破碎、筛理和打浆等。这一阶段要求使用物理、机械方法，清除外来杂质、污染物以及不可食部分。若配合使用化学方法，如清洗剂，也不应造成化学药物残留。

绿色食品深加工阶段不仅改变物理性状，而且改变化学成分，如蒸馏、浸出、浓缩、脱除（脱色、脱胶、脱酸等）、发酵、加热和过滤等。这一阶段要求脱除食品中有害成分（如酒中甲醇、油中杂色），保留有益的成分。深加工阶段还可以加入必要的化学成分，如乳品标准化工艺加入必要的脂肪、蛋白质；营养强化食品中加入的营养强化剂；部分食品中加入的防腐剂、抗氧化剂等食品添加剂，以保证食品的营养成分、产品品质和贮存期限。在产品深加工过程中应尽量脱除其有害成分，并避免产生或添加新的污染物质。

绿色食品应采用合理的加工工艺，避免加工中产生交叉污染或二次污染，而且不允许使用会产生有害成分的工艺，如重复用油煎炸、用木条或煤炭等直接烟熏等加工工艺。

绿色食品灭菌阶段要求能保证最终产品的食用安全性。目前国内灭菌的方法主要有加热法、化学法和辐照法。

加热法：加热的温度及其维持时间的乘积决定了加热强度。不同的加热强度对细菌的杀灭程度不同，65°C维持30min是常见的低温长时间巴氏杀菌法，它能杀死常见致病菌，达到食用安全的要求，但杀灭菌效果不彻底。100°C维持10min是常用的沸腾杀菌方法。而采用135°C维持4s的超高温灭菌法，时间短，灭菌效果好。

化学法：是指添加防腐剂的办法，防腐剂既能杀菌，又能抑菌，起到杀菌和防腐双重作用。常见防腐剂包括有机防腐剂(如山梨酸及其盐类)、无机防腐剂(如亚硫酸盐)、微生物代谢物(如乳酸链球菌素)。绿色食品加工中使用的防腐剂须是经毒理试验证明无害的，添加量符合有关标准的限量规定。对于毒理试验尚存争议的化学合成防腐剂，如苯甲酸及其盐类等，则禁止使用。

辐照法：包括 γ 射线法、钴-60 法等，因辐照法可能造成食品沾染放射性物质或感生放射线(尚未定论)，因此暂不能用于绿色食品加工。

(4)绿色食品加工不应对环境造成污染和危害

绿色食品加工应避免对环境造成污染和危害，加工后产生的废水、废气、废渣、废液等都要经过无害化处理，以避免对环境产生污染。以水产加工厂为例，其废水主要含有鱼、虾等固体残渣，其化学成分为蛋白质、油脂、酸、碱、盐和糖类等，虽然无毒，但有机物含量高，若排入附近水体，则会消耗水中大量溶解氧，导致水生生物无法生长，水体变质，给环境带来危害。因此，水产品加工厂需对废水做必要的处理，如去除固体残渣，除去水中油脂并加以回收利用等。

4.3.2 绿色食品加工过程质量控制

4.3.2.1 绿色食品加工工厂的布局和卫生条件

绿色食品加工工厂合理的布局、严格的卫生条件、先进的设施、规范的管理和高素质的员工，是保证产品质量的基本条件。

(1)绿色食品加工工厂布局

绿色食品工厂选址、布局应防止环境对生产的污染，同时也要保证生产不污染环境。工厂应选择高燥地势，水资源丰富，水质良好，土壤清洁，便于绿化，交通方便的地方。

食品中某些生物性或化学性污染物质通常来自于空气或虫媒传播。因此，在选择厂址时，首先要考虑周围环境是否存在污染源。一般要求厂址应远离重工业区，必须在重工业区选址时，要根据污染范围设 500～1000m 防护林带。厂址还应根据常年主导风向，选在可能的污染源的上风向。工厂应按《工业企业设计卫生标准的规定》执行，最好远离居民区1km 以上。其位置应位于居民区主导风向的下风向和饮用水水源的下游，同时应具备"三废"净化处理装置，以避免对居民造成不良影响。

一般绿色食品工厂由生产车间、辅助车间(如机修车间、电工车间等)、动力设施、仓储运输设施、工程管网设施及行政生活建筑等组成。厂区应按不同的系统分别划分为行政区、生活区和生产区等。对于生产品种多，安全卫生要求不同的生产车间，可划分成不同的生产区，如原材料、物料预处理生产区，成品、半成品生产区和成品包装生产区等。

绿色食品企业所用的工程管线，主要有生产和生活用的上下水管道、热力管道、煤气管道及生产用的动力管道、物料管道和冷冻管道等；另外还有动力、照明、电话、广播等各种电线、电缆。在进行总平面布置时需要综合考虑。要求管线之间、管线与建筑物、构筑物之间尽量相互协调，方便施工，安全生产，便于检修。

厂区应注意绿化，绿化不但能减弱生产中散发出的有害气体和噪声，减少厂区内露土面积，而且能净化空气，减少太阳辐射热，防风保温。但绿色食品工厂生产区不宜种花，以免花粉影响食品质量。

（2）绿色食品生产车间布置设计

绿色食品生产车间布置设计是以工艺为主导，并在土建、设备、安装、电力、暖风、外管等专业密切配合下完成的。绿色食品生产车间布置设计原则如下：

①符合生产工艺的要求　按流程的流向顺序依次进行设备的排列，以保持物料顺畅地向前输送，按顺序进行加工处理，保证水平方向和垂直方向的连续性，不使物料和产品有交叉和往复的运动。

②符合生产操作的要求　设备布置应考虑为操作工人管理多台设备或多种设备创造条件。凡属相同的几套设备或同类型的设备或操作性质相似的有关设备，应尽可能集中布置，彼此靠近，以便统一管理，集中操作，方便维修及部件的互换。车间内要留有堆放原料、成品及排出物和包装材料的空地（能堆放一批或一天的量）以及必要的运输通道。

③应符合设备安装、检修的要求。

④应符合厂房建筑的要求。

⑤应符合节约建设投资的要求。

⑥应符合安全、卫生和防腐蚀的要求　车间卫生是生产的首要环节，在生产车间布置设计时，必须考虑到车间卫生条件，车间的流水沟与生产线的方向相反，要为工人操作创造良好的安全卫生条件，设备布置时尽可能做到工人背光操作，高大设备避免靠窗布置，以免影响采光。

（3）绿色食品工厂车间卫生要求

绿色食品工厂卫生要求一般包括如下几个方面：

①生产车间不准设在地下室内，因为越接近地面的空气所含的尘埃和微生物越多，且地下室采光极差。

②车间结构应便于清洗消毒，能防蝇、防尘。

③保证车间内有良好的微气候，在南方炎热地区应避免夏季过热，充分利用自然通风，加强围护结构的隔热性能，加设阳台、走廊等遮阳设施。在北方寒冷地区应避免冬季过冷，争取得到更多的太阳照射时间，适当加大南窗面积，加强围护结构的防寒保温性能，尽量避免室外寒风的侵袭。

④进原料、出成品和燃料、废渣的出入口均应互相分开，避免交叉污染。

⑤车间必须有更衣、洗手消毒室等，且布局、设施合理。

⑥保证车间的通风换气。

⑦采光、光照合理。

⑧屋顶、墙、地面和建筑物材料符合卫生要求。墙面要光滑便于清洗，离地1~2m处用瓷砖、磨石子、磨光水泥等不渗水的材料铺贴筑成墙裙。墙内外均宜用浅色，有污点时易辨认，墙角、墙与地面的结合处成弧形以免积灰。

地面要光滑无裂纹，但不宜太光滑，以防滑倒；必须耐水、耐热、耐酸碱，以花岗岩加工成的板材用环氧胶泥勾缝最佳；地面要有一定的坡度（1∶100~1.5∶100），以利排水。冷饮、乳制品、酒类发酵车间等既要防止地面积水，又要在地表保持一个薄水层，以便防尘。地面还要有排水沟，排水沟必须与厕所通向室外下水道系统的阴沟线分开，在室外某点会合连接之处应采取措施，防止厕所污水回流入车间。屋顶与墙的接合处应为弧形，能防尘、防水、防鼠、防昆虫隐藏。

对于生产设备不是全封闭的生产车间，车间顶部不应有管道通过，特别是在烧煮食品的开口容器的上方，因管道漏水或冷凝水可能漏入制品中，也可因油漆脱落或金属腐蚀而污染食品。

生产车间所用的建筑物材料、涂料和装饰材料都要求采用绿色环保材料，绝不能有放射性材料和有毒的化学材料。

⑨有防鼠设施　门窗结构要紧密，缝隙不能大于 1cm，所有出入口包括排水沟出入口、下水道出入口都应安装上洞口小于 1cm 的金属网防鼠；地基须深入地下 0.5~0.8m，地面上 60cm 之下部分均应该用坚固的鼠类不能侵入的材料(砖、石等)砌成；墙身光滑，墙角做成弧形，可防止老鼠上屋顶后在局部活动。

(4)生产人员的卫生要求

从事绿色食品加工、检验及有关人员，应严格遵守卫生制度，定期进行健康检查，发现有开放性或活动性肺结核、传染肝炎、流行性感冒、肠道传染病或带菌者、化脓性或渗出性皮肤病、疥疮及其他传染性疾病者，均不得直接参加食品生产操作。食品生产车间的操作人员，必须穿戴白色工作服和帽子，进车间前必须洗手，严禁在车间吸烟、吃东西。注意个人卫生，培养良好的卫生习惯。

4.3.2.2　绿色食品加工设备要求

加工设备应保证实施工艺过程安全可靠。不同的食品加工工艺，加工设备区别较大，所以对机械设备材料的构成不能一概而论。一般来讲，不锈钢、尼龙、玻璃、食品加工专用塑料等材料制造的设备都可用于绿色食品加工。

食品工业中利用金属制造食品加工设备的较多，铁、不锈钢、铜等金属可以应用于加工设备的制造。铜、铁制品毒性极小，但易被酸、碱、盐等食品腐蚀，且易生锈。不锈钢器具也有铅、铬、镍等向食品中溶出的问题，故应注意合理使用钢铁制品，并遵照执行不锈钢食具食品卫生标准与管理办法。

在加工过程中，使用表面镀锡的铁管、挂釉陶瓷器皿、搪瓷器皿、镀锡铜锅及焊锡焊接的薄铁皮盘等，都可能导致食品含铅量大大增高。特别是在接触 pH 值较低的原料或添加剂时，铅更容易溶出。铅主要损害人神经系统、造血器官和肾脏，可造成急性腹痛和瘫痪，严重者甚至休克、死亡。镉和砷主要来自电镀制品，砷在陶瓷制品中有一定含量，在酸性条件下易溶出。因此，在选择设备时，首先应考虑选用不锈钢材质的。在一些常温常压、pH 值中性条件下使用的器皿、管道、阀门等，可采用玻璃、铝制品、聚乙烯或其他无毒的塑料制品代替。但食盐对铝制品有强烈的腐蚀作用，应特别注意。

加工设备还应操作、清洗方便，耐用、易维修，备品配件供应可靠。加工设备的轴承、枢纽部分所用润滑油部位应全封闭，并尽可能用食用油润滑。机械设备上的润滑剂严禁使用多氯联苯。

食品机械设备布局应合理，符合工艺流程，便于操作，防止交叉污染。设备管道应设有观察口并便于拆卸修理，管道转弯处呈弧形以利冲洗消毒。生产绿色食品的设备应尽量专用，不能专用的应在批量加工绿色食品后再加工常见食品，加工后对设备进行必要的清洗。

4.3.2.3　绿色食品加工工艺

对加工类食品来讲，食品质量的安全性不仅仅是种植业限用化肥、农药等化学合成物质，养殖业严格控制饲料添加剂、兽药、渔用药，食品加工时注意添加剂使用方法即可解决问题。随着食品工业的快速发展，新工艺、新技术、新原料、新产品的采用，加工中造成食品二次污染的机会也越来越多。所以，绿色食品加工应尽量选择对食品的营养价值破坏小、避免二次污染机会的先进生产工艺。

本书下面的章节中将具体介绍生产米、面制品、食用油、乳制品和饮料等常用的加工工艺和加工过程，以及不同工艺中须注意的绿色食品生产原则。在这里，我们简要介绍几种常用或比较先进的食品加工工艺，用以体现绿色食品生产的原则和加工中须控制的要点。

（1）速冻技术

冷冻技术是将物料冷却、冻结、冷藏、解冻的全过程的技术；速冻技术是采用低温、快速冻结物料的一种技术。这种技术能最大限度地保持食品原有色、香、味及食品外观、质地和营养价值，是目前世界上普遍采用的方法。

食品冷冻过程可分为3个阶段：第一阶段是食品从初温冷却到食品的冰点以上，即冷却阶段，食品放出的热量是显热，温度迅速下降；第二阶段是最大冰结晶形成阶段，温度区间一般为$-5\sim-1$℃，这一阶段大约有80%的水分变成冰，这种大量形成冰结晶的温度范围，称为冰结晶最大生成带，本阶段食品放出的热量主要是潜热，所以，食品的温度下降不多；第三阶段继续降温至冻结贮藏温度，这一阶段食品中的水分已大部分形成冰结晶，放出的热量主要是显热和少量潜热，降温速度比冰结晶最大生成带快，但是，到冻结后期，由于食品的温度和冷冻介质的温度差值越来越小，降温也逐渐减慢。

食品中的水分变成冰后，体积要增大9%，因此，有的产品经冷冻后膨起或裂开，同时伴随着压力的升高。另外，溶解在食品水溶液中的少量气体，在冻结后游离出来，体积增大数百倍，也会对食品内部产生很大压力。因此，在果蔬内部产生冰结晶后，组织的细胞之间的结合面被拉开，由于冻结膨胀在细胞内产生应力，破坏细胞的组织结构，这就是机械损伤的理论。根据这一理论，若快速冻结，在细胞内外形成细小且分布均匀的冰结晶，这样，就会减弱机械损伤的作用。相反，若缓慢冻结，则大部分在细胞外形成大的冰结晶，对细胞的机械损伤作用就更强。

食品冻结后，冰对食品的损伤，还有脱水损伤的理论之说。即在冻结时先是纯水冻结，而剩余的水溶液被浓缩，溶液的pH值改变、盐类的浓度增加，使胶质状态成为不稳定状态。如果这种状态继续延长的话，就会使细胞中的蛋白质产生冻结变性、糊化淀粉出现凝固，使食品解冻的水分不能充分地被细胞吸收，则形成大量汁液而流失。如果快速冻结，细胞内的水分通过细胞壁向外扩散的速度减慢，水溶液浓缩的程度较差，细胞内脱水造成的损伤就较弱。

上述理论说明快速冻结对水果、蔬菜的质量保持较好。例如，用液氮冻结的甜椒与新鲜的相比，烹调后的菜肴两者几乎无差别。相反，缓慢冻结的甜椒，口感发皮，并具有冻菜味。

果蔬的品种不同，对冷冻的承受能力也有差别。一般含水分和纤维多的品种，对冷冻的适应能力差，而含水分少、淀粉多的品种，对冷冻的适应能力强。如豆类、甜玉米、土豆等含淀粉多的蔬菜用普通的送风式冻结也不会对产品质量带来特别大的影响，而龙须菜、西红柿、竹笋之类的蔬菜用液氮或干冰速冻则可获得优质的产品。

影响冻结产品质量的因素很多，冻结速度仅是其中之一，不能过于单纯强调快速冻结。另外，食品的种类不同，快速冻结的效果也不一样。有些食品冻结速度的快慢，并不会使产品的质量产生太大的差别，如牛肉、猪肉用不同的冻结速度对产品质量就没有大的影响，原因是牛肉、猪肉的细胞膜是由肌纤维构成，具有一定的弹性和韧性，而果蔬的细胞膜和细胞壁是由纤维素组成，纤维素没有肌纤维坚固。当产品冻结以后，肌纤维耐受冰结晶的膨胀压较强，而纤维素却较弱。

不同种类的食品可用不同的速冻方法和速冻装置来达到保质的最佳效果。流态化速冻装置也称流化床速冻装置或悬浮式速冻装置，是利用从网孔传送带下方自下向上送入高速冷风将小颗粒的食品吹起，使食品呈悬浮态，形成单体速冻，这种速冻装置适于速冻青豌豆、菜豆、毛豆、胡萝卜丁、土豆条、虾类等，一般在 10min 内可使食品中心温度达到 -15℃以下。螺旋带式速冻装置采用一个或两个滚筒，外围绕有向一个方向转动的不锈钢传送带，可绕 10~20 圈，在滚筒带动下，沿周围运行，速冻食品放在传送带上，传送带由下部进去上部出来；冷空气由上部往下吹，使冷空气与冻结食品呈逆式对流换热，速冻室内温度为 -35℃，空气流速 5m/s，送风量 10m³/s，食品厚 75mm 时，30min 内可达到 -15℃。这种速冻装置占地少，适于在船上作业，广泛用于虾、鱼片、鱼丸和饺子等食品。平板速冻装置的工作原理是将平板用于制冷剂蒸发冷却，把食品放在各层平板中间，用液压系统使平板与食品紧密接触，而使食品冻结，其传热速度快，冻结时间短，占地少，多放于船上或车间内，用于速冻鱼、虾、肉饼等。液氮速冻装置则需将要速冻产品置于传送带上，首先进入预冷区，与汽化的低温氮气接触后被冷却，这个区域温度为 -10~-5℃，然后产品进入速冻区，与喷淋的液氮接触，食品很快被冻结，这个区域温度为 -196℃，最后产品进入均温区，由于速冻区温度很低，食品瞬时即被冻结，而食品内部的温度比表面的温度还高，因此，食品在这个区域继续速冻，温度为 -60~-30℃，液氮速冻装置的优点是冻结速度快，生产效率高，比平板速冻装置快 5~6 倍，一般在几分钟之内食品中心温度可达到 -15℃以下，速冻产品质量好，无污染，速冻产品干耗小。该装置具有设备简单，占地面积小，投资少等优点，被经济发达国家广泛采用。

将速冻产品放入低温冷藏库中贮藏，简称为冻藏。一般冻藏的温度越低，速冻食品质量保持越好，冻藏期越长。但是，冻藏温度越低，产品成本就越高，因此，一般低温冷藏库的温度为 -18℃，近年来人们对速冻食品的质量要求越来越高，因此冻藏温度逐渐降低，如水产品为 -30~-25℃。冻藏温度与冻结速度对食品质量的影响同等重要，甚至更大。速冻食品在冻藏中，温度波动范围一般控制在 ±2℃或 ±1℃。

较高的冻藏湿度可减少速冻食品的干耗，冻藏房中相对湿度越大越好，一般相对湿度维持在 95%~98%。低温冷藏房内的空气流动一般依靠自然对流，其速度为 0.05~0.15m/s。自然对流的优点是速冻食品干耗小，缺点是空气流动性差，温度、湿度分布不均匀，对带包装的速冻食品，可以采用微风速循环，风速为 0.2~0.3m/s。

（2）浓缩技术

①冷冻浓缩 食品冷冻浓缩一般是对果汁、蔬菜汁进行浓缩。由于是在低温下进行浓缩，可以最大限度地保持食品中的营养成分和风味，是比较符合绿色食品要求的生产方法。

冷冻浓缩首先要对食品进行冷冻，冷冻的速度快慢直接影响冰结晶和溶质的分离效果。一般缓慢冻结，形成的冰晶比较大，容易使冰晶和溶质分离；快速冻结，由于冰结晶颗粒小，不仅溶质分离困难，而且溶质损失也较多。实际冷冻过程中，即使缓慢冻结，大小冰结晶有共存的场合，由于大的冰结晶和小的冰结晶饱和蒸气压不同，小的冰结晶向大的冰结晶靠拢，使冰晶逐渐增大。利用这一现象，可使冰晶有一个成长过程，将冰从溶液中分离出去。

冷冻浓缩第二步是将冰结晶分离，冰结晶从浓缩液中分离的方法有离心分离法、压榨分离法和过滤分离法。离心分离法是一种常用的方法，由于浓缩液的表面张力，一部分溶质会附着、残留在冰晶表面上，为此，在离心分离装置内部，向冰结晶喷冷水或低浓度溶液，可以将冰结晶表面附着的果汁回收。离心法适于分离黏度较高的液状食品。

压榨式分离法首先要将浓缩液进行缓慢冻结，然后用压榨机将冻结的浓缩液压成冰块，由于溶质的冰点低，未冻结，于是溶质从冰块中压出。压榨有两个作用：一是利用加压使溶质从冰结晶的间隙中压出；二是靠加压机做功形成热量，将一部分冰结晶融化，用该溶解液将附着于冰结晶之间的溶质成分洗净压出。

过滤分离法也是将冻结的浓缩液冰块加压，但用过滤器使浓缩液和冰结晶分离。由于这种分离方法是在密闭系统中进行分离，因此，不会产生芳香成分的损失。

②真空浓缩 食品的真空浓缩是将被浓缩溶液放入真空罐中，然后用真空泵等使真空罐处于减压状态，并对真空罐加热，由于压力降低，溶液的沸点也随之降低，水分则大量蒸发，进而达到浓缩的目的。

真空浓缩广泛应用于果汁、果酱、糖类和甘油等溶液的浓缩，如番茄酱。真空浓缩与常压浓缩相比，能最大限度地保持食品的色泽、风味和营养价值。

（3）干燥技术

①冷冻干燥 是在减压条件下使物料中的水分从冰直接升华为水蒸气的一种干燥方法，又称真空冷冻干燥或升华干燥。冷冻干燥的过程一般分为 3 个阶段。第一阶段为预冻结阶段，将物料预先进行冻结（物料中水分冻结成冰）。第二阶段为升华干燥阶段，是将冻结后的物料置于密闭的真空容器中加热，使其冰晶升华成水蒸气而使物料脱水干燥，升华干燥是物料从外表面的冰开始升华，逐渐向内移动，冰晶升华后残留下的空隙变成升华水蒸气的逸出通道，已干燥层和冻结部分的分界面称为升华界面，在食品冷冻干燥中，升华界面一般以 1~3mm/h 的速度向里推进。当物料中的冰晶全部升华时，这一阶段干燥结束，此阶段约除去全部水分的 90% 左右。解吸干燥是第三阶段，这一阶段的干燥是物料中的水分蒸发，而不是冰升华，这是因为干燥物质的毛细管壁和极性基团上还吸附有一部分未被冻结的水分，属结合水，其能量高，必须提供足够的能量，才能使其从吸附中解脱出来，因此，此阶段产品温度在允许条件下应尽量提高。同时，为了使解析出的水蒸气有足够的

推动力逸出已干物料，必须使产品内外形成最大的压差，即高真空。该阶段的时间一般为总干燥时间的 1/3，此阶段结束后，干燥制品的含水量为 0.5%~4%。

食品冷冻干燥是在低温、低压下进行，干燥物料的温度低，因此和加热干燥相比有许多优点。在物理方面，冷冻干燥食品不干缩、不变形、表面无硬化，内部结构为多孔状，复水性好，可达到速溶；在化学方面，可以最大限度保持食品的营养成分、风味和色泽。但是，冷冻干燥设备较贵、干燥时间较长、生产成本高，一般只适于人参、咖啡、蘑菇等价格高的食品的干燥。

②喷雾干燥　是将物料液通过雾化器的作用，喷洒成极细的雾状液滴，并依靠干燥介质(热空气等)与雾滴均匀混合，进行热交换和物质交换，使水分汽化的过程。喷雾干燥的物化方法一般有压力喷雾法、离心喷雾法和气流喷雾法等。

压力喷雾干燥是采用高压泵将物料通过雾化器，使之克服表面张力而雾化成微粒，在干燥室内与热空气接触在瞬间获得干燥，可制作乳粉、南瓜粉等产品；离心喷雾干燥是利用高速旋转离心盘，使液体受离心力作用而分散成雾滴，同时与热空气接触达到瞬间干燥的目的；气流喷雾是利用高速气流对液膜的摩擦分裂作用而把液体雾化。

喷雾干燥具有干燥速度快、干燥温度低、操作方便等特点，干燥的产品具有良好的分散性、溶解性和疏松性，其色、香、味及各种营养成分的损失都很小，适宜连续化、自动化加工，广泛应用于乳粉、蛋粉、果蔬制品、固体饮料和酵母粉等产品的加工。

(4) 超临界 CO_2 萃取技术

超临界 CO_2 萃取原理：气体在达到它的临界温度和临界压力后，表现出具有液体性质的状态(超临界流体)，这时它具有与液体相似的密度、与气体相似的扩散性和黏度，因而具有较大的溶解能力和较高的传递特性。将超临界流体的温度升高或压力降低后，它恢复气体状态，与被溶解的物质分离。超临界流体萃取技术就是利用超临界气体具有的优良溶解性以及这种溶解性随温度和压力变化而变化的原理，通过调整气体密度，提取不同物质。

超临界 CO_2 萃取技术具有操作温度接近室温，对有机物选择性较好，溶解能力强，无毒、无残留，产品易于分离等优点，特别适合于天然产物的分离精制，如脱咖啡因、沙棘油的萃取、啤酒花萃取、芦荟中有效成分的萃取等。

(5) 膜分离技术

膜分离技术是一种用天然或人工合成的高分子薄膜，以外界能量或化学位差为推动力，对双组分或多组分的混合物进行分离、分级、提纯和浓缩的方法。该技术有两个典型的特点：一是分离过程为纯物理过程，被分离组分既不会有热学性质的变化，也不会产生化学和生物性质的改变；二是膜分离工艺是以组件形式构成的，因此不同的组件可以适应不同的生产能力的需要，与传统的分离(如蒸发、萃取或离子交换)操作相比，具有能耗低、化学品消耗少、操作方便、不产生二次污染的特点。

如果用膜把一个容器分隔成两部分，一侧是水溶液，另一侧是纯水，或者膜的两侧为浓度不相同的溶液，通常把小分子溶质透过膜向纯水侧或稀溶液侧移动、水分透过膜向溶液侧或浓溶液侧移动的分离过程称为渗析(或透析)。如果仅溶液中的水分(溶剂)透过膜向纯水侧或浓溶液侧移动，溶质不透过膜移动，这种分离称为渗透。膜分离是基于膜孔尺寸的不同，当膜两侧存在某种推动力（如压力、电位差）时，原料一侧组分选择性的透过膜，达到分离、提纯目的，其方法主要有反渗透、超滤和电渗析 3 种。

①反渗透　是利用反渗透膜只能透过溶剂（通常是水）的性质，对溶液施加压力以克服溶液的渗透压，将溶剂通过反渗透膜而从溶液中分离出来的过程。反渗透的最大特点是能截留绝大部分和溶剂分子同一数量级的溶质，而获得相当纯净的溶剂。

②超滤　应用孔径为 1.0~20.0nm（或更大）的超滤膜来过滤含有大分子或微细粒子的溶液，使大分子或微细粒子从溶液中分离的过程称为超滤。与反渗透类似，超滤的推动力也是压差，在溶液侧加压，使溶剂透过膜而分离。与反渗透不同的是，在超滤过程中，小分子溶质将随同溶剂一起透过超滤膜。超滤膜是一种非对称膜，其表面活性层有孔径 $(0.1~2)×10^{-8}nm$ 的微孔，能截留相对分子质量为 500 以上的大分子和胶体微粒，所用压差为 0.1-0.5MPa，其截留机理主要是筛分作用，决定截留效果的主要是膜的表面活性层上孔的大小和形状。

③电渗析　是在外电场的作用下，利用一种特殊膜（称为离子交换膜）具有对离子不同的选择性而使溶液中的阴阳离子与溶剂分离的方法。

在乳品工业中，反渗透、超滤技术主要应用于乳清蛋白的回收、脱盐和牛乳的浓缩。在饮料工业中，反渗透主要应用于原果汁的预浓缩，其优点是能较好地保留原果汁中的芳香物质及维生素，而普通的蒸发法浓缩则几乎将其全部破坏和丢失。超滤主要用于果汁的澄清，其特点是操作简便，果汁澄清度高，澄清速度快，且超滤后果汁中的细菌、霉菌、酵母和果胶被去除，产品的保质期较长。在豆制品工业中膜分离主要应用于从废液中回收蛋白质，废液包括生产豆腐、豆酱等大豆的预煮液、制取大豆蛋白质的大豆乳清废液等，如果不合理处理这些废液，既会造成浪费，又会污染环境。在油脂工业中超滤分离技术的应用能大大简化含油废水的处理工艺，有用物质的回收率高，净化后的水可循环使用。

4.3.2.4　绿色食品包装要求

绿色食品加工产品的包装材料、容器选用应符合《绿色食品包装通用准则》NY/T 658—2015 要求，充分考虑各种包装材料的化学特性，并经过对包装材料污染物的测试结果最终确定选用的材料品种。绿色食品加工产品的包装要有良好的密封性，防止外界的污染物质进入，也防止空气进入，以免加快食品的氧化变质和好氧菌的生长繁殖。容器内可以充氮或抽真空，抑制食品中微生物生长和化学成分氧化。对光线敏感的食品（如婴幼儿乳粉）应使用不透光的金属罐或膜包装。

绿色食品包装的体积和质量应限制在最低水平，包装实行减量化，即在保证盛装保护运输贮藏和销售的功能前提下，包装首先考虑的因素是尽量减少材料使用的总量。在技术条件许可与商品有关规定一致的情况下，应选择可重复使用的包装；若不能重复使用，包装材料应可回收利用；若不能回收利用，则包装废弃物应可降解。

（1）塑料包装

塑料包装材料的污染来源包括表面静电吸附的尘埃、塑料的有毒残留物（如单体、低聚物和老化产物等）和添加剂（包括增塑剂、抗氧化剂、热稳定剂、抗静电剂、填充改良剂、润滑剂、着色剂等）。绿色食品选用塑料制品包装材料所用添加剂应选极难从塑料中析出的品种。在包装内装物完好无损的前提下，应尽量采用单一材质的材料。

食品常用的塑料包装制品有聚乙烯、聚丙烯和聚苯乙烯等。聚乙烯是乙烯的聚合物，分为低密度的高压聚乙烯和高密度的低压聚乙烯两种，可制成薄膜和食具，常用的塑料瓶可由两种聚乙烯混合制成。聚乙烯是一种无毒材料，但聚乙烯塑料中的乙烯单体残留物有低毒，须注意降低其含量。

聚丙烯是丙烯的聚合物，其中丙烯单体残留极少，其安全性比聚乙烯塑料更高。但聚丙烯塑料容器易老化，需加入抗氧化剂和紫外线吸收剂等添加剂。

聚苯乙烯是苯乙烯的聚合物，无毒，不易长霉，卫生安全性好。聚苯乙烯塑料中的苯乙烯单体以及乙苯、异丙苯、甲苯等挥发物质均为低毒。

以上 3 种塑料是绿色食品包装的常用材料，安全性较高。使用时应选用无色素和非再生的生产工艺优良的材料，且其中单体残留量应处于较低的水平(美国 FDA 规定小于 1%，欧洲规定小于 0.5%)。

如果使用聚氯乙烯制品、聚苯乙烯树脂或成型品必须符合国家相关标准要求。绿色食品禁用含氟氯烃的发泡聚苯乙烯、聚氨酯等产品。

(2)纸类包装

纸类是常见的包装材料。造纸的原料主要是各种纸浆，如木浆、棉浆和草浆等，加入化学辅助原料，如硫酸铝、纯碱、亚硫酸钠等。纯净的纸是无毒的，但食品包装用纸安全性可能存在以下影响因素：纸的原料有污染物，影响接触的食品；经荧光增白剂处理的包装纸中有荧光化学物质；包装纸涂蜡层中具有多环芳烃；纸面印刷油墨和颜料中含有各种有机物；纸面长霉，污染接触食品等。

因此，绿色食品在使用纸质包装时，纸表面不允许涂蜡、上油；不允许涂塑料等防潮材料；纸箱连接应采取黏合方式，不允许扁丝钉钉合；纸箱上标记必须是水溶性油墨，不允许用油性油墨。

(3)金属包装

绿色食品包装用金属主要有铁、铝等，制成的包装容器主要有易拉罐、铝箔袋。铝箔包装固体食品为宜，不易受到铝的污染，而且铝箔应表面光滑。金属类包装禁止使用对人体和环境造成危害的密封材料和内涂料。

(4)玻璃包装

无色玻璃主要由碱金属、碱土金属的硅酸盐和铝硅酸盐组成，是一种化学性质稳定，安全性良好的惰性材料。避光食品应选用合适的着色剂，良好的加工工艺，并经金属离子溶出试验证明为合格的有色玻璃瓶。

(5)陶瓷包装

陶瓷由黏土矿物的陶土表面涂上陶釉烧制而成，釉的化学成分与玻璃相似，陶瓷容器主要装酱菜和其他传统风味食品。陶瓷是一种安全的包装材料，能回收反复使用。但是，陶瓷容器不能盛装醋、果汁等酸性食品，以免溶出陶釉中含有的铅盐。

4.3.3　绿色食品加工中食品添加剂的使用原则

食品添加剂的使用是绿色食品加工过程中需特别关注的环节。

4.3.3.1 食品添加剂及其作用

(1)食品添加剂的作用

为改善食品的品质和色、香、味、形、营养价值以及为贮藏和加工的需要而加入食品中的天然物质或化学合成物质称为食品添加剂。天然物质系指以物理方法从天然物中分离出来的或由人工合成的，其化学结构、性质与天然物质相同，经毒理学评价确认其食用安全的物质；化学合成物质系指由人工合成，其化学结构、性质与天然物质并不相同，经毒理学评价确认其食用安全的物质。

食品添加剂在食品工业中占有极为重要的位置，没有现代的食品添加剂工业，也就没有现代化的食品工业。食品添加剂可起到改善加工食品的色、香、味、形等感官质量和内在质量；防止加工食品腐败、变质，延长其保质期；改善食品的加工条件；强化食品的营养成分等作用。

例如，提高食品质量方面，在食品加工中，有的食品中的营养成分比较单一，缺少人体所需要的营养物质，经过添加营养强化剂以后，营养素就比较全面，如在面制品中添加赖氨酸和维生素等，其营养价值会大大提高。为满足一些特殊人群的需要，也可以添加适当的添加剂，改善食品成分和质量，如为满足糖尿病人的需要，在食品中添加天门冬酰苯丙氨酸酯和甜菊糖等甜味剂替代蔗糖。

在减少食品的损失方面，因在贮藏过程中，食品的质量会逐步下降，如果添加适量的防腐剂和抗氧化剂，会减缓质量的下降速度，如粮食、果蔬在贮藏中，添加一定量的防腐剂、抗氧化剂，其损失可大大降低。

还有有利于食品加工方面，如在制糖工业中添加乳化剂，可消除糖缸中的泡沫，提高过饱和溶液的稳定性，降低糖膏黏性，进而缩短煮炼、结晶时间，提高产品的产量和质量。

另外，食品添加剂的使用还可以提高经济效益。食品添加剂使用量很小，有些费用也不高，但对保证、提高食品的质量起到很大作用，为企业提高了经济效益。如富硒大米、富硒鸡蛋等，其售价比普通食品高10%~30%，富硒食品还能为缺硒地区人民的补硒产生一定的社会效益。

(2)我国食品添加剂概况

根据《食品添加剂使用卫生标准》(GB 2760—2014)，我国的食品添加剂可分为23类，即酸度调节剂、抗结剂、消泡剂、抗氧化剂、漂白剂、膨松剂、胶姆糖基础剂、着色剂、护色剂、乳化剂、酶制剂、增味剂、面粉处理剂、被膜剂、水分保持剂、营养强化剂、防腐剂、稳定和凝固剂、甜味剂、增稠剂、其他、香料、加工助剂等。

GB 2760—2014 中对每种食品添加剂均规定了其使用范围(不可超范围使用)，并规定了最大使用量。自1997年起，国家还每年发布对增补品种的要求，包括新增添加剂品种和扩大使用范围品种。《食品营养强化剂使用卫生标准》(GB 14880—2012)列出了氨基酸及含氮化合物、维生素类和矿物质类营养强化剂的品种、使用范围、每千克使用量以及实施细则。GB 2760—2014 和 GB 14880—2012 两个国家标准是绿色食品加工中食品添加剂使用的基础要求。

4.3.3.2 食品添加剂的安全性评价

国际上通过一整套科学的毒理学试验来评价食品添加剂的安全性，常用的评价指标是日许量(ADI)，即每日允许摄入量(acceptable daily intakes)的简称，它定义为人体终生摄入食品添加剂而无显著健康危害的每日允许摄入估计值，其单位是毫克每千克（mg/kg），这是一个估计值，并没有考虑性别、年龄、抵抗力差异等因素。确定该估计值的方法是对大鼠或小鼠近乎一生的长期毒理试验得到的最大无作用量(MNL)，乘以 $1/100 \sim 1/500$ 的安全率换算到人体，计算出 ADI 值。由某种食品添加剂的 ADI 值计算其在食品中的最大使用量时，只需以一般体重为 70kg 的人，每日对该食品的最大摄入量进行计算即可。

半数致死量(LD_{50})也是判断食品添加剂安全性的指标，它是以大鼠经口摄入达半数大鼠致死的急性剂量，由大鼠 LD_{50} 值乘以一定系数(随毒性大小而异)推断人的致病量，但 LD_{50} 仅代表急性毒理试验，并不能说明亚急性、慢性毒理、瘾性、过敏性以及致畸、致癌、致突变的情况，因此应用价值低于 ADI 值。

公认安全(generally recognized as safe，简称 GRAS)是美国推出的一种食品安全性评价方法。美国食品药品管理局(FDA)规定符合以下一种或数种条件的食品添加剂为公认安全：

①在天然食品中存在。

②常量摄入后在人体内极易代谢。

③化学结构与某已知安全的物质非常近似。

④在广大范围(即若干国家)内已长期(30 年以上)安全食用。

⑤同时具备下列条件：在某国家已使用 10 年以上；任一食品中的平均最高含量不超过 10mg/kg；在美国的年消费量低于 454kg；从化学结构、成分分析或实际应用中均证明没有安全性问题。

GRAS 评价方法从实践和经验出发简化了食品添加剂的安全性评价。

4.3.3.3 绿色食品加工中食品添加剂使用原则

根据《绿色食品食品添加剂使用准则》(NY/T 392—2013)，绿色食品食品添加剂使用原则如下：

(1)食品添加剂使用时应符合以下基本要求

①不应对人体产生任何健康危害；

②不应掩盖食品腐败变质；

③不应掩盖食品本身或加工过程中的质量缺陷或以掺杂、掺假、伪造为目的而使用食品添加剂；

④不应降低食品本身的营养价值；

⑤在达到预期的效果下尽可能降低在食品中的使用量；

⑥不采用基因工程获得的产物。

(2)在下列情况下可使用食品添加剂

①保持或提高食品本身的营养价值；

②作为某些特殊膳食用食品的必要配料或成分；

③提高食品的质量和稳定性，改进其感官特性；

④便于食品的生产、加工、包装、运输或贮藏。

（3）所用食品添加剂的产品质量应符合相应的国家标准

（4）在下列情况下，食品添加剂可通过食品配料（含食品添加剂）带入食品中

①根据本标准，食品配料中允许使用该食品添加剂；

②食品中该添加剂的用量不应超过允许的最大使用量；

③在正常生产工艺条件下使用这些配料，并且食品中该添加剂的含量不应超过由配料带入的水平；

④配料带入食品中的该添加剂的含量应明显低于直接将其添加到该食品中通常所需要的水平。

（5）分类系统应符合 GB 2760—2014 的规定。

4.3.3.4 食品添加剂使用规定

①生产 AA 级绿色食品应使用天然食品添加剂。

②生产 A 级绿色食品可使用天然食品添加剂。在这类食品添加剂不能满足生产需要的情况下，可使用表 4-7 以外的化学合成食品添加剂。使用的食品添加剂应符合 GB 2760—2014规定的品种及其适用食品名称、最大使用量和备注。

③同一功能食品添加剂（相同色泽着色剂、甜味剂、防腐剂或抗氧化剂）混合使用时，各自用量占其最大使用量的比例之和不应超过 1。

④复配食品添加剂的使用应符合 GB 26687—2011 规定。

⑤在任何情况下，绿色食品不应使用下列食品添加剂（表4-7）。

表4-7　生产绿色食品不应使用的食品添加剂

食品添加剂功能类别	食品添加剂名称（中国编码系统 CNS 号）
酸度调节剂	富马酸一钠（01.311）
抗结剂	亚铁氰化钾（02.001）、亚铁氰化钠（02.008）
抗氧化剂	硫代二丙酸二月桂酯（04.012）、4-己基间苯二酚（04.013）
漂白剂	硫磺（05.007）
膨松剂	硫酸铝钾（钾明矾）（06.004）、硫酸铝铵（铵明矾）（06.005）
着色剂	新红及其铝色淀（08.004）、二氧化钛（08.011）、赤藓红及其铝色淀（08.003）、焦糖色（亚硫酸铵法）（08.109）、焦糖色（加氨生产）（08.110）
护色剂	硝酸钠（09.001）、亚硝酸钠（09.002）、硝酸钾（09.003）、亚硝酸钾（09.004）
乳化剂	山梨醇酐单月桂酸酯（司盘 20）（10.024）、山梨醇酐单棕榈酸酯（司盘 40）（10.008）、山梨醇酐单油酸酯（司盘 80）（10.005）、聚氧乙烯山梨醇酐单月桂酸酯（吐温 20）（10.025）、聚氧乙烯山梨醇酐单棕榈酸酯（吐温 40）（10.026）、聚氧乙烯山梨醇酐单油酸酯（吐温 80）（10.016）

（续）

食品添加剂功能类别	食品添加剂名称（中国编码系统 CNS 号）
防腐剂	苯甲酸（17.001）、苯甲酸钠（17.002）、乙氧基喹（17.010）、仲丁胺（17.011）、桂醛（17.012）、噻苯咪唑（17.018）、乙奈酚（17.021）、联苯醚（二苯醚）（17.022）、2-苯基苯酚钠盐（17.023）、4-苯基苯酚（17.024）、2,4-二氯苯氧乙酸（17.027）
甜味剂	糖精钠（19.001）、环己基氨基磺酸钠（甜蜜素）及环己基氨基磺酸钙（19.002）、L-α-天冬氨酰-N-（2,2,4,4-四甲基-3-硫化三亚甲基）-D-丙氨酰胺（阿力甜）（19.013）
增稠剂	海萝胶（20.040）
胶基糖果中基础剂物质	胶基糖果中基础剂物质

注：对多功能的食品添加剂，表中的功能类别为其主要功能。

4.3.4 具体案例：绿色食品藕粉的加工操作规程

4.3.4.1 厂区及职工要求

（1）厂区环境要求

工厂应建在交通方便，水源充足、远离粉尘、烟雾、有害气体及污染源的地区。加工厂设计符合《食品安全法》的要求，具有卫生行政部门发放的卫生许可证。

厂区主要道路和进入厂区的道路路面应平坦、无积水，适于车辆通行。

厂区内应进行合理的绿化，保持环境整洁，并有良好的防洪、排水系统。

厂区厕所应远离生产间成品库，厕所应是水冲式，并设有洗手设施及卫生责任制。

垃圾应集中存放，远离生产间和成品库，定期清理出厂，并对垃圾存放处随时消毒。

厂区内禁止饲养家禽、家畜及其他动物，无虫鼠患。

（2）生产车间要求

车间出入口处应设有消毒设施。更衣室应与车间相连，宽敞整洁，配有足够的更衣柜和鞋柜。内墙和天花板应采用无毒、不易脱落的装饰材料；门窗应完整、紧密，并具有防蝇、防虫、防鼠功能。地面应平整、光洁。

（3）生产设备的要求

加工设备应按工艺流程合理布局。与水接触的加工设备、器具要由耐腐蚀材料制成。加工机械设备与被加工原料接触部位不允许有污染现象，所有器具应清洗干净后使用；新购设备要清除材料表面的防锈油。每日班前、班后应进行有效的清洗和消毒。计量器具须经计量部门检定合格，并具备有效的合格证件。

（4）职工要求

企业应对职工进行卫生教育，达不到卫生知识考核的不应上岗操作。

生产人员每年至少进行一次健康检查，必要时进行临时健康检查，对健康不合格者应调离；新进厂职工应体检合格后方可工作。

凡患有消化道传染病以及肝炎、活动性肺结核、化脓性或渗出性皮肤病以及其他有碍食品卫生的疾病人员，不得进入厂区。

生产人员进入车间应穿戴工作服、工作帽、工作鞋，并保持整洁，不得留长指甲和涂指甲油或在肌肤上涂化妆品。

生产人员上班前洗手，班中便后应洗手消毒；车间内禁止吸烟、随地吐痰、乱丢杂物、摆放与生产无关的杂物。

4.3.4.2 原料要求

（1）莲藕

原料来自于基地，要求外观新鲜、光洁、色泽正常、无霉烂变质、无病虫害斑点及机械损伤，组织脆嫩、形态完整、藕段整齐，具有莲藕天然的口味。

（2）加工用水

加工水源为自来水，水质符合《生活饮用水卫生标准》（GB 5749—2006）的要求。

4.3.4.3 加工操作

（1）去节清洗

用刀去除藕节、藕梢，用高压水枪冲洗，清洗干净，动作要迅速，不直接用水浸泡，以防止粉浆溶失。

（2）粉碎

把清洗干净的藕放进粉碎机，用粉碎机粉碎，进藕时，机口要不断加入少量清水。

（3）水洗

粉碎浆液通过振动筛过滤，一边过滤，一边不断加清水洗涤，藕浆与藕渣分离后，藕渣再重新粉碎一次，以提高利用率。

（4）分离、除沙、沉淀

将粉水通过离心机进行分离，去除上面清液、细藕渣和底层的泥沙，取出中间粉浆，再用清水稀释、搅拌、分离，如此反复分离2~3次。

（5）干燥

把分离后的藕浆放入干燥机，进行干燥。

（6）灭菌

用紫外灯光照射2~3h灭菌消毒。

4.3.4.4 产品检验

①有相应的检验人员和检验设备。

②对原料、半成品和成品进行检验。

③做好各项检验的原始记录，记录应填写规范、字迹清晰。

4.3.4.5 包装、标识

（1）包装

符合 NY/T 658—2015 的规定。内包装采用复合食品包装袋，卫生符合 GB 9683—1988 要求，外包装采用瓦楞纸箱。出厂产品应附有厂家检验部门签发的合格证，合格证应使用无毒材质制成。

（2）标识

销售包装标识应符合 GB 7718—2016 的规定。

4.3.4.6 贮藏、运输

①成品常温贮存在专用仓库内，不同加工批次成品应分别放置。

②运输工具要清洁、卫生、无污染。

③运输中要防雨淋、曝晒、灰尘，保证清洁卫生。

4.4 绿色食品贮藏保鲜技术

食品贮运是食品流通的重要过程，也是保证食品安全、无损坏、无污染，完好地到达消费者手中的重要环节。绿色食品在贮运过程中，要通过科学的管理，最大限度地保持食品的原有品质，防止二次污染，降低损耗，促进食品流通，满足人们对绿色食品的需求。

4.4.1 绿色食品的贮藏

4.4.1.1 贮藏管理

①专用仓库贮藏。贮藏仓库必须有相应的装卸、搬运等设施配套，防止产品在装卸、搬运过程中受到损坏和污染。

②食品在入库前应进行严格的检查，严禁受到污染和变质的产品与合格产品贮藏在一起。对标签、账号与货物不一致的产品要分开贮藏。绿色食品与非绿色食品、A 级绿色食品与 AA 级绿色食品也要分开贮藏。

③食品必须按照入库先后、生产日期、批号分别存放，禁止不同生产日期的产品混放。建立严格的仓库管理情况记录档案，详细记载进入、搬出食品的种类、数量和时间。

④食品入库堆放时，必须留出一定的墙距、柱距、货距和顶距，不允许直接放在地面上，保证贮藏食品之间有足够的通风。

⑤根据不同食品的贮藏要求，做好仓库温度、湿度的管理，采取通风、密封、吸潮、降温等措施，并经常检查食品温湿度、水分以及虫害、霉变发生情况。

⑥食品贮藏不能超过保质期，包装上应有明确的生产日期和贮藏日期。对超过保质期的要另行处理。

4.4.1.2 贮藏卫生

①贮藏仓库在存放绿色食品前要进行严格的清扫和灭菌，周围环境必须清洁和卫生，并远离污染源。

②管理和工作人员必须遵守卫生操作规定，所有的设备和用具在使用前均要进行灭菌处理。灭菌要采用紫外光、高温、辐射或其他物理和机械方法，禁止使用人工合成的化学物质以及有潜在危害的有毒物质消毒。

③严禁绿色食品与其他化学合成物质接触。

④贮藏工作人员必须按照生产加工绿色食品工作人员的卫生标准来严格要求。

4.4.1.3　贮藏技术

绿色食品贮藏方法应根据不同品种、类型、性质和产品的特殊要求选定。

(1)水果、蔬菜等新鲜食物一般采用低温贮藏或控制气体成分的贮藏方法

常用的方法有：

①埋藏或沟藏　利用气温和土温的变化特点和规律达到贮藏保鲜的目的。埋藏地应选择地势较高、地下水位较低的地方。挖沟的深度要根据当地冻土层的厚度而定，应在冻土层以下贮藏。将果实散于沟内，再用土或沙覆盖。或将物品装筐后放入沟内埋藏。

②窑窖贮藏　窑窖都是根据本地的自然地理条件修建的，它大都建在土层以下，利用变化缓慢的土温和简单的通风设备调节和控制温度。窑窖的种类很多，以棚窖最普遍，此外还有窑洞、井窖、土窖、通风贮藏窖等。

③通风库贮藏　通风库是利用良好的隔热保温材料和较好的通风设备建设的永久性贮藏库。通风库要选择地势高、干燥、地下水位低、通风良好、没有污染、交通方便的地方。通风贮藏原理是利用机械能通风设备，利用昼夜温差，将库外的低温空气导入室内，再将库内的热空气、二氧化碳、乙烯等不良气体排出库外。

④低温贮藏　低温贮藏采用0℃或高于冰点的较低温度贮藏。贮藏温度根据不同品种、贮藏时间长短来定。低温贮藏的冷源可分为自然冷源和人工冷源两类。自然冷源是利用自然界形成的低温，如冬季室外的低温环境、天然冰块和冰窖等；人工冷源是利用机械制冷，如冷藏库、冷藏车等。机械冷库是永久性建筑，库房用良好的隔热材料建成，库房内设置机械制冷设备，能根据贮藏产品的要求，严格控制贮藏温度。

(2)其他贮藏方法

其他绿色食品产品除了上述的冷藏库贮藏外，一般不宜用埋藏、窖藏方法。可选用其他贮藏方法。

①气调贮藏　是利用调节、控制环境气体成分的贮藏方法。基本原理是在适宜的低温下，改变贮藏库或包装中正常空气的组成，降低氧气含量，增加二氧化碳的含量，以减弱鲜活食品的呼吸强度，抑制微生物的生长繁殖条件，控制食品中化学成分的改变，从而达到延长贮藏期和提高贮藏效果的目的。气调贮藏除了用于果蔬的贮藏外，也可用于粮食、油料、肉类及肉制品、鱼类和鲜蛋等多种食品的贮藏。

②化学贮藏　是指在生产和贮藏过程中，添加某种对人体无害的化学物质，增强食品的贮藏性能和保持食品品质的方法。按化学贮藏剂的性质可分为防腐剂、杀菌剂、抗氧化剂3种。选用化学贮藏剂时，首先必须符合《绿色食品食品添加剂使用准则》。

③辐射贮藏　是指利用射线照射食品，能够杀虫、灭菌、抑制鲜活食品的生命活动，达到防霉、防腐、延长食品贮藏期和保持食品质量的贮藏方法。

我国在食品贮藏保鲜上还有许多传统的、现代的方法。不同产品的贮藏可根据其特点，按照绿色食品的贮藏原则和要求，选用合适的贮藏技术。

4.4.2　绿色食品的运输

绿色食品的运输除符合国家对食品运输的有关要求外，还必须注意以下几点。

4.4.2.1 运输工具

①必须根据绿色食品的类型、特性、运输季节、距离以及产品保质贮藏的要求选择不同的运输工具。

②绿色食品的运输必须专车专用，在无专车的情况下，必须采用有密闭的包装容器。容易腐烂的食品(如肉、蛋、鱼等)必须用专用密封冷藏车运输。运输鲜活禽、畜和肉制品的车辆应分开。

③用来运输绿色食品的工具(包括车辆、轮船、飞机等)在装运之前必须清扫干净，必要时进行灭菌消毒，消毒不能用有害的化学物质，可用物理的、生物的方法。对不清洁、不安全、装过有毒有气味化学品的工具不要用来装绿色食品。

④绿色食品在装运过程中，所有装运工具(包括容器、纸箱、麻袋、搬运物品等)都必须洁净卫生，不能对绿色食品造成污染。

4.4.2.2 运输管理

①绿色食品装运前必须进行食品质量检查，在食品、标签、账单三者都相符合的情况下才能装运。填写运输单据时，要做到字迹清楚，内容准确，项目齐全。

②运输包装必须符合绿色食品的包装规定，在运输包装的两端应有明显的运输标志。内容包括：始发站名称、到达站名称、品名、数量、体积、收货单位名称以及绿色食品标志。

③绿色食品禁止与农药、化肥及其他化学物质等一起运输。绿色食品也不能与非绿色食品一起混堆运输。不同种类的绿色食品运输时必须严格分开，不允许性质不同或相互串味的食品混装在同一车(船)中。

4.5 绿色食品生产基地的建设及管理

2005 年，农业部绿办和中心下发了《关于创建全国绿色食品原料标准化生产基地的意见》，开始在全国范围启动基地建设工作。2015 年底，全国共创建"全国绿色食品原料标准化生产基地"665 个，面积 $1132×10^4 hm^2$，产量 $1×10^8 t$。共涉及水稻、玉米、大豆、小麦等 125 种地区优势农产品和特色产品，共带动农户 $2130×10^4$ 户，与基地对接企业达 2488 家，直接增加农民收入 $10×10^8$ 元以上。2017 年 5 月 27 日，《全国绿色食品原料标准化生产基地建设与管理办法(试行)》(农绿基地〔2017〕14 号)正式发布实施，对基地创建、验收、续报及监管等工作提出了更为明确的要求，在汇总并全面梳理自 2005—2014 年间发布的 7 个文件的基础上，保留了原文件中有关基地目标、管理体系等应用较为成功的内容，对创建条件、验收程序等各部分内容进行了细化与修订，在基地建设新时期新要求的环境背景下，设定了相应的门槛，提出了新的目标，目的是进一步强化基地管理，大力推进绿色食品标准化生产和全程质量控制，从而巩固绿色食品产业基础，促进绿色食品事业持续健康发展。

因此，绿色食品产业化是现代农业实施可持续发展战略的一个重要内容和满足人们美好生活的需求。建设高标准的绿色食品生产基地是为人们提供无污染的安全、优质、营养类绿色食品重要的前提条件。因此，应清醒地认识到，绿色食品生产基地建设与管理是"从农田到餐桌"全程管理的源头所在，是绿色食品产业化发展的基础。

基地建设与管理工作包括创建、验收、续报与监管等内容。农业部绿办和中心负责基地的审核认定、基地监管工作的督导；省级绿色食品工作机构(以下简称省级工作机构)负责本行政区域内基地创建、验收、续报申请的受理、初审，并负责基地建设指导和监督管理工作；基地建设单位负责基地建设和日常管理工作，按照国家法律、法规及绿色食品基地建设相关制度规范基地生产行为，接受省级工作机构监督管理，保证基地产品质量安全，并对基地原料产品质量及信誉负责。

4.5.1　绿色食品生产基地的建设

4.5.1.1　绿色食品生产基地的含义

中国绿色食品发展中心根据特定的标准，认定具有一定生产规模、生产设备条件及技术措施的食品生产企业或生产区域为绿色食品生产基地。绿色食品生产基地按照产品的类别不同可分为3种：即绿色食品原料生产基地、绿色食品加工品生产基地和绿色食品综合生产基地。

全国绿色食品原料标准化生产基地(以下简称基地)是指符合绿色食品产地环境质量标准，按照绿色食品技术标准、全程质量控制体系等要求实施生产与管理，建立健全并有效运行基地管理体系，具有一定规模，并经农业部绿办和中心审核批准的种植区域或养殖场所。

4.5.1.2　生产基地建设的目的和意义

(1)绿色食品生产基地建设目的

为规范绿色食品基地建设，促进绿色食品开发向专业化、规模化、系列化发展，形成产、供、销一体化，种养、加工一条龙的经营格局，确保绿色食品的质量和信誉。

(2)绿色食品生产基地建设的意义

建设绿色食品基地总体上说，有利于绿色食品快速有效发展；有利于推动区域农业经济发展；有利于加快新产品开发和产品系列化发展；有利于绿色食品生产基地的规模化发展；有利于绿色食品产业化的发展。在基地建设规模化、专业化的同时，拓宽绿色食品种类和加大新产品开发的力度，形成产品系列化。针对质量好、信誉高、市场大、效益好的产品，进行研制开发，形成开发、生产、加工一条龙的格局，以整体优势开拓市场。

基地是绿色食品企业的窗口和标志，基地的建设水平透视和体现着绿色食品的产品质量和企业素质。绿色食品特定的生产方式和特殊的管理要求，决定了必须建立配套的绿色食品原料生产基地。对原料生产的全过程实施有效的管理和控制，才能稳定地达到绿色食品标准要求。

基地建设的规模决定着绿色食品生产规模及其发展。配套基地建设滞后、规模过小和原料供给相对不足等制约绿色食品企业实现规模化经营。而盲目扩大绿色食品生产只能导致随意采购原料，从而使绿色食品的质量无法得到保证。

基地建设在农业产业化进程中发挥主导作用，将有利于绿色食品龙头企业的发展。

4.5.1.3 绿色食品基地建设的主要特点

与一般的农产品生产基地建设相比，绿色食品基地建设有 3 个显著特点：

①以提升产品安全优质水平为核心 保证产品原料质量安全符合绿色食品标准要求，是加工产品企业通过绿色食品认证的必备条件之一。这就要求，绿色食品基地建设必须以保证种植业、畜牧业、渔业产品质量安全水平为核心，同时立足绿色食品的精品定位，提高初级产品的内在品质，从而实现原料生产与产品认证、基地建设与龙头企业的有效对接。

②以落实全程标准化生产为主线 创建绿色食品生产基地，将标准化繁为简，转化为区域性生产操作规程，促进广大农民优选品种、合理施肥、科学用药，提高标准化生产能力和水平。同时，在具有一定规模的种植区域或养殖场所，推行"环境有监测、操作有规程、生产有记录、产品有检验、上市有标识"的全程标准化生产，扩大绿色食品基地建设在农业标准化中的示范带动作用。

③以发挥整体品牌效应为关键 品牌是绿色食品的核心竞争力，落实标准化生产是确保绿色食品品牌公信力和美誉度的基础。绿色食品基地建设，把标准化与品牌化有机地结合起来，通过标准化解决质量安全问题，通过品牌化体现标准化生产的价值，实现优质优价。发挥整体品牌效应，既是绿色食品基地建设的突出优势所在，也是企业和农户共同创建绿色食品基地的内在动力。

4.5.1.4 生产基地建设的基本原则

基地建设要做到与农业标准化、农业产业化、农产品优势区域布局、农产品质量安全管理和生态环境建设等工作及项目的有机结合。

创建基地建设应坚持以下原则：坚持"政府推进，产业化经营"的原则；坚持集中连片，规模发展的原则，基地应以一种农产品为主(轮作，可有多种作物)，同一种农产品种植规模不得少于 $0.2 \times 10^4 hm^2$，有地方特色、带动能力强的优势农产品，其基地创建规模可调整为不低于 $666.67 hm^2$；坚持与绿色食品产品认证对接的原则，基地原料产品可以作为绿色食品加工企业或养殖企业的原料；坚持多元化投入的原则，逐步建立以政府投入为导向、基地农户投入为主体、龙头企业和社会投入为补充的多元化投入制度；坚持经济效益、生态效益和社会效益相统一的原则。

4.5.1.5 生产基地建设的基本条件

①基地所在县级政府有专门机构负责农业标准化工作和绿色食品工作，对标准化生产有规划、措施和经费保证。

②基地环境符合《绿色食品 产地环境质量》(NY/T 391—2013)要求，基地内无工业"三废"和城市生活垃圾等污染源。

③农业生产基础设施配套齐全，农业技术推广服务体系健全。

④有绿色食品工作基础，至少有一家绿色食品企业的产品原料来自于基地，经济效益、生态效益和社会效益显著。

⑤有龙头企业参与基地的产业化经营，基地原料产品的 70%以上与产业化龙头企业签订收购合同。

⑥农产品生产者(农户)具有建设标准化基地的要求。

申请创建全国绿色食品原料标准化生产基地的基本条件有：

①申请创建基地的县级人民政府对县域绿色食品原料标准化生产基地建设有规划、措施和经费保障。

②县级人民政府应成立由主管领导和有关部门负责人组成的基地建设领导小组，统一指导基地建设工作。基地建设领导小组下设基地建设办公室(以下简称基地办)，具体承担基地日常生产管理、技术指导和组织协调等各项工作。基地办须具备统筹、组织、协调农技推广、农业投入品监管等与基地建设密切相关部门的能力，能够依托现有架构建立符合基地建设所需专门技术服务和质量保障体系。基地建设涉及各生产单元(或有关乡镇)应配套落实基地建设责任人，技术服务、质量监督和综合管理人员，各村落实具体负责人员。县级人民政府应建立健全基地建设目标责任制度，将基地建设管理工作纳入各部门绩效考核体系。

③申请创建的基地环境符合《绿色食品产地环境质量》标准要求。基地周围 $5km^2$ 和上风向 $20km$ 范围内不得有污染源的企业。

④申请创建的基地农业生产基础设施配套齐全，农业技术推广服务体系健全，县乡村三级技术管理制度完善。

⑤土地相对集中连片，已实现区域化、专业化、规模化种植。基地应以一种农产品为主(轮作，可有多种作物)。同一农产品种植规模不少于 $0.2×10^4 hm^2$，对于部分地区(特别是南方地区)，有地方特色、带动能力强的优势农产品，其创建基地规模可调整为不低于 $666.67 hm^2$。

⑥申请创建的基地基本结束小规模农户分散生产经营模式，通过土地流转或统一管理、合作经营等形式，初步具备了产业化对接企业或农民专业合作社(以下简称对接企业)参与基地日常生产管理、监督与营销的条件，在一定范围内实现了"基地+企业+农户"生产经营模式，具备实行统一优良品种、统一生产操作规程、统一投入品供应和使用、统一田间管理、统一收获的生产管理基础。

⑦申请创建的基地建设单位具备一定的绿色食品工作基础，包括已有绿色食品管理人员，同时具有绿色食品产品申报及管理经验。

⑧具备设立试验示范田的能力，能够依托县域农技服务部门或种植(养殖)大户力量开展绿色食品生产资料和绿色防控技术等大田试验、示范及数据收集整理工作。

⑨农业生产者(农户)有建设基地的要求。

⑩对于蔬菜和水果基地的创建，除满足本条第①至⑨项外，还应满足基地原料产品有对接企业收购加工并开发出绿色食品产品，或属于供港澳蔬菜种植基地、备案的出口蔬菜种植基地。

4.5.1.6 生产基地建设的要求

(1)建立综合协调组织管理体系

①基地建设是一项涉及面广、环节多的系统工程。县级政府应成立由主管领导和有关部门负责同志组成的基地建设领导小组，统一指导和协调基地建设工作。

②基地建设领导小组下设基地建设办公室(以下简称基地办)，负责基地技术服务体系

和质量保障体系的建立，并具体承担基地日常管理和协调工作。基地办须配备一定数量的专职人员，具体承担基地技术指导和生产管理工作。

③基地各有关乡(镇)、村应明确基地建设责任人和具体工作人员。

④建立健全基地建设目标责任制度。

(2)建立完善的生产管理体系

①基地办统一负责基地生产管理。基地应建立县、乡、村、户生产管理体系，县乡村三级技术管理簿册齐全，农户应有绿色食品生产操作规程、绿色食品生产者使用手册、基地投入品清单、田间生产管理记录和生产收购合同。

②基地办应按照绿色食品技术标准制定统一的生产操作规程，生产操作规程要下发到乡(镇)、村和农户。基地应建立"统一优良品种、统一生产操作规程、统一投入品供应和使用、统一田间管理、统一收获的"五统一"生产管理制度"。

③基地应在显要位置设置基地标识牌，标明基地名称、基地范围、基地面积、基地建设单位、基地栽培品种、主要技术措施等内容。

④建立生产管理档案制度和质量可追溯制度。建立统一的农户档案制度，绘制基地分布图和地块分布图，并进行统一编号。农户档案应包括基地名称、地块编号、农户姓名、作物品种及种植面积。基地办应建立统一的"田间生产管理记录"，并下发到农户。田间生产管理记录由农户如实填写，内容应包括生产地块编号、种植者、作物名称、品种、种植面积、播种(移栽)时间、土壤耕作及施肥情况、病虫草害防治情况、收获记录、仓储记录、交售记录等。田间生产管理记录应在产品出售后 10 日内提交基地办存档，并完整保存 3 年。

(3)建立行之有效的农业投入品管理制度

①建立基地农业投入品公告制度。当地农业行政主管部门要定期公布并明示基地允许使用、禁用或限用的农业投入品目录。

②建立基地农业投入品市场准入制，从源头上把好投入品的使用关。

③有条件的基地应建立基地农业投入品专供点，对农业投入品实行连锁配送和服务。

④建立监督检查制度。基地办要组织力量对基地生产中投入品使用及投入品市场进行监督检查和抽查。

(4)建立完善的科技支撑体系

①依托农业技术推广机构，组建基地建设技术指导小组，引进先进的生产技术和科研成果，提高基地建设的科技含量。

②根据需要配备绿色食品生产技术推广员，建立推广网，负责技术指导和生产操作规程的落实。

③制订培训计划，加强对基地各有关领导、生产管理人员、技术推广人员、营销人员培训工作，做到持证上岗。

④组织基地农户学习绿色食品生产技术，保证每个农户至少有一名基本掌握绿色食品生产技术标准的人。

(5)基础设施建设和环境保护

①建立基地保护区。不得在基地方圆 5km 和上风向 20km 范围内新建有污染源的工矿

企业，防止工业"三废"污染基地。基地内的畜禽养殖场粪水要经过无害化处理，施用的农家肥必须经高温发酵，确保无害。

②加强山、水、林、田、路综合治理，不断改善和提高基地的生产条件和环境质量；加强农田水利基本建设，逐步实现旱能浇、涝能排的农田水利化；加强基地道路建设。

③建立检验检测体系或依托具有一定资质的检测机构，加强对基地投入品、基地产品和基地环境的检验检测。

④建立信息交流平台，配备相应的条件，实现与中国绿色食品网（www. greenfood. org. cn）链接，做到生产、管理、贮运、流通信息网上查询。

（6）建立监督管理制度

①基地应有专业的人员和队伍负责基地生产档案记录的管理。

②基地应建立由相关部门组成的监督管理队伍，加强对基地环境、生产过程、投入品使用、产品质量、市场及生产档案记录的监督检查。

③基地内部应建立相互制约的监督机制和奖惩制度。

（7）产业化经营

①基地应依托龙头企业，充分发挥龙头企业的示范带动作用，特别是在产品收购、加工和销售中的组织保障作用。

②基地、农户应与龙头企业签订收购合同（协议）。

4.5.1.7　生产基地建设的标准

（1）绿色食品原料生产基地

①绿色食品必须为该单位的主导产品，产品基地必须达到相应的生产规模。

②必须具备专门的绿色食品管理机构（基地办）和生产服务体系，并制定出相应技术措施和规章制度。

第一，绿色食品种植单位必须制订绿色食品作物生产计划、病虫害防治措施、杂草防治措施、轮作计划、农药使用计划及仓库卫生措施。

第二，绿色食品养殖单位必须制订养殖计划、疫病防治措施、饲料检验措施（含饮用水）、畜舍清洁措施。

第三，生产单位还必须建立严格的档案制度（详细记录绿色食品的生产情况，生产资料购买使用情况，病虫害发生处置情况等）、检查制度。

第四，接受绿色食品知识培训的专业技术人员应占该单位职工总人数的5%以上。从事绿色食品生产技术推广的人员及直接从事绿色食品生产的人员必须经过培训。

第五，必须具备良好的生态条件，并采取行之有效的环境保护措施，使该环境持续稳定在良好状态下。

第六，必须具备较完善的生产设施，保证稳定的生产规模，具有抵御一般自然灾害的能力。

（2）绿色食品加工品生产基地

①绿色食品加工品必须为该单位的主导产品，其产量或产值占该单位总产量或总产值的60%以上，并且达到大、中型企业规模（按国家统一标准以资产衡量）。

②必须建立专门的绿色食品加工生产管理机构，负责原料供应、加工生产规程落实和产品销售，并制定出相应的技术措施和规章制度。

③从事绿色食品加工管理的工作人员及直接从事加工生产的人员必须经过绿色食品知识培训。

④必须具有行之有效的环境保护措施。

(3)绿色食品综合生产基地

应同时具有绿色食品初级产品及绿色食品加工产品，并同时符合绿色食品初级产品原料基地与绿色食品加工产品生产基地的各项标准。

4.5.1.8 绿色食品生产基地的创建

(1)绿色食品生产基地申请

凡符合绿色食品基地标准的企业，出于自愿申请作为绿色食品基地的，均可作为绿色食品基地申请人。具体申请程序如下：

①申请人向中国绿色食品发展中心或所在省(自治区、直辖市)绿色食品办公室领取申请表格。

②申请人按要求填写《绿色食品基地申请书》，报所在省(自治区、直辖市)绿色食品办公室。

③由各省(自治区、直辖市)绿色食品办公室派专人赴申报企业实地调查，核实企业的生产规模、管理、环境及质量控制情况，写出正式考察报告。

④以上材料一式两份，由各省(自治区、直辖市)绿色食品办公室初审后，写出推荐意见，报中国绿色食品发展中心审核。

⑤由中国绿色食品发展中心派专人到申请材料合格的企业实地考察。

⑥由中国绿色食品发展中心对申请企业进行终审后，与符合绿色食品基地标准的企业签订"绿色食品基地协议书"。然后，向符合绿色食品原料生产基地和绿色食品加工品生产基地标准的企业颁发绿色食品专项产品基地证书和牌匾；向符合绿色食品综合生产基地标准的企业颁发绿色食品综合基地证书和牌匾，同时公告于众。对申报不合格的企业单位，当年不再受理其申请。

绿色食品基地申报需提交如下材料：

①绿色食品基地申请书。

②省(自治区、直辖市)绿色食品办公室的考察报告。

③绿色食品生产操作规程。

④基地示意图。

⑤获得绿色食品标志产品证书复印件。

⑥基地设置的绿色食品管理机构及组成名单。

⑦基地直接从事绿色食品生产的管理、技术人员名单及培训合格证书。

⑧基地环境监测报告。

(2)全国绿色食品原料标准化生产基地申请

创建全国绿色食品原料标准化生产基地是经农业部绿办和中心批准，进入创建期至验收合格阶段的基地。创建基地不具备"全国绿色食品原料标准化生产基地"资格，其原料产品不得作为绿色食品原料对外供应。

其创建基地申请程序具体如下：

①由县级人民政府向省级工作机构提出创建基地申请，提交要求的全部材料（按所列顺序编制成册）。

②省级工作机构根据对申请材料进行初审，对初审合格者进行现场检查，出具报告，并对现场检查合格者，委托符合《绿色食品标志管理办法》第七条规定的检测机构进行基地环境质量监测，并由其出具环境质量监测报告。

③省级工作机构将申请材料、环境质量监测报告、现场检查报告、现场检查照片和《创建全国绿色食品原料标准化生产基地省级工作机构初审报告》一并报农业部绿办和中心。

④农业部绿办和中心对省级工作机构递交的材料进行审核。通过审核的单位，由农业部绿办和中心批准进入创建期。获批单位与省级工作机构签订《基地创建责任书》，并报农业部绿办和中心备案。

⑤自批准创建之日起计算，基地创建期为两年。创建期满，创建单位可根据实际情况提出验收申请或创建延期申请。延期申请经省级工作机构报农业部绿办和中心批准后，创建期可延长 1 年。对逾期未提出任何申请的单位，取消其创建资格。

申请创建全国绿色食品原料标准化生产基地须提交如下材料：

①《全国绿色食品原料标准化生产基地创建申请表》。

②拟创建基地地图及生产单元分布图（应清晰反映县域行政区划范围内基地的具体位置及基地生产单元分布情况，图中必须标明现状公路、铁路及工矿业区情况）。生产单元须统一编号。

③县级环保部门出具的基地环境现状证明材料，须包括申报年度县域空气、土壤、水及污染源分布等情况描述。

④拟创建基地建设规划、措施和经费保障等相关证明材料。

⑤基地建设组织管理体系文件包括：

•成立基地建设领导小组文件（包括成员单位名单及其职责）。

•成立基地建设办公室文件（明确机构职能、人员及职责分工）。

•基地单元负责人、技术服务、质量监督和综合管理人员以及各村配备具体工作人员名单。

•各基地单元全部农户档案（须包含农户姓名、生产单元地块编号、生产面积、种植/养殖品种、联系方式），以电子表格形式提交。

•县、乡、村监督管理队伍体系架构图。

•县、乡、村农业技术推广服务体系架构图。

⑥基地建设管理制度包括：

•基地环境保护制度。

•生产技术指导和推广制度（须包括按照绿色食品技术标准制定的生产作业指导书样本、基地范围内病虫害统防统治具体措施、绿色防控技术推广措施等）。

● 绿色食品专项培训制度。

● 生产档案管理和质量可追溯制度(须包含投入品购买记录、田间生产管理与投入品使用记录、收获记录、仓储记录、交售记录样本,其中田间生产管理与投入品使用记录内容应包括生产地块编号、种植者、作物名称、品种、种植面积、播种或移栽时间、土壤耕作情况、施肥时间、施肥量、病虫草害防治施药时间、用药品种、剂型规格及数量等)。

● 农业投入品管理制度(含县域内投入品管理体系、市场准入制度、监督管理制度、基地允许使用的农药清单及肥料使用准则、基地允许使用的投入品销售及使用监管措施等)。

● 综合监督管理及检验检测制度(须包括针对基地环境、生产过程、产品质量及相关档案记录的具体监督检查措施)。

⑦对接企业与农户对接监管模式及随机抽取的 3 份购销协议复印件。

⑧基地拟设试验田位置图、管理人员名单、职责分工及运行管理、成果推广制度。试验田布点要科学合理,能够满足示范辐射覆盖全部基地生产单元。

⑨创建蔬菜和水果基地,除提供第①至⑧项材料外,还须提供对接加工企业情况或供港澳蔬菜种植基地、备案的出口蔬菜种植基地证明材料。蔬菜基地还须提供各基地单元作物种类、种植面积、轮作计划等详细情况说明。

4.5.1.9 基地创建期工作要求

全国绿色食品原料标准化生产基地创建期间,注意以下工作要求。

①创建单位按照申请材料中审核通过的各项内容、制度和《基地创建责任书》中有关要求,认真组织实施相关工作:

● 依托现有农技推广服务体系,培养建设专门的绿色食品生产技术推广员队伍。

● 完成对基地各级管理人员、农技推广人员、对接企业生产管理人员及基地内所有农户的绿色食品知识、技术、基地建设管理制度专项培训,培训档案完整保存;向农户发放绿色食品生产操作规程、绿色食品生产者使用手册、基地允许使用的农药清单及肥料使用准则,并指导其使用。

● 积极推广病虫害统防统治及绿色防控技术。

● 在基地各生产单元的生产、生活区设置绿色食品生产技术宣传栏(形式不限),向基地内农户普及绿色食品标准和相关技术。宣传栏必须覆盖全部基地单元。

● 组织力量建立县、乡、村、户生产管理体系,逐级落实生产管理任务,并安排基层工作人员按照生产档案管理制度要求,统一发放、指导并督促农户如实填写投入品购买、田间生产管理与投入品使用、收获、仓储、销售记录。以上各项记录应完整翔实,在产品出售后 10 日内提交基地办存档,并完整保存 5 年。

● 在基地内积极开展示范乡(镇)、示范村和示范户建设工作,有效推进标准化生产。

● 实行基地允许使用农业投入品公告制,在各基地单元宣传栏明示基地允许使用的农药清单及肥料使用准则。

● 建立基地投入品专供点,指导农户按照绿色食品投入品使用要求购买及使用。专供点内须张贴基地允许使用的农药清单和肥料使用准则,并对绿色食品生产用投入品的销售进行台账登记管理。有条件的基地可以引入绿色食品生产投入品供应和使用统一托管服务，严把投入品源头使用关。

● 每年至少完成 4 次对基地投入品销售及使用情况进行的专项监督检查。基地办须将所有检查情况及问题予以记录归档留存。

● 建立由相关部门组成的综合监督管理队伍，开展经常性综合监督检查，有关检查记录交基地办统一归档留存。有条件的单位，建立检验检测体系，定期对基地产品和环境进行检验检测。

● 建立基地保护区。不得在基地周围 5km^2 和上风向 20km 范围内新建有污染源的工矿企业，防止工业"三废"污染基地。基地内的畜禽养殖场粪水要经过无害化处理，施用的农家肥必须经高温发酵，确保无害。

● 加强山、水、林、田、路等综合设施建设，不断改善和提高基地的生产条件和环境质量。

● 指导对接企业按照申请创建全国绿色食品原料标准化生产基地须提交如下材料第⑦项提交的监管模式，积极参与基地生产管理、产品收购、加工与销售。

②依托已有绿色食品工作基础，积极支持、指导基地对接企业开展绿色食品产品申报工作。

③在基地试验田组织开展绿色食品生产资料、绿色防控技术等相关大田试验，收集数据比对分析，对效果良好的绿色食品生产资料和防控技术加以推广普及。

④严格按照创建申报的作物种类进行种植生产，如因故调整基地范围内作物种类，须向省级工作机构提交情况说明，并报农业部绿办和中心核准。

⑤每年 11 月底前须向省级工作机构提交创建基地年度工作总结和县级环保部门出具的基地环境现状证明材料。

⑥创建单位可自愿选择设立标识牌。标识牌须按照统一模板要求，规范填写基地创建单位、基地名称、范围、面积、栽培品种、主要技术措施等内容。标识牌必须标明"创建期"字样。

⑦自觉接受省级工作机构的业务指导、监督与管理。

在创建期内，对出现下列情况的创建单位，取消其创建资格：

● 创建基地范围内环境发生变化，无法达到《绿色食品 产地环境质量》标准要求。

● 创建基地范围内使用绿色食品禁用投入品。

● 未按要求组织开展基地试验田试验、示范及数据分析工作。

● 未按照创建申报的作物种类进行种植生产，且未按要求申请核准。

● 未按时提交创建基地年度工作总结和县级环保部门出具的年度基地环境现状证明材料。

● 标识牌上未注明"创建期"字样，或超范围标识基地范围、产品种类等。

● 未获得绿色食品证书的创建基地产品使用绿色食品标志。创建基地产品包装上标注"全国绿色食品原料标准化生产基地"字样。

被取消创建资格的单位，原则上两年内不再受理其创建申请。

4.5.2 绿色食品生产基地的验收

农业部绿办和中心对创建基地验收工作进行统一管理。

4.5.2.1 验收依据

①《绿色食品标志管理办法》。

②绿色食品生产技术标准及规范。

③绿色食品基地管理相关制度。

④国家相关法律、法规及规章。

4.5.2.2 申请验收条件

①创建期满后，经自查，创建基地已建立健全包括组织管理、生产管理、投入品管理、技术服务、基础设施和环境保护、产业化经营、监管在内的七大体系，并运行良好。

②各类创建档案资料齐全，且管理规范。

③完成创建基地区域内各级管理人员、农技推广人员、对接企业工作人员和农户全员培训工作。上述人员基本掌握绿色食品技术标准和生产操作规程。

④对接企业获得绿色食品证书产品产量所对应的原料量和覆盖面积不得低于基地总产量和总面积的 30%。

⑤按时提交创建基地年度工作总结和县级环保部门出具的各年度基地环境现状证明材料。工作总结内容完整翔实，环境评价报告真实、有效反映基地范围内环境现状。

⑥基地原料产品质量符合绿色食品产品适用标准相关要求，经检测合格。

⑦创建期试验田管理良好，发挥了绿色食品生产技术、绿色食品生产资料、绿色防控技术等示范推广作用。数据收集、比对工作认真且规范，按时上报试验田数据比对分析报告。

4.5.2.3 申请验收须提交的材料

①《全国绿色食品原料标准化生产基地验收申请表》。

②申请之日前 1 年内，创建基地原料产品全项检测报告。

③对接企业的绿色食品产品证书复印件。

4.5.2.4 申请验收程序

①申请验收前，创建单位组织有关力量对创建期工作进行全面自查后填写《全国绿色食品原料标准化生产基地验收申请表》，并将完整的申报材料报省级工作机构审查。

②省级工作机构对文审合格的创建基地进行现场检查，出具报告；对文审不合格的创建基地，提出整改意见，整改期最长为 3 个月，整改后再行提交验收申请。逾期未提交申请者，视为自动放弃创建资格。

③省级工作机构将创建基地验收申报材料、现场检查报告及现场检查照片报农业部绿办和中心。

④农业部绿办和中心对相关材料进行审核，并委派专家组成验收小组对通过材料审核的创建基地进行现场核查。

⑤验收小组按照农业部绿办和中心颁布的《全国绿色食品原料标准化生产基地验收工作规范》开展验收工作，提交验收现场核查报告、现场照片等材料。

⑥农业部绿办和中心进行审议。对综合评定合格的，由农业部绿办和中心正式批准成为全国绿色食品原料标准化生产基地，并与基地创建单位、省级工作机构签订《基地建设

管理责任书》，同时授予创建基地"全国绿色食品原料标准化生产基地"称号，颁发证书。证书标注基地作物名称，有效期为5年。对综合评定未达标的创建基地，根据专家意见，分别予以延长创建期1年或取消创建资格，两年内不再受理其创建申请的批复。

4.5.3　绿色食品生产基地的管理

4.5.3.1　基地建设管理

获得"全国绿色食品原料标准化生产基地"称号的基地须按照如下要求，认真开展基地建设管理工作：

①严格按照绿色食品技术标准要求，强化基地七大管理体系建设，按照创建期工作要求中第①至③项中包含的全部内容和《基地建设管理责任书》中有关要求开展建设工作。

②每年11月底前须向省级工作机构提交基地建设年度工作总结和县级环保部门出具的基地环境现状证明材料。

③基地建设单位可按照统一模板要求，自愿设立基地标识牌。标识牌中须规范填写基地建设单位、基地名称、范围、面积、栽培品种、主要技术措施等内容。

④基地作物类别、面积发生变化，须以书面形式将有关情况上报省级工作机构。省级工作机构核实后，上报农业部绿办和中心。农业部绿办和中心视具体情况予以批复。

⑤参与基地建设并经农业部绿办和中心备案的对接企业，其收购、销售的原料产品包装上可以标注"全国绿色食品原料（作物名称）标准化生产基地"字样。

对出现下列情况的基地，农业部绿办和中心将撤销其"全国绿色食品原料标准化生产基地"称号：

①基地范围内环境发生变化，无法达到《绿色食品产地环境质量》标准要求。

②基地范围内使用绿色食品禁用投入品。

③未按第九条及《基地建设管理责任书》中有关要求开展各类监管工作。

④未获得绿色食品证书的基地产品使用绿色食品标志。

⑤基地范围内发生农产品质量安全事件。

⑥未按时提交基地建设年度工作总结或年度基地环境现状证明材料。

⑦基地作物类别、面积发生变化，未按要求上报。

⑧被撤销称号的单位，原则上5年内不再受理其创建申请。

4.5.3.2　绿色食品生产基地标志管理

对绿色食品基地的管理，是保障绿色食品质量的要求。只有坚持不懈的对绿色食品基地进行严格的日常管理，才能保证每一个生产环节都符合生产要求，所生产出的产品质量才能有所保障。

①绿色食品的标志在基地上的使用范围限于以下4个方面：即经过认证的绿色食品产品；建筑物内、外挂贴性装饰；广告、宣传品、办公用品、运输工具、小礼物等；通用包装品（针对某一特定商品的包装品）。

②绿色食品标志不得用于该企业所生产的任何其他商品上。

③绿色食品基地必须严格履行"绿色食品基地协议"。

④由于各种因素丧失绿色食品生产条件的生产者，必须在 1 个月内报告当地绿色食品管理机构和中国绿色食品发展中心，办理终止或暂时停止使用绿色食品标志手续。

⑤绿色食品基地自批准之日起 6 年内有效。到期要求继续作为绿色食品基地的，需在有效期满前半年内重新申报，逾期未将重新申报材料递交中国绿色食品发展中心的，视为自动放弃标志使用权。

⑥在有效期内，绿色食品基地应接受中国绿色食品发展中心及委托管理机构对其标志使用与生产条件进行监督、检查。检查不合格的限期整改，整改后仍不合格者，由中国绿色食品发展中心撤销绿色食品基地，在本使用期限内不再受理其申请。对造成损失者，令其赔偿损失。自动放弃绿色食品基地或基地被撤销的，由中国绿色食品发展中心公告于众。

⑦未经中国绿色食品发展中心批准，不得将绿色食品基地证书及牌匾转让给其他单位或个人。凡擅自转让者，一经发现，由工商管理部门依法处罚。

4.5.4　绿色食品生产基地的续报

基地建设单位在证书有效期满前 6 个月，自愿进行基地续报申请。证书有效期满，未提出申请者，视为自动放弃续报。

4.5.4.1　续报申请条件

①基地作物类别、面积及产地环境未发生变化或变化已报批。

②基地生产符合绿色食品标准要求，基地七大管理体系运行良好。

③第一次续报，基地原料产品总量的 50%以上须开发为绿色食品产品。自第二次续报起，基地原料产品总量的 70%以上须开发为绿色食品产品。

④基地年度监督检查结论均为合格。

⑤基地原料产品质量检测合格。

⑥基地建设各类档案资料齐全，且管理规范。

⑦绿色食品生产资料、防控技术推广应用范围广，成效显著。

4.5.4.2　续报申请须提交材料

①《全国绿色食品原料标准化生产基地续报申请表》。

②基地证书复印件。

③全部对接企业绿色食品产品证书复印件。

④申请之日前 1 年内基地原料产品全项检测报告。

⑤产地范围、面积、环境质量等均未发生改变，县级环保部门出具的各年度环境现状证明材料齐备，并经省级工作机构审核符合《绿色食品产地环境质量》标准要求的，可免予环境监测；产地范围、面积、环境质量中任何一项发生变化且确需环境监测的，按有关规定实施环境补充监测，提交环境质量监测报告。

4.5.4.3　续报申请程序

①基地证书有效期满前 6 个月，符合续报申请条件的基地建设单位自愿向省级工作机构提交《全国绿色食品原料标准化生产基地续报申请表》和有关材料。

②省级工作机构以验收依据为标准，在基地证书有效期满前 3 个月组织专家对提出续报申请的基地进行现场检查，并出具《全国绿色食品原料标准化生产基地续报考核评价报告》。

③基地续报考核评价结论为合格的，省级工作机构将续报申请材料、《全国绿色食品原料标准化生产基地续报考核评价报告》和现场检查照片报农业部绿办和中心；基地续报考核评价结论为整改的，基地建设单位必须于省级工作机构完成考核评价之日起 3 个月内完成整改，并将整改措施和结果报省级工作机构申请复查。省级工作机构及时组织复查并做出结论后，随上述材料一并报农业部绿办和中心。对于超过 3 个月不提出复查申请的基地建设单位，视为自动放弃续报。

④农业部绿办和中心对省级工作机构提交的全部材料进行审核（视具体情况委派检查小组进行现场核查），并做出评定。

⑤评定合格者，农业部绿办和中心与申请单位、省级工作机构签订《基地建设管理责任书》，换发证书。申请单位可继续使用"全国绿色食品原料标准化生产基地"称号，有效期 5 年。申请单位按照基地建设管理要求开展工作，有效期满后，再行续报。评定不合格者，农业部绿办和中心撤销其"全国绿色食品原料标准化生产基地"称号。

⑥基地建设单位对省级工作机构考核评价结论有异议的，可在省级工作机构完成考核评价之日起 15 日内，向农业部绿办和中心提出复议申请，农业部绿办和中心于接到复议申请 30 个工作日内做出决定。

因不可抗拒的外力原因致使基地丧失续报条件的，基地建设单位应及时经省级工作机构向农业部绿办和中心提出暂时停止使用"全国绿色食品原料标准化生产基地"称号的申请，并将基地证书交回省级工作机构。待基地各方面条件恢复原有水平，经省级工作机构实地考核评价合格，并报农业部绿办和中心批准后，再行恢复其称号。在停止使用"全国绿色食品原料标准化生产基地"称号阶段，基地建设单位及与其相关的对接企业、单位或个人均不得使用"全国绿色食品原料标准化生产基地"称号从事任何活动。

4.5.5 绿色食品生产基地的监管

省级工作机构应结合当地绿色食品质量监督检查工作安排，制订基地监管工作实施细则，对辖区内基地开展有效监管。

省级工作机构应采取定期年检和不定期抽检相结合的方式进行监管。基地监管工作中的抽检可与当地自行抽检产品年度计划相结合。

4.5.5.1 基地年度检查

①年度检查是省级工作机构每年对辖区内基地七大管理体系有效运行情况实施的监督检查工作。

②年度检查主要检查基地产地环境、生产投入品、生产管理、质量控制、档案记录、产品预包装标签、产业化经营等方面情况。年度检查材料应当包括年度现场检查报告和全国绿色食品原料标准化生产基地监督管理综合意见表（以下简称综合意见表）。

③年度检查应当在作物（动物）生长期进行，由至少 2 名具有绿色食品检查员或监管员资质的工作人员实施。检查应当包括听取汇报、资料审查、现场检查、访问农户和产业化经营企业、总结 5 个基本环节。要求对每个工作环节进行拍照留档。

④检查人员在完成检查后，须向省级工作机构分管基地工作的负责人提交年度现场检查报告。年度检查报告应全面、客观地反映基地各方面情况，并随附现场检查照片。

⑤自创建期起，省级工作机构须每年对辖区内蔬菜基地产品进行监督抽检并出具报告。抽检范围须覆盖基地核准的全部种类，对基地范围内已全部开发为绿色食品产品的种类可免予本项抽检。

⑥省级工作机构根据年度检查报告(蔬菜基地包括抽检产品报告)对基地进行综合评定，并在综合意见表中签署意见。评定结论分为合格、整改和不合格 3 个等级。基地现场检查人员、省级工作机构分管基地工作的负责人分别对年度检查报告和年度综合评定结论负责。

⑦评定结论为整改的，基地建设单位必须在接到省级工作机构通知之日起 3 个月内完成整改，并将整改情况报省级工作机构申请复查。省级工作机构及时组织复查并做出结论。评定结论为不合格、超过 3 个月不提出复查申请或复查不合格的，由省级工作机构报请农业部绿办和中心撤销其"全国绿色食品原料标准化生产基地"称号。

⑧基地建设单位对年度监督管理结论有异议的，可在接到通知之日起 15 个工作日内，向省级工作机构提出复议申请或直接向农业部绿办和中心申请仲裁。省级工作机构应于接到复议申请 15 个工作日内做出复议结论，农业部绿办和中心应于接到仲裁申请 30 个工作日内做出仲裁决定。不可同时申请复议和仲裁。

⑨省级工作机构应于每年年底前完成辖区内基地年度检查工作。

4.5.5.2 不定期抽检

①省级工作机构应编制年度抽检基地产品计划，并报农业部绿办和中心备案。每年抽检基地数量不得低于辖区基地总量的30%。

②按照计划对辖区内基地产品进行抽样检测。抽检产品的检验项目和内容不得少于中心年度抽检规定的项目和内容。

③基地建设单位应自觉接受监管。对拒不接受监管和抽检产品不合格的基地，由省级工作机构报农业部绿办和中心，撤销其"全国绿色食品原料标准化生产基地"称号。

省级工作机构对辖区内各基地上报的基地建设年度工作总结(或创建基地年度工作总结)和年度环境现状证明材料予以审核，对发现的问题，按照有关规定，视情况要求基地进行整改或上报农业部绿办和中心。

4.5.6 生产基地建设存在的主要问题

绿色食品原料标准化生产基地建设工作虽然取得了一定的成绩，但是与绿色食品原料标准化生产基地建设标准的要求相比，还存在着不足之处。

(1)"重创建、轻管理"问题突出

全国范围内，普遍存在绿色食品基地"重创建、轻管理"的现象，仅有少数县能坚持按照"七大体系"要求严格管理，有的县就是自然发展，生产标准和管理水平与创建时有一定差距；有的县创建基地仅仅是从项目资金角度出发，验收后，对基地监督管理缺乏必要的措施和手段。

(2)基地建设政策延续性不好

有的绿色食品基地已经建设 5 年以上，县里主要领导已经变更，由于领导主抓工作和思路不同，导致有些县领导对基地工作重视不够。有的县创建时的领导小组已"名存实亡"，根本不召开会议研究基地的建设和管理工作，仅仅在需要绿色面积的统计数字时说一说、喊一喊，对基地工作的重视程度有待于加强。

(3)少数基地工作人员主动性不高

多数基地县是有机构、缺人员，当年的基地办都在，就是日常管理工作开展的少，只有1~2名工作人员，且都是兼职，不能有充足时间用在绿色食品基地管理工作上，客观上限制了管理水平提高。有的工作人员"等、靠、要"思想严重，基地管理主动性不强。基地乡镇更是限制于人员编制和工作条件，没有有效开展基地监督管理工作。

(4)监督管理手段相对滞后

部分基地建设单位基础设施建设及资金十分有限，检验检测设备等必备生产设施建设投入资金不足，无法满足标准化生产基地建设管理的正常需要。

(5)产业化经营水平有待于进一步提高

首先，相对于原料基地建设规模，绿色食品生产企业和产品总量小，不能满足市场的需求；其次，企业缺乏开发精深加工产品的意识，没有形成品牌优势，产品附加值低，企业利润少，农民增收效果不明显；再次，企业不愿为基地建设投入资金，基地农户不情愿只为一家企业提供原料，企业和基地没有形成紧密的利益共同体。

4.5.7　优化绿色食品基地建设与管理的对策

(1)充分发挥政府的主体责任，切实纳入重要日程

目前，有的省已将绿色食品基地工作纳入组织部考核政府一把手的指标体系，要进一步强化县级人民政府在基地建设监管中的主体责任，把基地作为全县的重点工作来抓，专题研究、扎实推进，切实做好基地监管各项工作。按照绿色食品产业分工，农业部门重点做好绿色食品生产基地的建设和管理工作，所以，基地县农业部门要摆正位置、认真研究，采取切实可行的办法，做好基地建设和管理工作。对于那些不开展工作的基地，将按照有关要求严格考核，不符合标准的，坚决取缔。

(2)加强投入品管理，抓好基地工作关键环节

投入品使用是绿色食品生产的关键环节，管住了投入品，也就在源头上保证了基地原料的质量安全。在各地投入品管理较好的基础上，进一步加大投入品管理，保证违禁投入品不卖给基地农户、不流入田间地头。一是继续推行投入品"准入"制度。建立绿色食品销售目录公告公示制度，统一印制绿色食品生产允许使用农药清单，要求基地内的农资销售点必须张贴悬挂，方便农民选购符合要求的生产资料。在绿色食品生产基地选建一批"投入品专供点"，统一设计牌匾样式，优先购销绿色食品推荐生产资料，严禁销售不符合绿色食品标准的农药肥料，对于符合要求的专供点，可在绿色食品基地项目资金中给予适当补贴。二是开展绿色食品生资推荐工作。加大有意愿进行绿色食品推荐生资企业认证力度，同时，可从协会角度出发，在符合绿色食品标准的前提下，开展"绿色食品协会推荐生产资料"认定工作，多品种、多角度为绿色食品基地提供投入品来源，从而确保绿色食品生产基地投入品安全。三是开展投入品使用的专项检查。在投入品销售和使用的重点时

间，联合工商和农业执法大队，开展专项检查，对违禁农药在基地内禁止销售，专供点销售不符合标准生产资料坚决取缔，有条件的基地县可建立生资大市场，集中区域，统一管理，联合控制。

（3）强化龙头企业对接，大力提高产业化经营水平

积极探索适合各地实际、更加紧密有效的对接模式，鼓励龙头企业通过加价收购、利益返还等形式，反哺基地农户，与农户建立风险共担、利益共享机制。一是探索建立"种植销售凭证"制度。管理部门统一制订绿色食品基地种植销售凭证，只要是生产者按照绿色食品标准种植的，在销售时拿着基地"生产记录"或"种植卡"等凭证，龙头企业就应按照绿色食品原料价格进行收购，使基地农户的利益得以保障。二是企业领办示范区。龙头企业在自己对接的基地单元内，与农户合作建立绿色食品示范基地。企业对示范基地有一定投入，农户按照绿色食品技术规程种植，合格的绿色食品原料实行优质优价，既保障了原料质量，又提高了农民收入。三是推行"龙头企业+基地+合作社+农户"经营模式。在企业和合作社签订收购合同基础上，充分发挥龙头企业和专业合作组织的带动作用，实现基地农产品与市场对接，解决基地原料"优质不优价"问题。形成紧密连接的利益共同体，全面提高产业化经营水平，促进农民增收、企业增效。

（4）加强培训，提升标准"到位率"

一是加大新版标准培训力度。采取省级集中培训和市县分散培训相结合的方式，多层次、多途径开展标准培训，及时把新标准应用到基地生产中，先进的生产技术转化为基地建设的成果。为确保技术规程的"入户率"和"到位率"，切实提高基地农户科技素质。二是下发生产技术"明白纸"。紧密结合各地实际，研究制订操作性强的绿色食品生资管理和使用制度，如"明白纸""操作历"，并与推荐使用、禁止使用的投入品清单和绿色食品原料生产技术要点等资料一并下发到基地乡镇、村和农户，做到什么投入品产品可用、什么生资不能用，以及怎么用，用多少，农户一看就清楚、就明白，易懂易记，方便适用。

（5）典型示范，带动基地管理水平不断提高

一是开展全国绿色食品基地核心示范区建设。在对全国绿色食品基地进行整体检查的基础上，筛选一批管理水平较高、监管措施到位的基地，进行绿色食品基地核心示范区建设。统一设计绿色食品基地科技核心示范区牌匾，要求每个基地县在核心示范区统一制作，统一安装，统一内容，反映绿色食品基地核心示范的成果。年底对示范区的经验进行专题总结，提炼出可复制推广的基地管理模式，全国推行，进而带动基地整体管理水平的提高。二是开展省级核心示范区建设。每个市、县都要建立绿色食品示范基地，地块选择要与高产创建示范田区分开，不建在相同地块；可以与农业示范园区、科技推广示范田等相结合，也可以专建绿色食品示范基地。在示范基地内进行不同品种、肥料使用、病虫害防治方法、栽培技术的对比试验，并在显要位置树立标识牌注明试验内容。先从示范基地内做实绿色食品基地工作，以点带面，逐步推广，辐射周边绿色食品基地，最终实现基地整体建设水平的提高。

（6）完善质量监管平台，进一步健全基地动态化管理系统

一是完善电子管理档案。各基地县要在原有基地技术管理档案的基础上，建立基地电子化管理档案。对于基地位置图、面积分布表、农户清单等年际无变化的基础材料，要实

行电子化管理，不必每年都印制成册。对于绿色食品基地生产记录手册，连同往年开展工作的影像资料和农户培训、田间生产、监督检查等记录，要以实物材料体现，县绿办统一保管。二是建立动态管理平台。结合绿色食品统一的质量追溯平台建设，建立绿色食品基地监管模块，将面积分布、地块位置等基地基础数据录入平台，做到电子管理、随时查阅；每个基地要在召开会议、监督检查、投入品使用、田间管理、贮藏收获等关键环节，定时向系统传送开展工作的文件、照片、实物凭证等信息，实现基地的动态监管。三是利用"互联网+"，建立基地产品质量追溯平台。利用网络平台，把绿色食品基地的生产记录、环境指标、产品指标、认证信息等数据都录入质量追溯平台，与认证产品信息有效对接建立基地原料质量追溯体系。

4.5.8　具体案例

4.5.8.1　福建：顺昌全国绿色食品原料（柑橘）标准化生产基地建设初显成效

福建省顺昌县在全国绿色食品原料（柑橘）标准化生产基地建设中取得明显成效。一是生产规模效益扩大。2017 年柑橘生产面积 6726.67 hm^2，产量 11.43×10^4t，产值 3.1×10^8元，分别比上年增加 3.0%、4.4% 和 17.9%，优质果率由 78.3% 提高到 83.6%。二是柑橘产品质量提升。对全县柑橘不同成熟期不定期抽检样品 413 个，结果显示柑橘果实农残、重金属含量等质量安全指标均控制在绿色食品规定范围内。三是绿色食品企业增加。全县获得绿色食品认证柑橘种植企业 5 家，种植面积达 251.2hm^2，产量 8600t，辐射带动全县86% 以上柑橘种植向绿色食品生产方向发展。

4.5.8.2　浙江：浙江省绿色食品事业保持了稳步健康发展

浙江省绿色食品开发始于 1992 年，多年以来，在各级政府和农业部门的积极推动下，在市场需求的有力拉动下，浙江省绿色食品事业保持了稳步健康发展，到 2015 年年底，全省有效使用绿色食品标志生产主体 827 家、产品 1308 个，与 2010 年底 681 家生产主体、1147 个产品相比分别增长 21.44%、14.04%。2010—2015 年，认证主体数年均增长3.96%，获证产品数年均增长 2.66%，整体增速平稳。已认证绿色食品年产量 89.79×10^4t，占无公害农产品、绿色食品、有机食品（以下简称"三品"）认证实物总量的 10.71%；年销售为 73.83×10^8 元，占"三品"总销售额的 17.03%，出口创汇 3.52×10^8 元。

4.5.8.3　黑龙江省：黑龙江省绿色食品产业在"十五"高起点的基础上继续保持了又好又快的发展态势

"十一五"期间，黑龙江省绿色食品产业在"十五"高起点的基础上继续保持了又好又快的发展态势，绿色食品、有机食品、无公害农产品和农产品地理标志（以下简称"三品一标"）开发工作取得显著成效。到 2012 年末，黑龙江省绿色（有机）食品认证面积达到 448×10^4hm²，实物总量 3150×10^4t，分别增长 4.4% 和 6.8%；"三品"产品抽检合格率 99% 以上；黑龙江省有效使用"三品"标志的产品继续保持在 10 000 个以上。

第5章 绿色食品的监测与检测

为保证绿色食品的质量，必须对其进行产地环境质量监测与产品质量检测。

绿色食品产地环境监测由省绿色食品管理部门委托通过省级以上计量认证、在中国绿色食品发展中心备案的环境保护监测机构实施。绿色食品产品质量检测由中国绿色食品发展中心直接委托已通过国家级计量认证行业检测单位实施。

5.1 绿色食品的产地环境质量监测

5.1.1 绿色食品的产地环境质量监测概述

随着社会的前进，人口的增加，工业的发展，环境污染日趋严重。环境的污染导致食品中有害重金属及其他有害物质含量超过人体承受的限度，直接影响和危害人体健康。食品污染主要来自于3个方面：工业废弃物污染农田、水源和大气，导致有害物质在农产品中聚积；随着农业生产中化学肥料、化学农药、抗生素、激素等化学产品使用量的增加，一些有害的化学物质残留在农产品中；食品加工过程中一些化学添加剂的不适当使用，使食品中的有害物质增加。农业部2012年颁发的《绿色食品标志管理办法》第九条第一点明确指出：产品或产品原料的产地必须符合绿色食品的生态环境标准。即农业初级产品或食品的主要原料，其生产区域内没有工业企业的直接污染及水域上游、上风口没有污染源对该区域构成污染威胁，使该区域内的大气、土壤质量及灌溉用水质量、养殖用水质量均符合绿色食品的大气标准、土壤标准及水质标准。所以，建立绿色食品生产基地，必须对产地的生态环境进行调查研究，取得代表环境质量的各种数据，即需要得到各种污染因素在一定范围内的时、空分布数据，这样才能对环境质量作出确切的评价。

绿色食品产地环境质量是绿色食品植物生长地和动物养殖地的空气环境、水环境和土壤环境质量的综合。环境监测就是用科学的方法监视和测定代表环境质量及发展变化趋势的各种数据的全过程。环境监测的过程包括现场调查、优化布点、样品采集、运送保存、分析测试、数据处理、综合评价等。现场调查主要包括水文、地质、地貌、土壤肥力、气候条件等自然环境资料；工业"三废"污染、外部污染源及农用化学物质使用情况；初级产品病虫害防治技术及公害控制情况；土壤类型、背景值、农药残留等资料；环境监测历史资料；农业生产基本情况等。根据现场调查资料、监测范围，研究采样点的数目和具体位置，确定采样时间，按规定采集样品，并将采集的样品和记录及时送往实验室或现场按规定方法进行分析测试。然后将测得的数据记录整理入报告表，并对数据进行处理和统计检验。最后将监测数据资料整理，依据农业行业标准《绿色食品产地环境质量标准》（NY/T 391—2013）和有关规定进行综合评价，并结合现场调查资料对监测资料作出合理的解释，写出综合报告。

5.1.2 绿色食品的产地环境质量监测内容

绿色食品产地环境监测分类方法较多：按监测对象可分为大气监测、水环境监测和土壤监测；按监测手段可分为物理监测、化学监测和生物监测；按其目的和性质可分为基础性监测、监视性监测和仲裁监测。

绿色食品原料产地环境质量评价工作主要选择那些毒性大、作物易积累的物质作为评价因子，具体为：

大气评价因子：二氧化硫、二氧化氮、总悬浮微粒、氟化物。

水评价因子：汞、镉、铅、砷、铬、溶解氧、pH、BOD_5、化学需氧量（COD）、有机氯、氟化物、氰化物、细菌总数、大肠菌群等。

土壤评价因子：土壤肥力指标、汞、镉、铅、砷、铬、铜等。

绿色食品产地环境监测时间原则上要求安排在生物生长期进行，一般在每年的 4~10 月之间。

环境监测中的采样点、采样环境、采样高度及采样频率的要求，按《绿色食品产地环境质量评价纲要》执行。

5.1.2.1 绿色食品空气环境监测

（1）空气污染的时空分布

空气监测中常会出现同一地点、不同时刻，或同一时刻不同空间位置所测定的污染物的浓度不同，这种不同时间、不同空间的污染物浓度变化，称之为空气污染物浓度的时空分布。由于空气污染物浓度的时空分布不均，空气质量监测中要十分注意监测（采样）地点和时间的选择。

（2）监测点分布原则

依据产地环境现状调查分析结论和产品工艺特点，确定是否进行空气质量监测。进行产地环境空气质量监测的地区，可根据当地生物生长期内的主导风向，重点监测可能对产地环境造成污染的污染源的下风向。

（3）点位设置

空气监测点设置在沿主导风走向 45°~90°夹角内，各监测点间距一般不超过 5km。监测点应选择在远离树木、城市建筑及公路、铁路的开阔地带。各监测点之间的设置条件相对一致，保证各监测点所获数据具有可比性。

免测空气的地域：

①种植业　产地周围 5km，主导风向 20km 内没有工矿企业污染源的地域。

②渔业养殖区　只测养殖原料（饲料）生产区域的空气。

③畜禽养殖区　只测养殖原料（饲料）生产区域的空气。

④矿泉水、纯净水、太空水、雾化水等水源地。

⑤保护地栽培及食用菌生产区　只测保护地——温室大棚外空气。

（4）采样地点

①产地布局相对集中，面积较小，无工矿污染源的区域，布设 1~3 个采样点。

②产地布局较为分散，面积较大，无工矿污染源的区域，布设 3~4 个采样点。

③样点的设置数量还应根据空气质量稳定性以及污染物对原料生长的影响程度适当增减。

（5）采样时间及频率

在采取时间安排上，应选择在空气污染对原料生产质量影响较大的时期进行，一般安排在作物生长期进行。

每天 4 次，上下午各 2 次，连采 2d。上午时间为：8：00~9：00，11：00~12：00；下午时间为：14：00~15：00，17：00~18：00。

（6）采样技术

按 NY/T 397—2000 中 4.4 的规定执行。

（7）监测项目及分析方法

①二氧化硫（SO_2） 《环境空气 二氧化硫的测定 甲醛吸收-副玫瑰苯胺分光光度法》（GB/T 15262—1994）、《空气质量 二氧化硫的测定 四氯汞盐-副玫瑰苯胺分光光度法》（GB 8970—1988）。

②氮氧化物（以 NO_2 计） 指空气中主要以一氧化氮和二氧化氮形式存在的氮的氧化物。《环境空气 氮氧化物的测定 Saltzman 法》（GB/T 15436—1995）、《环境空气 二氧化氮的测定 Saltzman 法》（GB/T 15435—1995）。

③悬浮颗粒物（total suspended particulate，TSP） 指能悬浮在空气中，空气动力学当量直径≤100μm 的颗粒物。《环境空气 总悬浮颗粒物测定 重量法》（GB/T 15432—1995）。

④氟化物（以 F 计） 以气态及颗粒态形式存在的无机氟化物。《环境空气 氟化物的测定 膜氟离子选择电极法》（GB/T 15434—1995）、《环境空气 氟化物的测定 石灰滤纸氟离子选择电极法》（GB/T 15433—1995）。

（8）空气环境质量要求

绿色食品产地空气中各项污染物含量不应超过表 5-1 所列的浓度值。

表 5-1 空气中各项污染物的浓度限值

项 目	浓度限值（mg/m³）（标准状态）	
	日平均	1h 平均
总悬浮颗粒物（TSP）	0.30	—
二氧化硫（SO_2）	0.15	0.50
氮氧化物（NO_x）	0.08	0.20
氟化物	7（μg/m³） 1.8［μg/(dm²·d)］（挂片法）	20（μg/m³）

注：日平均指任何一日的平均浓度；1h 平均指任何 1h 的平均浓度；连续采样 3d，一日 3 次，晨、中和夕各 1 次；氟化物采样可用动力采样滤膜法或用石灰滤纸挂片法，分别按各自规定的浓度限值执行，石灰滤纸挂片法挂置 7d。

5.1.2.2 绿色食品水环境监测

（1）布点原则

水质监测点的布设要坚持样点的代表性、准确性、合理性和科学性的原则。

坚持从水污染对产地环境质量的影响和危害出发，突出重点，照顾一般的原则。即优先布点监测代表性强，最有可能对产地环境造成污染的方位、水源（系）或产品生产过程中对其质量有直接影响的水源。

对于水资源丰富、水质相对稳定的同一水源（系），样点布设 1～3 个，若不同水源（系）则依次叠加。

对于水资源相对贫乏、水质稳定性较差的水源，则根据实际情况适当增设采样点数。

生产过程中对水质要求较高或直接食用的产品（如生食蔬菜），采样点数适当增加。

对水质要求较低的粮油作物、禾本植物等，采样点数可适当减少，同一水源（系）的采样点数，一般 1～2 个。

对于农业灌溉水系天然降雨的地区，不采农田灌溉水样。

矿泉水环境监测，只要对产地水源进行水质监测。属地表水源（系）的采样点数一般布设 1～3 个，属地下水源的采 1 个采样点。

深海产品养殖用水不必监测，只对加工水进行采样监测；近海（滩涂）渔业养殖用水布设 1～3 个采样点；淡水养殖用水，集中养殖区如水源（系）单一，布设 1～3 个采样点；分散养殖区不同水源（系）布设 1 个采样点。

畜禽养殖用水，属圈养相对集中的，每个水源（系）布设 1 个采样点；反之，适当增加采样点数。

加工用水按国家标准 GB 5749—2006 规定执行，每个水源（系）布设 1 个采样点数。

食用菌生产用水，每个水源（系）各布设 1 个采样点。

（2）布点方法

用地表水进行灌溉的，根据不同情况采用不同的布点方法。

直接引用大江大河进行灌溉的，应在灌溉水进入农田前的灌溉渠道附近河流断面设置采样点。

以小型河流为灌溉水源的，应根据用水情况分段设置监测断面。

①灌溉水系监测断面设置方法　对于常年宽度大于 30m、水深大于 5m 的河流，应在所定监测断面上分左、中、右 3 处设置采样点，采样时应在水面 0.3～0.5m 处各采分样一个，分样混匀后作为一个水样测定；对于一般河流，可在确定的采样断面的中点处，在水面下 0.3～0.5m 处采一个水样即可。

②湖、库、塘、洼的布点方法　10hm² 以下的小型水面，一般在水面中心处设置一个取水断面，在水面下 0.3～0.5m 处采样即可；10hm² 以上的大中型水面，可根据水面功能实际情况，划分为若干片，按上述方法设置采样点。

引用地下水进行灌溉的，在地下水取井处设置采样点。

（3）采样时间与频率

①种植业用水　在农作物生长过程中灌溉用水的主要灌期采样一次。

②水产养殖业用水　在其生长期采样一次。

③畜禽养殖业用水　可与原料产地灌溉用水同步采集饮用水质一次。

④矿泉水水源的样品采集　参照 GB 853—2018 和 GB/T 8538—2016 中有关规定执行。

⑤绿色食品生产（加工）用水　按 GB 5749—2006 规定执行。

(4)样品的采集技术

按 NY/T 396—2000 中 4.4 的规定执行。

(5)监测项目和分析方法

pH 值：GB 6920—1986 水质 pH 值的测定 玻璃电极法。

汞：HJ 597—2011 水质总汞的测定 冷原子吸收分光光度法。

镉：HJ 763—2015 镉水质自动在线监测仪技术要求及检测方法。

砷：HJ 764—2015 砷水质自动在线监测仪技术要求及检测方法。

铅：HJ 762—2015 铅水质自动在线监测仪技术要求及检测方法。

铬：HJ 798—2016 总铬水质自动在线监测仪技术要求及检测方法、HJ 757—2015 水质铬的测定 火焰原子吸收分光光度法。

铜：HJ 486—2009 水质 铜的测定 2,9-二甲基-1,10-菲啰啉分光光度法、HJ 485—2009 水质 铜的测定 二乙基二硫代氨基甲酸钠分光光度法。

氟化物：HJ 488—2009 水质 氟化物的测定 氟试剂分光光度法、HJ 487—2009 水质 氟化物的测定 茜素磺酸锆目视比色法。

氰化物：HJ 484—2009 水质 氰化物的测定 容量法和分光光度法、HJ 659-2013 水质氰化物等的测定 真空检测管-电子比色法 。

氯化物：HJ/T 343—2007 水质 氯化物的测定 硝酸汞滴定法。

溶解氧：HJ 506—2009 水质 溶解氧的测定 电化学探头法。

挥发酚：HJ 825—2017 水质 流动注射-4-氨基安替比林分光光度法。

化学需氧量（COD）：HJ 828—2017 水质 化学需氧量的测定 重铬酸盐法。

生化需氧量（BOD）：HJ/T 86—2002 水质 生化需氧量（BOD）的测定 微生物传感器快速测定法。

细菌总数：GB 5750—2006 生活饮用水检验规范 平皿计数法测定细菌总数。

总大肠菌群：HJ 755—2015 水质 总大肠菌群和粪大肠菌群的测定 纸片快速法。

粪大肠菌群：HJ/T 347—2007 水质 粪大肠菌群的测定 多管发酵法和滤膜法。

(6)水质要求

①农田灌溉水质要求 绿色食品产地农田灌溉水中各项污染物含量不应超过表 5-2 所列的浓度值。

表 5-2 农田灌溉水中各项污染物的浓度限值

项目	浓度限值（mg/L）	项目	浓度限值（mg/L）
pH 值	5.5~8.5	总汞	0.001
总镉	0.005	总砷	0.05
总铅	0.1	六价铬	0.1
氟化物	2.0	化学需氧量（CODcr）	60
石油类	1.0	粪大肠菌群	10 000（个/L）

注：灌溉菜园用的地表水需测粪大肠菌群，其他情况下不测粪大肠菌群。

②渔业水质要求　绿色食品产地渔业用水中各项污染物含量不应超过表 5-3 所列的浓度值。

表 5-3　渔业用水中各项污染物的浓度限值

项目	浓度限值(mg/L)	项目	浓度限值(mg/L)
色、臭、味	不得使水产品异色、异臭和异味	漂浮物质	水面不得出现油膜或浮沫
活性磷酸盐(以 P 计)	海水 0.03	pH 值	6.5~9.0
溶解氧	>5	生化需氧量	淡水 5，海水 3
总大肠菌群	500 个/L(贝类 50 个/L)	总汞	淡水 0.0005，海水 0.0002
总镉	0.005	总铅	淡水 0.05，海水 0.0005
总铜	0.01	总砷	淡水 0.05，海水 0.03
六价铬	淡水 0.1，海水 0.01	挥发酚	0.005
石油类	0.05		

③畜禽养殖用水要求　绿色食品产地畜禽养殖水中各项污染物不应超过表 5-4 所列的浓度值。

表 5-4　畜禽养殖用水中各项污染物的浓度限值

项目	浓度限值(mg/L)	项目	浓度限值(mg/L)
色度	15 度，并不得呈现其他异色	混浊度	3 度
臭和味	不得有异臭、异色	肉眼可见物	不得含有
pH 值	6.5~8.5	氟化物	1.0
氰化物	0.05	总砷	0.05
总汞	0.001	总镉	0.01
六价铬	0.05	总铅	0.05
菌落总数	100(个/mL)	总大肠菌群	不得检出

④加工用水要求　加工用水包括食用菌生产用水、食用盐生产用水等，应符合表 5-5 要求。

表 5-5　加工用水中各项污染物的浓度限值

项目	浓度限值(mg/L)	项目	浓度限值(mg/L)
pH	6.5~8.5	总汞	≤0.001
总砷	≤0.01	总镉	≤0.005
总铅	≤0.01	六价铬	≤0.05
氰化物	≤0.05	氟化物	≤1.0
菌落总数	≤100(cfu/mL)	总大肠菌群	不得检出(MPN/100mL)

⑤食用盐原料水要求　加工用水要求食用盐原料水(包括海水、湖盐或井矿盐天然卤水)应符合表5-6要求。

表 5-6　食用盐原料水质要求

项目	浓度限值(mg/L)	项目	浓度限值(mg/L)
总汞	≤0.001	总砷	≤0.03
总镉	≤0.005	总铅	≤0.01

5.1.2.3　绿色食品土壤环境监测

(1)布点原则

绿色食品产地土壤监测点布设,以能代表整个产地监测区域为原则。

不同的功能区采取不同的布点原则。

坚持最优秀监测原则,优先选择代表性强、可能造成污染的最不利的方位、地块。

(2)布点方法

在环境因素分布比较均匀的监测区域,采取网格法或梅花法布点。

在环境因素分布比较复杂的监测区域,采取随机布点法布点。

在可能受污染的监测区域,可采用放射法布点。

(3)样点数量

监测区的采样点数根据监测的目的要求,土壤的污染分布,面积大小及数理统计、土壤环境评价要求而定。

①大田种植区　对集中连片的大田种植区,产地面积在2000hm² 以内,布设3~5个采样点;面积在2000hm² 以上,面积每增加1000hm²,增加一个采样点。如果大田种植区相对分散,则适当增加采样点数。

②设施种植业区　保护地栽培:产地面积在300hm² 以内,布设3~5个采样点;面积在300hm² 以上,面积每增加300hm²,增加1~2个采样点。如果栽培品种较多,管理措施和水平差异较大,应适当增加采样点数。食用菌栽培:按土壤样品分析测定、评价,一般1种基质采集1个混合样。

③野生产品生产区　对土壤地形变化不大、土质均匀、面积在2000hm² 以内的产区,一般布设3个采样点。面积在2000hm² 以上的,根据增加的面积,适当的增加采样点数。

对于土壤本底元素含量较高、土壤差异较大、特殊地质的区域可因地制宜的酌情布点。

④近海(滩涂)养殖区　底泥布设与水质采样点相同。

⑤深海和网箱养殖区　免测海底泥。

⑥特殊产品生产区　依据其产品工艺特点,某些环境因子(如水、土、气)可以不进行采样监测。如矿泉水、纯净水、太空水、雾化水等,可免监测土壤。

(4)采样时间、层次

采样时间:原则上土壤样品要求安排在作物生长期内采样。

采样时间、层次：一年生作物，土壤采取深度为 0~20cm；多年生植物(如果树)，土壤采取深度为 0~40cm；水产养殖区，底泥采样深度为 0~20cm。

(5)采样技术

按 NY/T 397—2000 中第 4 章的规定执行。

(6)监测项目及分析方法

- pH 值：玻璃电极法(土：水=1.0：2.5)。
- 汞：土样经硝酸-硫酸-五氧化二钒或硫、硝酸锰酸钾消解后，冷原子吸收法测定。
- 镉：土样经盐酸-硝酸-高氯酸(或盐酸-硝酸-氢氟酸-高氯酸)消解后，萃取-火焰原子吸收法测定或石墨炉原子吸收分光光度法测定。
- 铅：土样经盐酸-硝酸-氢氟酸-高氯酸消解后，萃取-火焰原子吸收法测定或石墨炉原子吸收分光光度法测定。
- 砷：土样经硫酸-硝酸-高氯酸消解后，二乙基二硫代氨基甲酸银分光光度法测定；或土样经硝酸-盐酸-高氯酸消解后，硼氢化钾-硝酸银分光光度法测定。
- 铬：土样经硫酸-硝酸-氢氟酸消解后，高锰酸钾氧、二苯碳酰二肼光度法测定或加氯化铵液，火焰原子吸收分光光度法测定。
- 六六六和滴滴涕：GB/T 14550—1993 土壤质量 六六六和滴滴涕的测定 气相色谱法。
- 全氮：GB 7173—1987 土壤全氮测定法。

注：分析方法除土壤六六六和滴滴涕、全氮有国家标准外，其他项目待国家方法标准发布后执行，现暂采用下列方法：《环境监测分析方法》，1983，城乡建设环境保护部环境保护局，山西科学出版社；《土壤元素的近代分析方法》，1992，中国环境监测总站编，中国环境科学出版社；《土壤理化分析》，1978，中国科学院南京土壤研究所编，上海科技出版社。

(7)土壤环境要求

绿色食品产地各种不同土壤中的各项污染物含量不应超过表 5-7 所列的限值。将土壤按耕作方式的不同分为旱田和水田两大类，每类又根据土壤 pH 值的高低分为 3 种情况，即 pH<6.5，pH=6.5~7.5，pH>7.5。

表 5-7 土壤质量要求   mg/kg

项目	旱 田			水 田		
	pH<6.5	6.5≤pH≤7.5	pH>7.5	pH<6.5	6.5≤pH≤7.5	pH>7.5
总镉	≤0.30	≤0.30	≤0.40	≤0.30	≤0.30	≤0.40
总汞	≤0.25	≤0.30	≤0.35	≤0.30	≤0.40	≤0.40
总砷	≤25	≤20	≤20	≤20	≤20	≤15
总铅	≤50	≤50	≤50	≤50	≤50	≤50
总铬	≤120	≤120	≤120	≤120	≤120	≤120
总铜	≤50	≤60	≤60	≤50	≤60	≤60

注：果园土壤中铜限量值为旱田中铜限量值的 2 倍；水旱轮作的标准值取严不取宽；底泥按照水田标准值执行。

生产 AA 级绿色食品时，转化后的耕地土壤肥力要达到土壤肥力分级 Ⅰ~Ⅱ级指标。生产 A 级绿色食品时，土壤肥力作为参考指标(表 5-8)。

表 5-8　土壤肥力分级参考指标

项目	级别	旱地	水田	菜地	园地	牧地
有机质(g/kg)	I	>15	>25	>30	>20	>20
	II	10~15	20~25	20~30	15~20	15~20
	III	<10	<20	<20	<15	<15
全氮(g/kg)	I	>1.0	>1.2	>1.2	>1.0	—
	II	0.8~1.0	1.0~1.2	1.0~1.2	0.8~1.0	—
	III	<0.8	<1.0	<1.0	<0.8	—
有效磷(mg/kg)	I	>10	>15	>40	>10	>10
	II	5~10	10~15	20~40	5~10	5~10
	III	<5	<10	<20	<5	<5
速效钾(mg/kg)	I	>120	>100	>150	>100	
	II	80~120	50~100	100~150	50~100	
	III	<80	<50	<100	<50	
阳离子交换量 [cmol(+)/kg]	I	>20	>20	>20	>20	—
	II	15~20	15~20	15~20	15~20	—
	III	<15	<15	<15	<15	—

注：底泥、食用菌栽培基质不做土壤肥力检测。

土培食用菌栽培基质按表 5-7 执行，其他栽培基质应符合表 5-9 要求。

表 5-9　食用菌栽培基质要求　　　　　　　　　　　　　　　mg/kg

项目	指标	项目	指标
总汞	≤ 0.1	总砷	≤ 0.8
总镉	≤ 0.3	总铅	≤ 35

5.1.3　特殊产品的环境监测

依据产品工艺特点，某些环境因子(土壤、大气、水)事先报中心批准，可以不进行监测。根据几年来的监测实践经验及产品的特点，对以下几种产品的环境监测做如下规定：矿泉水环境监测只要求对水源进行水质监测，土壤、大气不必监测；深海产品只要求对加工水进行监测；野生产品的环境监测可以适当少布点；深山野生产品及深山蜂产品，水质及大气不要求监测；蘑菇等特殊产品监测要依据具体原料来源情况，经监测单位与中心商量后再确定。

5.1.4 绿色食品产地环境质量现状评价方法

环境质量评价方法是环境质量评价的核心。环境质量评价方法很多，不同对象的评价方法又不完全相同。依据简明、可比、可综合的原则，环境质量评价一般多采用指数法。指数法又可分为单项指数法和综合指数法。自 1966 年美国提出格林大气污染指数以来，环境质量综合指数评价方法得到了不断完善和发展。综合指数评价有多种模式：几何均数模式、Nemerow 模式、南京模式、橡树岭模式、混合加权模式等。其中，几何均数模式具有较好的分辨率，Nemerow 模式更强调偏离标准值最大因子的作用，两者均合适绿色食品产地的环境质量评价。

绿色食品产地现行的评价采用单项污染指数与综合指数相结合的方法。AA 级绿色食品产地环境质量评价方法采用单项指数法。

污染指数：

$$P_i = C_i / S_i$$

式中　P_i——环境中污染物 i 的污染指数；

　　　　C_i——环境中污染物 i 的实测数据；

　　　　S_i——污染物 i 的评价标准。

$P_i < 1$ 未污染　适宜发展 AA 级绿色食品；$P_i > 1$ 污染　不适宜发展 AA 级绿色食品。

A 级绿色食品产地的水、土壤质量评价采用分指数平均值和最大值相结合的 Nemerow 指数法，大气质量评价采用既考虑大气平均值，也适当兼顾最高值的上海大气质量指数法。

Nemerow 指数法：

$$P_{\text{综}} = \sqrt{\left[(C_i / S_i)^2_{\max} + (C_i / S_i)^2_{\text{ave}} \right] / 2}$$

式中　$(C_i / S_i)_{\max}$——土壤（水）污染物中污染指数最大值；

　　　　$(C_i / S_i)_{\text{ave}}$——土壤（水）各污染指数的平均值。

上海大气质量指数：

$$I_i = \sqrt{(\max C_1 / S_1,\ C_2 / S_2 \cdots C_k / S_k) \times 1/k \times \sum_{i=1}^{k} C_i / S_i}$$

式中　I_i——大气质量指数；

　　　　C_i / S_i——分指数。

5.2　绿色食品的产品质量安全检测

绿色食品最终产品必须由中国绿色食品发展中心指定的食品检测部门依据绿色食品标准和绿色食品卫生标准进行检测。

5.2.1　绿色食品定点食品检测机构

5.2.1.1　绿色食品定点食品检测机构的委托

绿色食品定点食品检测机构是中国绿色食品发展中心根据行政区划的划分、绿色食品在全国各地的发展情况、各地食品检测机构的检测能力、检测单位与中心的合作愿望等因素而由中国绿色食品发展中心直接委托。委托的定点食品检测机构首先应已通过国家级计量认证；其次是该单位被定为行业检测单位，有跨地域检测的资格，检测报告要有权威性；该单位所在地区绿色食品事业发展较快，有必要建立定点食品检测机构；该单位对绿色食品有一定了解，并积极与绿色食品事业协作，能够为绿色食品发展贡献力量。

5.2.1.2　绿色食品定点食品检测机构的职能

按照绿色食品产品标准对申报产品进行监督检验；根据中国绿色食品发展中心的抽检计划，对获得绿色食品标志使用权的产品进行年度抽检；根据中国绿色食品发展中心的安排，对检验结果提出仲裁要求的产品进行复检；根据中国绿色食品发展中心的布置，专题研究绿色食品质量控制有关问题；有计划引进、翻译国际上有关标准，研究和制订我国绿色食品的有关产品标准。

5.2.1.3　绿色食品定点食品检测机构名单(表 5-10)

表 5-10　绿色食品定点检测机构名单(2018 年 9 月 12 日更新)

省(自治区、直辖市)	检测机构名称	联系人	座机	初次时间	续报到期时间	检测范围
北京	农业部蜂产品质量监督检验测试中心(北京)	陈兰珍	010-62593411	20160801	20190508	产品
北京	谱尼测试集团股份有限公司	林晓音	010-83055000 转 2022	20170201	20191230	产品、环境
北京	农业部农业环境质量监督检验测试中心(北京)	高景红	010-82071872	20160508	20190508	环境
北京	农业部蔬菜品质监督检验测试中心(北京)	钱洪	010-62137926	20160508	20190508	产品
天津	农业部环境质量监督检验测试中心(天津)	王跃华	022-23611260	20160508	20190508	环境
天津	农业部乳品质量监督检验测试中心	翟卉	022-23416617	20160508	20190508	产品、环境
河北	河北省分析测试研究中心	杨晓华	0311-81669047	20160508	20200806	环境
河北	唐山市畜牧水产品质量监测中心	苗建民	0315-7909150	20171208	20200806	产品
河北	国家果类及农副加工产品质量监督检验中心(石家庄)	张翠侠	0311-67568334	20160209	20190508	产品
山西	山西农业大学环境监测中心	樊文华	0354-6288322	20160508	20200806	环境

（续）

省（自治区、直辖市）	检测机构名称	联系人	座机	初次时间	续报到期时间	检测范围
山西	农业部农产品质量安全监督检验测试中心（太原）	牛玮	0351-6779134	20170201	20191230	产品、环境
内蒙古	农业部农产品质量安全监督检验测试中心（呼和浩特）	高天云	0471-5904559	20160209	20190508	产品、环境
辽宁	农业部农产品质量监督检验测试中心（沈阳）	王建忠	024-31023348	20160508	20190508	环境
辽宁	辽宁省分析科学研究院	李红	024-22564960	20171208	20200806	产品
辽宁	农业部农产品质量监督检验测试中心（沈阳）	王建忠	024-31023348	20160508	20190508	环境
辽宁	辽宁省分析科学研究院	李红	024-22564960	20171208	20200806	产品
辽宁	中国科学院沈阳应用生态研究所农产品安全与环境质量检测中心	王瑜	024-83970390	20160508	20190508	产品、环境
吉林	国家农业深加工产品质量监督检验中心	周兰影	0431-85374716	20140826	20191230	产品
吉林	国土资源部长春矿产资源监督检测中心	田稼	0431-85952658	20160508	20190508	环境
黑龙江	黑龙江省华测检测技术有限公司	杨桂玲	0451-87137066	201508	20180515	产品、环境
黑龙江	农业部谷物及制品质量监督检验测试中心（哈尔滨）	程爱华	0451-86617948	20160509	20190508	产品
黑龙江	黑龙江出入境检验检疫局检验检疫技术中心齐齐哈尔分中心	赵琪	0452-2457818	20171209	20200806	产品
黑龙江	黑龙江出入境检验检疫局检验检疫技术中心	白月	0451-82332958	20161230	20191230	产品、环境
黑龙江农垦	黑龙江省农垦环境监测佳木斯站（农业部食品质量监督检验测试中心（佳木斯））	程春芝	0454-8359547	20160508	20190508	产品、环境
上海	上海市农药研究所有限公司	徐华能	021-64389275	20170928	20200806	产品
上海	谱尼测试集团上海有限公司	解浩	021-64851999	20170928	20200806	产品、环境
上海	农业部食品质量监督检验测试中心（上海）	韩奕奕	021-59804480	20160505	20190508	产品、环境

（续）

省（自治区、直辖市）	检测机构名称	联系人	座机	初次时间	续报到期时间	检测范围
上海	上海必诺检测技术服务有限公司	王竹怡	021-55156873	20170927	20200927	产品、环境
上海	上海中维检测技术有限公司	路普亮	021-67699 023-8034	20180321	20210321	产品
江苏	常州市农畜水产品质量监督检验测试中心	蒋治国	0519-81661989	20161120	20190508	产品、环境
江苏	农业部畜禽产品质量安全监督检验测试中心（南京）	黄珏	025-86263655	20160209	20190508	产品
江苏	农业部农产品质量安全监督检验测试中心（南京）[农业部农业环境质量监督检验测试中心（南京）]	孙钰洁	025-86229784	20160209	20190508	产品、环境
江苏	江苏中谱检测有限公司	陈梅	025-58866726	20170927	20200927	产品
浙江	农业部茶叶质量监督检验测试中心	金寿珍	0571-86650124	20160508	20190508	产品
浙江	农业部稻米及制品质量监督检验测试中心	闵捷	0571-63372451	20170806	20200806	产品
浙江	农业部农产品及转基因产品质量安全监督检验测试中心（杭州）	胡桂仙	0571-86417319	20171209	20200806	产品、环境
浙江	国土资源部杭州矿产资源监督检测中心	王杰	0571-85113510	20130607	20190508	环境
浙江	绿城农科检测技术有限公司	路大海	0571-85291122	20170927	20200927	产品、环境
安徽	国土资源部合肥矿产资源监督检测中心	陶文靖	0551-2880338	20130709	20190508	环境
安徽	安徽省公众检验研究院有限公司	唐志	0551-65146929	20170213	20200213	产品、环境
福建	漳州市农业检验监测中心	蔡恩兴	0596-2606657	20171209	20200806	产品、环境
江西	江西省农科院绿色食品环境监测中心	苏全平	0791-7090675	20130505	20190508	环境
江西	农业农村部肉及肉制品质量监督检验测试中心	聂根新	0791-7090291	20130505	20190508	产品
山东	农业部食品质量监督检验测试中心（济南）	刘宾	0531-83179301	20160508	20190508	产品、环境
山东	山东省农副产品质量监督检验中心（高青）	张文学	0533-6968122	20161017	20191017	产品

（续）

省(自治区、直辖市)	检测机构名称	联系人	座机	初次时间	续报到期时间	检测范围
山东	农业部果品及苗木质量监督检验测试中心(烟台)	李晓亮	0535-6357889	20160209	20190508	产品
山东	山东拜尔检测股份有限公司	刘清亮		20170927	20200927	产品、环境
山东	潍坊海润华辰检测技术有限公司	薛勇	0536-2119106-805	20170927	20200927	产品、环境
青岛	农业部动物及动物产品卫生质量监督检验测试中心	王玉东	0532-85643198	20160508	20190508	产品
青岛	农业部农产品质量安全监督检验测试中心(青岛)	苗在京	0532-68078066	20160508	20190508	环境
青岛	青岛谱尼测试有限公司	稽春波	0532-88706866	20170928	20200806	产品、环境
青岛	青岛中维安全检测有限公司	牛军舰	0532-86666777	20170928	20200806	产品
青岛	青岛市华测检测技术有限公司	孙凯	0532-58820523	20170213	20200213	产品、环境
青岛	山东世通检测评价技术服务有限公司	车延年	0532-68681345	20180131	20210131	产品
河南	农业部农产品质量监督检验测试中心(郑州)	贾斌	0371-65753926	20160508	20190508	产品、环境
河南	南阳市农产品质量检测中心	闫玉新	0377-65029620	20160209	20190508	环境
河南	农业部果品及苗木质量监督检验测试中心(郑州)	李君	0371-65330951	20160209	20190508	产品
河南	河南广电计量检测有限公司	尚肖利	0371-56576341	20170927	20200927	产品、环境
湖北	农业部食品质量监督检验测试中心(武汉)湖北省农药及农产品质量安全监督检验站	樊铭勇	027-87389482	20130505	20190508	产品、环境
湖北	武汉市华测检测技术有限公司	李圆圆	027-59701444	20170927	20200927	产品、环境
湖北	武汉净澜检测有限公司	宋振奋	027-81736778	20180131	20210131	环境
湖南	国土资源部长沙矿产资源监督检测中心	柳昭	0731-85164891	20160508	20190508	环境
湖南	湖南华科环境检测技术服务有限公司	张凤杰	0731-84215738	20190315	20190315	环境
湖南	湖南省农产品质量检验检测中心	廖中建	0731-84425500	20160518	20190508	产品、环境
湖南	湖南省食品测试分析中心	尚雪波	0731-84609788	20160518	20190508	产品
湖南	湖南正信检测技术有限公司	唐冰	0731-22117712	20170927	20200927	产品、环境

（续）

省（自治区、直辖市）	检测机构名称	联系人	座机	初次时间	续报到期时间	检测范围
湖南	湖南山水检测有限公司	邹明晖	0731-85859555	20180508	20210508	产品、环境
广东	农业部蔬菜水果质量监督检验测试中心（广州）	陆莹	020-85161060	20160508	20190508	产品、环境
广东	农业部食品质量监督检验测试中心（湛江）	杨健荣	0759-2228505	20130505	20190508	产品、环境
广东	广州市农业科学研究院农业环境与农产品检测中心	王佛娇	020-84969087	20130710	20190508	产品、环境
广东	华测检测认证集团股份有限公司	朱娜	0755-33682931	20180131	20210131	产品、环境
广东	谱尼测试集团深圳有限公司	张莉	0755-2605 0909-852	20180131	20210131	产品、环境
广西	农业部亚热带果品蔬菜质量监督检验测试中心	杜国冬	0771-2539086	20140820	20191230	产品
广西	广西壮族自治区分析测试研究中心	卢安根	0771-5317110	20160520	20190508	环境
海南	农业部热带农产品质量监督检验测试中心	郭玲	0898-66895009	20140821	20190508	产品、环境
重庆	农业部农产品质量安全监督检验测试中心（重庆）	李必全	023-65717009	20140825	20190508	产品、环境
四川	农业部食品质量监督检验测试中心（成都）	罗苹	028-84504144	20160508	20190508	产品
四川	农业部肥料质量监督检验测试中心（成都）	张兰	028-85505317	20160508	20190508	环境
贵州	贵州省分析测试研究院	王大霞	0851-5891974	20160520	20190508	环境
云南	云南蓝硕环境信息咨询有限公司	侯虹宇	0874-3283699	201607	20190715	环境
云南	农业部农产品质量监督检验测试中心（昆明）	汪禄祥	0871-65140403	20130505	20190508	产品
西藏	农业部农产品质量监督检验测试中心（拉萨）	次顿	0891-6861207	20160202	20190508	产品
陕西	农业部农业环境质量监督检验测试中心（西安）	凌莉	029-87319823	20160508	20190508	环境
陕西	国土资源部西安矿产资源监督检测中心	田萍	029-87851467	20160508	20190508	环境
甘肃	甘肃省分析测试中心	张锋	0931-2199031	20160518	20190508	产品、环境

（续）

省（自治区、 直辖市）	检测机构名称	联系人	座机	初次时间	续报到期 时间	检测范围
甘肃	甘肃国信润达分析测试中心	冉雅琴	0931-4699999	20161109	20191109	产品、环境
青海	国土资源部西宁矿产 资源监督检测中心（原地质 矿产部青海省中心实验室）	董迈青	0971-6301256	20160209	20190508	环境
宁夏	农业部农产品质量安全 监督检验测试中心（银川）	吴秀玲	0951-5045023	20170229	20191230	产品
宁夏	农业部枸杞产品质量 监督检验测试中心	单巧玲	0951-6886863	20160209	20190508	产品
宁夏	宁夏供销社农产品质量监督 检验测试中心（宁夏四季鲜农产品 质量检验检测有限公司）	王凤芝	0951-8039690	20161017	20191017	产品、环境
新疆	农业部农产品质量监督 检验测试中心（乌鲁木齐）	王成	0991-4558195	20140607	20190508	产品、环境
新疆	新疆维吾尔自治区分析测试研究院	赵林同	0991-3835162	20171209	20200806	产品、环境
新疆 兵团	农业部食品质量监督 检验测试中心（石河子）	罗瑞峰	0993-6683656	201308505	20190508	产品、环境

5.2.2 原料检测

绿色食品的主要原料必须是来自绿色食品产地，按绿色食品生产操作规程生产出来的产品。对于某些进口原料，如果蔬脆片所用的棕榈油、生产冰淇淋所用的黄油和奶粉，无法进行原料产地环境检测的，要经中国绿色食品发展中心指定的食品检测中心，按绿色食品标准进行检验，符合标准的产品才能作为绿色食品加工原料。

5.2.2.1 种植业

AA 级绿色食品的环境质量要求：大气环境质量评价采用《大气环境质量标准》（GB 3095—1996）中所列的一级标准。农田灌溉用水评价采用《农田灌溉水质标准》（GB 5084—2005）。土壤评价采用该土壤类型背景值的算术平均值加 2 倍标准差。

A 级绿色食品的环境质量评价标准与 AA 级绿色食品相同，但其评价方法采用综合污染指数法，绿色食品产地的大气、土壤和水等各项环境检测指标的综合污染指数均不得超过 1。

AA 级绿色食品在生产过程中禁止使用任何有害化学合成肥料、化学农药及化学合成食品添加剂。其评价标准采用《生产绿色食品的农药使用准则》《生产绿色食品的肥料使用准则》及有关地区的《绿色食品生产操作规程》的相应条款。

A 级绿色食品在生产过程中允许限量使用限定的化学合成物质，其评价标准采用《生产绿色食品的农药使用准则》《生产绿色食品的肥料使用准则》及有关地区的《绿色食品生产操作规程》的相应条款。

5.2.2.2　畜牧业

畜禽饮用水评价采用《地面水环境质量标准》（GB 3838—2002）中所列三类标准。

主要饲料来源于无公害区域内的草场、农区、绿色食品饲料种植地和绿色食品加工产品的副产品。

饲料添加剂的使用必须符合《生产绿色食品的饲料添加剂使用准则》，畜禽房舍消毒及畜禽疫病防治用药必须符合《生产绿色食品的兽药使用准则》。

5.2.2.3　水产业

养殖用水必须达到绿色食品要求的水质标准《渔业水质标准》（GB 11607—1989）。

鲜活饵料和人工配合饲料应来源于无公害生产区域。

人工配合饲料的添加剂使用必须符合《生产绿色食品的饲料添加剂使用准则》。

疫病防治用药必须符合《生产绿色食品的水产养殖用药使用准则》。

5.2.2.4　加工用水

加工用水评价采用《生活饮用水卫生标准》（GB 5749—2006）。

5.2.3　绿色食品产品检测

5.2.3.1　绿色食品的行业标准

AA 级绿色食品中各种化学合成农药及合成食品添加剂均不得检出，其他指标应达到农业部 A 级绿色食品产品行业标准。

（1）种植业产品标准

绿色食品 豆类	NY/T 285—2012
绿色食品 茶叶	NY/T 288—2012
绿色食品 咖啡粉	NY/T 289—2012
绿色食品 玉米及玉米制品	NY/T 418—2014
绿色食品 大米	NY/T 419—2014
绿色食品 花生及制品	NY/T 420—2017
绿色食品 柑橘类水果	NY/T 426—2012
绿色食品 西甜瓜	NY/T 427—2016
绿色食品 白菜类蔬菜	NY/T 654—2012
绿色食品 茄果类蔬菜	NY/T 655—2012
绿色食品 绿叶类蔬菜	NY/T 743—2012
绿色食品 葱蒜类蔬菜	NY/T 744—2012
绿色食品 根菜类蔬菜	NY/T 745—2012
绿色食品 甘蓝类蔬菜	NY/T 746—2012
绿色食品 瓜类蔬菜	NY/T 747—2012
绿色食品 豆类蔬菜	NY/T 748—2012

绿色食品 食用菌 NY/T 749—2012

绿色食品 薯芋类蔬菜 NY/T 1049—2015

绿色食品 芥菜类蔬菜 NY/T 1324—2015

绿色食品 芽苗类蔬菜 NY/T 1325—2015

绿色食品 多年生蔬菜 NY/T 1326—2015

绿色食品 水生蔬菜 NY/T 1405—2015

绿色食品 食用花卉 NY/T 1506—2015

绿色食品 热带、亚热带水果 NY/T 750—2011

绿色食品 温带水果 NY/T 844—2017

绿色食品 大麦 NY/T 891—2014

绿色食品 燕麦 NY/T 892—2014

绿色食品 粟米 NY/T 893—2014

绿色食品 荞麦 NY/T 894—2014

绿色食品 高粱 NY/T 895—2015

绿色食品 香辛料及其制品 NY/T 901—2011

绿色食品 黑打瓜籽 NY/T 429—2015

绿色食品 瓜子 NY/T 902—2015

绿色食品 坚果 NY/T 1042—2017

绿色食品 人参和西洋参 NY/T 1043—2016

绿色食品 枸杞 NY/T 1051—2014

（2）畜禽产品标准

绿色食品 蜂产品 NY/T 752—2012

绿色食品 禽肉 NY/T 753—2012

绿色食品 乳制品 NY/T 657—2012

绿色食品 蛋及蛋制品 NY/T 754—2011

绿色食品 肉及肉制品 NY/T 843—2015

绿色食品 畜禽可食用副产品 NY/T 1513—2017

（3）渔业产品标准

绿色食品 虾 NY/T 840—2012

绿色食品 蟹 NY/T 841—2012

绿色食品 鱼 NY/T 842—2012

绿色食品 海水贝 NY/T 1329—2017

绿色食品 龟鳖类 NY/T 1050—2006

绿色食品 海参及制品 NY/T 1514—2007

绿色食品 海蜇及制品 NY/T 1515—2007

绿色食品 蛙类及制品 NY/T 1516—2007

绿色食品 藻类及其制品 NY/T 1709—2011

绿色食品 头足类水产品 NY/T 2975—2016

(4)加工产品标准

绿色食品 啤酒	NY/T 273—2012
绿色食品 小麦粉	NY/T 421—2000
绿色食品 食用糖	NY/T 422—2016
绿色食品 果(蔬)酱	NY/T 431—2017
绿色食品 白酒	NY/T 432—2014
绿色食品 植物蛋白饮料	NY/T 433—2014
绿色食品 果蔬汁饮料	NY/T 434—2016
绿色食品 水果、蔬菜脆片	NY/T 435—2012
绿色食品 蜜饯	NY/T 436—2009
绿色食品 酱腌菜	NY/T 437—2012
绿色食品 食用植物油	NY/T 751—2017
绿色食品 黄酒	NY/T 897—2017
绿色食品 含乳饮料	NY/T 898—2016
绿色食品 冷冻饮品	NY/T 899—2016
绿色食品 发酵调味品	NY/T 900—2016
绿色食品 淀粉及淀粉制品	NY/T 1039—2014
绿色食品 干果	NY/T 1041—2010
绿色食品 藕及其制品	NY/T 1044—2007
绿色食品 脱水蔬菜	NY/T 1045—2014
绿色食品 焙烤食品	NY/T 1046—2016
绿色食品 水果、蔬菜罐头	NY/T 1047—2014
绿色食品 笋及笋制品	NY/T 1048—2012
绿色食品 豆制品	NY/T 1052—2014
绿色食品 味精	NY/T 1053—2006
绿色食品 固体饮料	NY/T 1323—2017
绿色食品 鱼糜制品	NY/T 1327—2007
绿色食品 鱼罐头	NY/T 1328—2007
绿色食品 方便主食品	NY/T 1330—2007
绿色食品 速冻蔬菜	NY/T 1406—2007
绿色食品 速冻预包装面米食品	NY/T 1407—2007
绿色食品 速冻水果	NY/T 2983—2016
绿色食品 果酒	NY/T 1508—2017
绿色食品 生面食、米粉制品	NY/T 1512—2014
绿色食品 麦类制品	NY/T 1510—2016
绿色食品 膨化食品	NY/T 1511—2015
绿色食品 芝麻及其制品	NY/T 1509—2017
绿色食品 茶饮料	NY/T 1713—2009

绿色食品 即食谷粉	NY/T 1714—2015
绿色食品 干制水产品	NY/T 1712—2009
绿色食品 辣椒制品	NY/T 1711—2009
绿色食品 水产调味品	NY/T 1710—2009
绿色食品 果蔬粉	NY/T 1884—2010
绿色食品 米酒	NY/T 1885—2017
绿色食品 复合调味料	NY/T 1886—2010
绿色食品 乳清制品	NY/T 1887—2010
绿色食品 软体动物休闲食品	NY/T 1888—2010
绿色食品 烘炒食品	NY/T 1889—2010
绿色食品 蒸制类糕点	NY/T 1890—2010
绿色食品 配制酒	NY/T 2104—2011
绿色食品 汤类罐头	NY/T 2105—2011
绿色食品 谷物类罐头	NY/T 2106—2011
绿色食品 食品馅料	NY/T 2107—2011
绿色食品 熟粉及熟米制糕点	NY/T 2108—2011
绿色食品 鱼类休闲食品	NY/T 2109—2011
绿色食品 冷藏、冷冻调制水产品	NY/T 2976—2016
绿色食品 淀粉糖和糖浆	NY/T 2110—2011
绿色食品 调味油	NY/T 2111—2011

(5) 参照执行的国家标准和行业标准

饮用天然矿泉水	GB 8537—2008
啤酒花制品	GB 20369—2006
瓶(桶)装饮用水卫生标准	GB 19298—2003
糖果卫生标准	GB 9678.1—2003
鲜、冻动物性水产品卫生标准	GB 2733—2005
果冻	GB 19883—2005
稻谷	GB 1350—2009
调味料酒	SB/T 10416—2007
海胆制品	SC/T 3902—2001
冻裹面包屑虾	GB/T 21672—2008
冻裹面包屑鱼	GB/T 22180—2008
小麦	GB/T 1351—2008
松花粉	GH/T 1030—2004

5.2.3.2 绿色食品的感官评定

感官评定包括绿色食品产品的外形、色泽、气味、口感、质地等。绿色食品产品标准中感官要求有定性、半定量、定量指标，其要求严于同类非绿色食品。例如，《大豆油标准》(GB 1535—1986)中以及《食用植物油卫生标准》(GB 2716—1988)中，均无"透明度"

这项感官指标，而《绿色食品大豆油标准》(NY/T 286—1995)增加了"透明度"指标，又如绿色食品全脂乳粉感官评分标准均达到国家 GB 5410—2008 的特级产品标准。

5.2.3.3 绿色食品的理化检测

理化检测是绿色食品的内含要求，包括应有的成分指标如蛋白质、脂肪、水分、灰分、糖类、维生素等。这些指标不低于国家标准要求，农药残留和重金属含量等污染指标与国外先进标准或国际标准接轨。

常规营养成分的分析方法：GB/T 5009.1 ~ GB/T 5009.10—1985　食品卫生检验方法理化部分。

5.2.3.4 绿色食品的卫生检测

绿色食品卫生标准通常高于或等同现行有关国家、部门、行业标准，有些还增加了检测项目。绿色食品卫生标准一般分为 3 个部分：农药残留、有害重金属和细菌等(表5-11)。具体见第 2 章 2.2。

表 5-11　4 种绿色食品的卫生标准　mg/kg

检测项目	黄瓜	番茄	菜豆	豇豆
砷(以 As 计)	≤0.2	≤0.2	≤0.2	≤0.2
六六六	≤0.05	≤0.05	≤0.1	≤0.1
DDT	≤0.05	≤0.05	≤0.05	≤0.05
汞(以 Hg 计)	≤0.01	≤0.01	≤0.01	≤0.01
氟	≤1.0	≤1.00	≤1.00	≤1.00
镉(以 Cd 计)	≤0.05	≤0.05	≤0.05	≤0.05
硒(以 Hg 计)	≤0.1	≤0.1	—	—
锌(以 Zn 计)	≤20	≤20	—	—
稀土元素	≤0.7	≤0.7	—	—
杀螟硫磷	≤0.4	≤0.4	≤0.4	≤0.4
倍硫磷	≤0.05	≤0.05	≤0.05	≤0.05
乐果	≤1.0	≤1.0	≤1.0	≤1.0
敌敌畏	≤0.2	≤0.2	≤0.2	≤0.2
甲拌磷	不得检出	不得检出	—	—
对硫磷	不得检出	不得检出	—	—
马拉硫磷	不得检出	不得检出	不得检出	不得检出
大肠杆菌	≤30	≤30	—	—
致病菌	不得检出	不得检出	—	—
寄生虫	不得检出	不得检出	—	—

食品微生物的检测方法：GB/T 4789.1~4789.31—1994。

食品中重金属类的检测方法：GB/T 5009.11~5009.18—1996。

食品中农药残留及毒素的检测方法：GB/T 5009.19~5009.27—1996。

5.2.3.5 绿色食品添加剂的检测

绿色食品生产过程中食品添加剂的使用严格遵守《绿色食品添加剂使用准则》（NY/T 392—2013）（表5-12）。

表 5-12 生产 A 级绿色食品不得使用的食品添加剂

类　别	食品添加剂名称
酸度调节剂	富马酸一钠
抗结剂	亚铁氰化钾
抗氧化剂	4-己基间苯二酚
漂白剂	硫黄
膨松剂	硫酸铝钾（钾明矾）、硫酸铝铵（铵明矾）
着色剂	赤藓红、赤藓红铝色淀、新红新红铝色淀、二氧化钛、焦糖色（亚硫酸铵法）、焦糖色（加氨生产）
护色剂	硝酸钠（钾）、亚硝酸钠（钾）
乳化剂	山梨醇酐单油酸酯（司盘 80）、山梨醇酐单棕榈酸酯（司盘 40）、山梨醇酐单月桂酸酯（司盘 20）、聚氧乙烯山梨醇酐单油酸酯（吐温 80）、聚氧乙烯（20）-山梨醇酐单月桂酸酯（吐温 20）、聚氧乙烯（20）-山梨醇酐单棕榈酸酯（吐温 40）
防腐剂	苯甲酸、苯甲酸钠、乙氧基喹、仲丁胺、桂醛、噻苯咪唑、乙萘酚、联苯醚、2-苯基苯酚钠盐、4-苯基苯酚、十二烷基二甲基溴化胺（新洁尔灭）、2,4-二氯苯氧乙酸
甜味剂	糖精钠、环乙基氨基磺酸钠（甜蜜素）
增稠剂	海萝胶
胶基糖果中基础剂物质	胶基糖果中基础剂物质

食品添加剂的检测方法：GB/T 5009.28~5009.32—2003。

5.2.4 绿色食品包装的检测

食品包装是指为了在食品流通过程中保护产品、方便贮运、促进销售，按照一定的技术方法而采用的容器、材料及辅助物的总称，也是指为了上述目的而采用的容器、材料及辅助物的过程中施加一定的技术方法等的操作活动。食品包装的基本要求：较长的保质期，不带来二次污染，少损失原来的营养及风味，成本低，贮藏运输方便安全，增加美感引起食欲等。

绿色食品的包装还必须符合以下要求：

①包装材料　安全性、可降解性、可重复利用性。

②包装技术　在包装过程中不能对产品引入污染及对环境造成污染。对包装环境、包装设备、包装人员进行检测。

绿色食品产品包装，除符合食品包装的基本要求和国家标准《预包装食品标签通则》（GB 7718—2011）外，在包装装潢上应符合《绿色食品标志设计标准手册》的要求。AA 级绿色食品标志与标准字体为绿色，底色为白色，A 级绿色食品标志与标准字体为白色，底色为绿色。

食品包装材料的检测方法（GB/T 5009.156—2016、GB/T 5009.127—2003、GB/T 5009.98—2003、GB/T 5009.101—2003）。

第6章 绿色食品认证

绿色食品认证是来自买方对卖方产品质量信任和接受的客观要求。2003年11月，国务院颁布的《中华人民共和国产品质量认证管理条例》，对产品质量认证作如下表述："产品质量认证是指由认证机构证明产品、服务、管理体系符合相关技术规范、相关技术规范的强制性要求或者标准的合格评定活动"。绿色食品认定和标志许可使用的依据是绿色食品标准，绿色食品标志的管理机构是中国绿色食品发展中心。绿色食品管理的方式是认定合格的绿色食品，颁发绿色食品证书和绿色食品标志，并予以登记注册和公告。绿色食品标志监督管理机构和人员包括：

(1)中国绿色食品发展中心(China Green Food Development Center, CGFDC)

中国绿色食品发展中心是经中华人民共和国原人事部批准的，组织和指导全国绿色食品开发和管理工作的权威机构，1990年开始筹备并积极开展工作，1992年11月正式成立，现隶属中华人民共和国农业农村部。1993年，加入国际有机农业运动联盟(International Federation of Organic Agriculture Movements, IFOAM)。中心是负责绿色食品标志许可、有机农产品认证、农产品地理标志登记保护、协调指导地方无公害农产品认证工作的"三品一标"专门机构，同时负责组织开展农产品品质规格、营养功能评价鉴定，协调指导名优农产品品牌培育、认定和推广等工作。中国绿色食品发展中心的主要职能是：受农业农村部委托，制订绿色食品发展方针、政策及规划，组织制订和推行绿色食品的各类标准；依据标准，进行绿色食品标志许可审核；依据《农产品质量安全法》《中华人民共和国商标法》，实施绿色食品产品质量监督和标志商标管理；组织开展绿色食品科研、示范、技术推广、培训、信息交流与合作等工作；指导各省(自治区、直辖市)绿色食品管理机构的工作；组织、协调绿色食品产地环境和产品质量监测工作。

(2)各省(自治区、直辖市)绿色食品委托管理机构

各省(自治区、直辖市)绿色食品委托管理机构是由中国绿色食品发展中心委托，负责本辖区内绿色食品商标标志的申请、使用许可和合同管理工作，是绿色食品开发和管理工作的专门机构，依法监督和管理企业标志商标的使用；协调省工商、质量监督、环保、食品卫生等各部门，共同做好绿色食品质量控制和市场监督工作，依法打击假冒伪劣行为；组织全省发展绿色食品产业相关的技术进行攻关，制订绿色食品生产操作规程和推广生产标准化；搞好绿色食品基地的建设和开发工作；组织绿色食品产品参加各种展销或贸易活动；协助农业部绿色食品办公室做好定点商店及专柜的选择认定工作，促进绿色食品的市场发育、成熟；负责组织绿色食品领域国内外经济技术合作与交流；做好绿色食品整体宣传工作等。

(3)绿色食品产品质量监测机构

中国绿色食品发展中心按照行政区划的划分，依据绿色食品在全国各地的发展情况、各地食品监测机构的监测能力以及监测单位与中心的合作愿望等因素，由中国绿色食品发展中心直接委托的第三方机构。

(4)绿色食品产地环境监测与评价机构

各地根据本地区情况，委托具有省级以上计量资格的环境监测机构，并报农业农村部批准备案后，负责当地绿色食品产地环境监测与评价工作的机构。目前，各省(自治区、直辖市)至少指定一家具备认证资格的产地环境监测与评价机构，形成了覆盖全国各地的有效工作网络。

(5)绿色食品标志专职管理人员

中国绿色食品发展中心和绿色食品委托管理机构均配备绿色食品标志专职管理人员。中国绿色食品发展中心对标志专职管理人员进行统一培训、考核，对符合条件者颁发标志专职管理人员资格证书。

6.1 绿色食品认证原则

绿色食品产品质量认证是依据绿色食品标准和相应技术要求，经认证机构确认，并通过颁发认证证书和认证标志来证明某一产品符合相对应标准和相应技术要求的活动。质量认证具有的特征包括：①质量认证的对象是产品、服务和质量管理体系；②质量认证的依据是标准；③认证机构属于合法的第三方性质；④质量认证合格的证明方式是颁发"认证证书"和"认证标志"，并予以注册登记及在相关媒体上公告；⑤质量认证是企业自主行为。绿色食品认证具有产品质量认证和质量体系认证双重性质，在实际操作过程中，绿色食品质量管理的对象是绿色食品产品及其生产基地和企业。绿色食品的质量管理是通过对绿色食品标志许可使用的认证，来引导企业在生产过程中建立质量管理体系。绿色食品认证机构——中国绿色食品发展中心处在独立于绿色食品生产单位和销售企业之外的第三方公正地位。绿色食品认证的原则包括：

(1)自愿参与的原则

绿色食品认证具有非强制性认证的性质。所谓自愿参与，即指一切从事与绿色食品工作有关的单位和人员，出于自愿，参加相应的工作。一切从事食品生产经营的单位和个人，均可自愿作为申请人，向中国绿色食品发展中心申请使用绿色食品标志。全国各地的检查人员在自愿提出申请的前提下，经中国绿色食品发展中心培训、考核，合格后颁发证书持证上岗。所有检查机构、监督检验部门也是在具有国家技术监管部门颁发的计量认证合格证书的前提条件下，自愿申请，经中国绿色食品发展中心培训、考核或考察其具备的相应条件后委托其开展工作。

(2)公正、公开、公平的原则

所谓公正，绿色食品的认证程序、标准和法律规范对所有申请者都是一致的，任何申请者的认证过程都没有特例。公正还体现在绿色食品标志管理已纳入法制管理的轨道，一切措施遵循社会主义法制的要求，符合法律管理的规律和特点。主要体现在：①积极立法，在国家宪法和其他法律的基础上，通过法定的程序和手续，制定和颁布绿色食品管理的法规、规章制度，以使整个管理工作有法可依、有章可循。②严格执法，在质量认证和日常的检查、监督过程中，对企业申请的任何审核、裁定工作，都不能以个人的意愿和好恶为准，必须严格执行绿色食品的有关标准和规范准则。严格执法还表现在对绿色食品企业在使用绿色食品标志过程中的违规行为，以及非绿色食品企业冒用绿色食品标志的行为，严格依法打击。

所谓公开，就是绿色食品的认证管理工作和活动要毫无保留地置于社会公众的监督之下。认证机构和所有被认证的单位都不能有任何形式的隶属关系和经济关系，更不能有丝毫的交易成分。认证机构也不能从事任何有碍其认证公正性的经营活动和其他活动，以确保其公正地位。公开的另一层意义在于，一切符合绿色食品标准的企业，不论其体制如何，实力强弱，个人还是单位，也不管其身居何处，只要其有发展绿色食品的积极性，又符合绿色食品的标准和要求，认证部门就必须接纳并为其认真做好服务工作。

所谓公平，就是在执行绿色食品认证的政策和措施上，要保证对待所有的申请使用标志者和标志使用者都一视同仁，严格把握各类政策界限，尽量保证每个企业有均等的发展机会，不能厚此薄彼、区别对待。

（3）以人为本的原则

绿色食品原料标准化生产基地和绿色食品标志的管理强调以人为本的原则，充分调动生产者和管理者的积极性，采取了一系列行之有效的队伍建设和人才培养的措施，在全国建立了若干个培训中心，对全国绿色食品管理人员实施轮训，相关人员必须持证上岗。制订培训计划，加强对基地各有关领导、生产管理人员、技术推广人员、营销人员培训工作；组织基地农户学习绿色食品生产技术，保证每个农户至少有一名基本掌握绿色食品生产技术标准的人。接受绿色食品知识培训的专业技术人员，应占该单位职工总人数的 5% 以上。从事绿色食品生产技术推广人员及直接从事绿色食品生产的人员，必须经过培训。依托农业技术推广机构，组建绿色食品基地建设技术指导，引进先进的生产技术和科研成果；根据需要配备绿色食品生产技术推广员，建立推广网，负责技术指导和生产操作规程的落实等，以人为本已成为绿色食品生产基地生产及管理的一大特色。

（4）质量认证和商标管理相结合的原则

通过商标管理把生产者和管理者的利益共同置于法律保护之下，从而使生产者从法律的高度认识质量的重要性，使管理者依法行事，这是绿色食品事业发展过程中最成功、最基础的一条经验。

绿色食品标志管理在实施企业使用许可前，对企业及其产品的条件是否符合绿色食品标准要求的认定过程，采纳了产品质量认证和质量管理的做法。包括利用一整套的产品标准和技术管理规范和准则，对可能影响绿色食品产品安全、优质、营养等特质的各个环节，进行严格地检测检验，以确定被认证产品是否达到相应绿色食品产品标准的要求。同时监督检查绿色食品产品生产单位是否具备持续、稳定地生产符合标准要求的产品的能力。

　　绿色食品产品标志的管理主要包括：对使用绿色食品标志的产品的保护，出现质量问题时的处理，以及对其他冒用绿色产品及其认证标志的行为的打击和处罚。认证标志已经作为商标进行了注册，《中华人民共和国商标法》不仅对使用与注册商标相同标志的行为予以打击和制裁，还不定期地对使用与注册商标相近标志的行为予以打击和制裁，对伪造、印刷和销售假冒商标以及销售标有假冒注册商标产品的各种行为作出处理和处罚，从而防范不法企业投机取巧的行为，保证绿色食品认证单位的合法权益不受到伤害。此外，全国人大常委会还通过了《关于惩治假冒注册商标犯罪的补充规定》，对假冒他人注册商标的违法行为追究刑事责任。

6.2　绿色食品认证程序

　　《绿色食品认证程序（试行）》原则规定："凡具有绿色食品生产条件的国内企业，均可按本程序申请绿色食品认证"。绿色食品具体的认证程序为：

6.2.1　认证申请

　　申请人向中国绿色食品发展中心及其所在省（自治区、直辖市）绿色食品管理机构、绿色食品发展中心领取《绿色食品标志使用申请书》《企业及生产情况调查表》及有关资料，或从中国绿色食品发展中心网站（网址：www. greenfood. org. cn）下载。

　　申请人填写并向所在省绿办递交《绿色食品标志使用申请书》《企业及生产情况调查表》及有关资料，有关资料包括：

- 保证执行绿色食品标准和规范的声明；
- 生产操作规程（含种植规程、养殖规程和加工规程）；
- 公司对"基地+农户"的质量控制体系，包括合同、基地图、基地和农户清单、管理制度；
- 产品执行标准；
- 产品注册商标文本复印件；
- 企业营业执照复印件；
- 企业质量手册；
- 要求提供的其他材料，通过体系认证的，要附证书复印件。

　　对于不同类型的申请企业，依据产品质量控制关键和生产中投入品的使用情况，还应分别提交以下资料：

- 野生采集的申请企业，提供当地政府为防止过度采摘、水土流失而制定的许可采集管理制度；
- 矿泉水申请企业，提供卫生许可证，采矿许可证及专家评审意见复印件；
- 屠宰企业要提供屠宰许可证复印件；
- 从国外引进的农作物及蔬菜种子，要提供国外生产商出具的非转基因种子证明文件原件及所用种衣剂种类和有效成分的证明材料；

- 提供生产中所用农药、商品肥料、兽药、消毒剂、渔用药、食品添加剂等投入品的产品标签原件;
- 生产中使用商品预混料的,提供预混料产品标签原件及生产商生产许可证复印件;使用自产预混料(不对外销售),且养殖方式为集中饲养的,提供生产许可证复印件;使用自产预混料(不对外销售),但养殖管理方式为"公司+农户"的,提供生产许可证复印件、预混料批准文号及审批意见表复印件;
- 外购绿色食品原料的,提供有效期为1年的购销合同和有效期为3年的供货协议,并提供绿色食品证书复印件及批次购买原料发票复印件;
- 同一产品同时存在绿色食品生产及非绿色食品生产的,提供从原料基地、收购、加工、包装、贮运、仓储、产品标识等环节的区别管理体系;
- 原料(饲料)及辅料(包括添加剂)是绿色食品或达到绿色食品产品标准的相关证明材料;
- 预包装产品,需提供产品包装标签设计样;
- 要求提供的其他材料,通过体系认证的,附证书复印件。

6.2.2 受理及文审

省绿办收到申请人的申请材料后,进行登记、编号,5个工作日内完成对申请认证材料的审查工作,并向申请人发出《文审意见通知单》,同时抄送中国绿色食品发展中心认证处。

申请认证材料不齐全的,要求申请人收到《文审意见通知单》后10个工作日提交补充材料;申请认证材料不合格的,通知申请人本生产周期内不再受理其申请;申请认证材料合格的,执行现场检查和产品抽样。

6.2.3 现场检查和产品抽样

省绿办在《文审意见通知单》中明确现场检查计划,并在计划得到申请人确认后委派2名或2名以上检查员进行现场检查。

检查员根据《绿色食品检查员工作手册》(试行)和《绿色食品产地环境质量现状调查技术规范》(试行)中规定的有关项目进行逐项检查。每位检查员单独填写现场检查表和检查意见。现场检查和环境质量现状调查工作在5个工作日内完成,完成后5个工作日内向省绿办递交现场检查评估报告和环境质量现状调查报告及有关调查材料。

现场检查合格,可以安排产品抽样。若申请人提供近一年内绿色食品产品定点检测机构出具的产品质量检测报告,并经检察院确认,符合绿色食品产品检测项目和质量要求的,免产品抽样检测。

现场检查合格后,需要抽样检测的产品,安排产品抽样。当时可以抽到产品的,检查员依据《绿色食品产品抽样技术规范》进行产品抽样,并填写《绿色食品产品抽样单》,同时将抽样单抄送中国绿色食品发展中心认证处。特殊产品(如动物性产品等)另行规定。当时不能进行抽样的产品,检查员与申请人当场确定抽样计划,同时将抽样计划抄送中国绿色食品发展中心认证处。

随后，申请人将样品、产品执行标准、《绿色食品产品抽样单》和检测费寄送绿色食品定点产品监测机构。

现场检查不合格，则不安排产品抽样。

6.2.4　环境监测

绿色食品产地环境质量现状调查由检查员在现场检查时同步完成。经检查确认，产地环境质量符合《绿色食品产地环境质量现状调查技术规范》规定的免测条件，免做环境监测。

根据《绿色食品产地环境质量现状调查技术规范》的有关规定，经调查确认，必须进行环境监测的，省绿办自收到调查报告 2 个工作日内以书面形式通知绿色食品定点环境监测机构进行环境监测，同时将通知单抄送中国绿色食品发展中心认证处。

定点环境监测机构收到通知单后，40 个工作日内出具环境监测报告，连同填写的《绿色食品环境监测情况表》，报送中国绿色食品发展中心认证处，同时抄送省绿办。

6.2.5　产品检测

绿色食品定点产品监测机构自收到样品、产品执行标准、《绿色食品产品抽样单》、检测费后，20 个工作日完成检测工作，出具产品检测报告，连同填写的《绿色食品产品检测情况表》，报送中国绿色食品发展中心认证处，同时抄送省绿办。

6.2.6　认证审核

省绿办自收到检查员现场检查评估报告和环境质量现状调查报告后，3 个工作日内签署审查意见，并将认证申请材料、检查员现场检查评估报告、环境质量现状调查报告及《省绿色食品认证情况表》等材料报送中国绿色食品发展中心认证处。

中国绿色食品发展中心认证处收到省绿办报送材料、环境监测报告、产品检测报告及申请人直接寄送的《申请绿色食品认证基本情况调查表》后，进行登记、编号，在确认收到最后一份材料后 2 个工作日内下发受理通知书，书面通知申请人，并抄送省绿办。

中国绿色食品发展中心认证处组织审查人员及有关专家对上述材料进行审核，20 个工作日内做出审核结论。

审核结论为"有疑问，需现场检查"的，中国绿色食品发展中心认证处在 2 个工作日内完成现场检查计划，书面通知申请人，并抄送省绿办。得到申请人确认后，5 个工作日内派检查员再次进行现场检查。

审核结论为"材料不完整或需要补充说明"的，中国绿色食品发展中心认证处向申请人发送《绿色食品认证审核通知单》，同时抄送省绿办。申请人需在 20 个工作日内将补充材料报送中国绿色食品发展中心认证处，并抄送省绿办。

审核结论为"合格"或"不合格"的，中国绿色食品发展中心认证处将认证材料、认证审查意见报送绿色食品评审委员会。

6.2.7 认证评审

绿色食品评审委员会自收到认证材料、认证处审核意见后 10 个工作日内进行全面评审，并做出认证终审结论。

认证终审结论为两种情况：认证合格和认证不合格。结论为"认证合格"，则予以颁证。结论为"认证不合格"，评审委员会秘书处在做出终审结论 2 个工作日内，将《认证结论通知单》发送申请人，并抄送省绿办。同时，本生产周期内不再受理其申请。

6.2.8 颁证

中国绿色食品发展中心在 5 个工作日内将办证的有关文件寄送"认证合格"申请人，并抄送省绿办。申请人在 60 个工作日内与中国绿色食品发展中心签订《绿色食品标志商标使用许可合同》，然后由中国绿色食品发展中心主任签发证书。

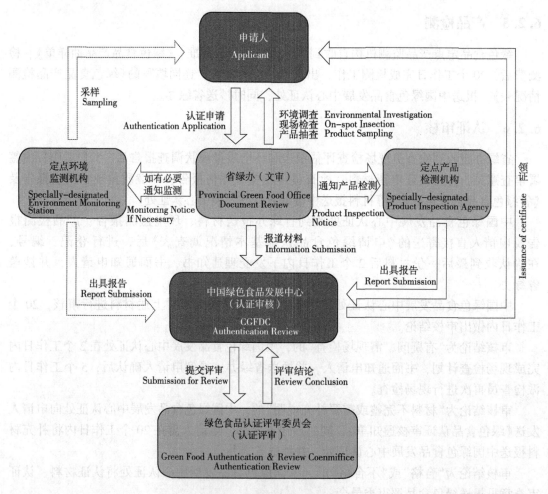

图 6-1　绿色食品认证程序

6.3 绿色食品申报

绿色食品最显著的特征是无污染、安全、优质、营养。无污染是指在绿色食品生产、加工过程中，通过严密监测控制，防范农药残留、放射性物质、重金属、有害细菌等对食品生产各个环节的污染，以确保绿色食品产品的洁净，将污染水平控制在不危害人体健康与安全的限度之内。为了保证绿色食品产品无污染、安全、优质、营养的特性，开发绿色食品有一套较为完整的质量标准体系。绿色食品标准包括产地环境质量标准、生产技术标准、产品质量和卫生标准、包装标准、贮藏和运输标准以及其他相关标准，它们构成了绿色食品完整的质量控制标准体系。如何保证这一完整的质量控制标准体系的落实，是企业申报使用绿色食品标志的重要工作。

6.3.1 申报条件

6.3.1.1 申请人必须具备的条件

《绿色食品认证程序》规定：凡具备绿色食品生产条件的单位和个人，均可作为绿色食品标志申请人申请绿色食品认证。

申请人申报绿色食品标志使用权必须符合以下条件：

①能够独立承担民事责任。

②具有稳定的生产基地。

③具有绿色食品生产的环境条件和生产技术。

④具有完善的质量管理体系，并至少稳定运行一年。

⑤具有与生产规模相适应的生产技术人员和质量控制人员。

⑥申请前 3 年内无质量安全事故和不良诚信记录。

具有下列情况之一者，不能作为申请人申报使用绿色食品标志：

①与中国绿色食品发展中心及各级绿色食品委托管理机构有经济和其他利益关系的企业。

②"集团公司+分公司"可作为申请人，分公司不能独立作为申请人。

③申请产品应为现行《绿色食品产品标准适用目录》范围内产品，但产品本身或产品配料成分属于卫生健康委员会发布的"可用于保健食品的物品名单"中的产品（其中已获得卫生健康委员会批复可作为普通食品管理的产品除外），未取得国家相关保健食品或新食品原料的审批许可的，不可进行申报。

④无稳定原料生产基地（不包括购买全国食品原料标准化生产基地原料或绿色食品及其副产品的申请人），且实行委托加工的，不得作为申请人。

6.3.1.2 产品必须具备的条件

申请使用绿色食品标志的产品，应当符合《中华人民共和国食品安全法》和《中华人民共和国农产品质量安全法》等法律、法规规定，在国家工商总局商标局核定的绿色食品标志商标涵盖商品范围内，并具备下列条件：

(1) 产品或产品原料产地环境符合绿色食品产地环境质量标准

该系列标准要求绿色食品初级产品和加工产品主要原料的产地,其生长区域内没有工业企业的直接污染,水域上游和上风口没有污染源对该地区域直接构成污染威胁,从而使产地区域内大气、土壤、水体等生态因子符合绿色食品产地生态环境质量标准,并有一整套保证措施,确保该区域在今后的生产过程中环境质量不下降。

(2) 农药、肥料、饲料、兽药等投入品使用符合绿色食品投入品使用准则

该系列标准指绿色食品种植、养殖和食品加工各个环节必须遵循的技术规范,它的核心内容包括:在总结各地作物种植、畜禽饲养、水产养殖和食品加工等生产技术和经验的基础上,按照绿色食品生产资料使用准则要求,制定农药、肥料、饲料、兽药等投入品在绿色食品生产过程中的使用准则,指导绿色食品生产者进行生产和加工活动。

(3) 产品质量符合绿色食品产品质量标准

绿色食品最终产品必须由定点的食品监测机构依据绿色食品产品标准检测合格。绿色食品产品标准是以国家标准为基础,参照国际标准和国外先进技术制定的,其突出特点是产品的卫生指标高于国家现行标准。

(4) 包装贮运符合绿色食品包装贮运标准

该标准规定了产品包装必须遵循的原则、包装材料的选择、包装标识内容等要求,目的是防止产品遭受污染,资源过度浪费,并促进产品销售,保护广大消费者的利益,同时有利于树立绿色食品产品整体形象。

6.3.1.3 可以申报绿色食品标志使用权的食品

可以申报绿色食品标志使用权的食品详见《绿色食品产品适用标准目录》(2018 版)。主要分为种植业产品、畜禽产品、渔业产品、加工产品和其他产品五大类。种植业产品包括豆类、茶叶、咖啡、谷物杂粮类、蔬菜、水果、食用菌、食用花卉、香辛料及其制品、坚果、人参和西洋参、山野菜等。畜禽产品包括乳制品、蜂产品、禽肉、蛋及蛋制品、畜肉、畜肉制品、禽畜可食用副产品等。渔业产品包括虾、蟹、鱼、龟鳖类、海水贝、海参及制品、海蜇及制品、蛙类及制品、藻类及制品和头足类水产品等。加工产品包括啤酒、葡萄酒、黄酒、米酒、白酒、植物蛋白饮料、果蔬汁饮料、含乳饮料、冷冻饮品、果醋饮料、固体饮料、茶饮料、食用糖、味精、食用盐、发酵调味品、复合调味料、辣椒制品、食用植物油、酱腌菜、淀粉及淀粉制品、果(蔬)酱、果蔬脆片、果蔬罐头、果蔬粉、蜜饯、干果、藕及其制品、脱水蔬菜、笋及笋制品、豆制品、膨化食品、鱼糜制品、鱼类休闲食品、冷藏冷冻调制水产品、水产调味品、干制水产品、方便主食品、焙烤食品、烘炒食品、蒸制糕点、谷物类罐头、糖果等。其他产品包括天然矿泉水(不适用于 NY/T 2980—2016 所述的包装饮用水)和包装饮用水(但不适用于饮用天然矿泉水、饮用纯净水和添加食品添加剂的包装饮用水)。

6.3.2 绿色食品标志使用权申报材料

申报企业或个人申请绿色食品认证时,应向本省(自治区、直辖市)绿色食品办公室

(或绿色食品发展中心)领取申报表格，或可从中国绿色食品发展中心(网址：www.greenfood.org.cn)下载，根据要求将表格填好，且准备好相关材料送交省绿办审核。绿色食品标志使用权申报材料要求如下：

6.3.2.1 《绿色食品标志使用申请书》及《调查表》

《绿色食品标志使用申请书》及《调查表》可从中国绿色食品发展中心网上下载。按照产品类目来填写，如种植产品、畜禽产品、加工产品、水产品、食用菌、蜂产品等。申请书及调查表用钢笔或签字笔正楷如实填，或用 A4 纸打印，字迹整洁、术语规范、印章清晰、度量单位一致。所有表格不得空缺，不填写的请说明理由，如栏目不够可附页，但附页必须加盖公章。填表人须亲自签名盖章，对所填内容负法律责任。《绿色食品标志使用申请书》及《调查表》的具体填写要求如下。

(1)《绿色食品标志使用申请书》(附录 1)填写要求

①应符合其填写说明要求。

②封面应明确初次申请和续展申请。

③保证声明应有法定代表人签字和申请人盖章，并填写日期；已有中心注册内检员的申请人，应有内检员签字。

④附录 1 中表 1 应准确填写相关信息，并明确龙头企业级别。

⑤续展申请人应填写首次获证时间。

⑥申请人简介应包括申请人注册时间、注册资本、生产规模、员工组成、发展状况及经营产品等情况。

⑦产品名称应符合国家现行标准或规章要求。

⑧商标应与商标注册证一致。若有图形、英文或拼音等，应按"文字+拼音+图形"或"文字+英文"等形式填写；若一个产品同一包装标签中使用多个商标，商标之间应用顿号隔开。

⑨年产量单位应为吨。

⑩是否有包装，包装规格应符合实际预包装情况。

⑪续展产品名称、商标、产量等发生变化的，应在附录 1 中表 2 备注栏说明。

⑫申请产品原料来源于绿色食品或全国绿色食品原料标准化生产基地的，应如实填写附录 1 中表 3，否则划杠，产品原料是否需要填报种养殖面积详见附录 2。

⑬附录 1 中表 4 内容应按申请产品分别填写；绿色食品包装印刷数量应按包装规格如实填写。产品年产值(单位：万元)=申报产量×当年产品平均出厂价格；产品国内年销售额(单位：万元)则是申报产品上年度国内销售额；产品出口量、出口额(单位：吨、万美元)需要申报产品上个年度的出口量、出口额。

(2)《种植产品调查表》(附录 3)填写要求

①应符合其填表说明要求。

②该表用于不添加任何配料和添加剂，只进行清洁、脱粒、干燥、分选等简单物理处理过程的产品(或原料)。如原粮，新鲜果蔬、饲料原料等。来源于全国绿色食品原料标准化生产基地的产品，无需填写该表。

③种植产品基本情况

• 名称应填写种植产品或产品原料、饲料原料作物名称；

• 面积、年产量应按不同作物分别填写，且符合实际；

• 基地位置应具体到乡(镇)、村，5个以上的可另附基地清单。

④产地环境基本情况

• 对于产地分散、环境差异较大的，应分别描述；

• 需描述的，应做具体文字说明；

• 注意填写内容是否符合《绿色食品　产地环境质量 》(NY/T 391—2013)和《绿色食品　产地环境调查、监测与评价规范》(NY/T 1054—2013)标准要求。

⑤栽培措施及土壤处理

• 措施及处理方式不同的，应分别填写；

• 涉及土壤消毒的，应填写消毒剂名称、使用方法、用量及使用时间等；涉及土壤改良的，应描述具体措施，如深翻、晒土、使用土壤改良剂等；

• 土壤培肥处理应填写肥料原料名称、年用量，并详细描述来源及处理方式；

• 注意是否符合《绿色食品　农药使用准则》(NY/T 393—2013)和《绿色食品　肥料使用准则》(NY/T 394—2013)标准要求。

⑥种子(种苗)处理

• 种子(种苗)来源应详细填写来源方式及单位；

• 种子(种苗)处理应填写具体措施，涉及药剂使用的应说明药剂名称和用量；

• 播种(育苗)时间应根据实际情况填写，有多茬次的应分别填写；

• 注意是否符合 NY/T 393—2013 标准要求。

⑦病虫草害农业防治措施

• 应详细描述防治措施；

• 有间作或套作的，应同时填写其病虫草害农业防治措施。

⑧肥料使用情况

• 产品名称应填写作物名称，使用情况应按作物分别填写；

• 氮、磷、钾不涉及项可杠划；

• 当地同种作物习惯施用无机氮种类及用量应符合实际情况；

• 注意是否符合 NY/T394—2013 标准要求。

⑨病虫草害防治农药使用情况

• 产品名称应填写作物名称，使用情况应按作物分别填写；

• 农药名称应填写"商品名(通用名)"，如一遍净(吡虫啉)；混配农药应明确每种成分的名称，如克露(代森锰锌·霜脲氰)；

• 登记证号应为农药包装标签上的农药登记证号，且应与中国农药信息网上查询结果一致；

• 剂型规格应按相应农药的包装标签填写，如50%乳油，10%可湿性粉剂，200g/L水剂，3.6%颗粒剂、8000IU/mg(Bt)等；

• 防治对象应填写具体病虫草害名称；

• 使用方法应按农药实际使用情况填写,如喷雾、拌种、土壤处理、熏蒸、涂抹、种子包衣等;

• 每次用量应符合农药包装标签标识的制剂用药量;

• 使用时间应符合农药包装标签标识的安全间隔期要求;

• 有间作或套作的,应同时填写其病虫草害农药使用情况;

• 注意填写内容是否符合 NY/T 393—2013 标准要求。

⑩灌溉情况

• 属天然降水的应在是否灌溉栏标注;

• 其他灌溉方式应按实际情况填写。

⑪收获后处理

• 收获时间应具体到日期,有多茬次或多批次采收的,应按茬口或批次填写收获时间;

• 收获后清洁、挑选、干燥、保鲜等预处理措施应简要描述处理方法,包括工艺流程图,器具、清洁剂、保鲜剂等使用情况;

• 包装材料应描述包装材料具体材质,包装方式应填写袋装、罐装、瓶装等;

• 防虫、防鼠、防潮应填写具体措施,有药剂使用的,应说明具体成分;

• 如何防止绿色食品与非绿色食品混淆栏应填写具体措施;

• 注意填写内容是否符合《绿色食品包装通用准则》(NY/T 658—2015)和 NY/T 393—2013 标准要求。

⑫废弃物处理及环境保护措施　应按实际情况填写,包括投入品包装袋、残次品处理情况,基地周边环境保护情况等,应符合国家相关标准要求。

⑬种植产品申请材料清单(附录4)。

(3)《畜禽产品调查表》(附录5)填写要求

①应按填表说明填写。

②本表适用于畜禽养殖、生鲜乳及禽蛋收集等。

③应按不同畜禽名称分别填写。

④养殖场基本情况。

• 养殖面积应按实际情况填写;

• 基地位置应填写养殖场或牧场位置,具体到乡(镇)、村,5 个以上的可另附基地清单;

• 对于养殖场分散、环境差异较大的,应分别描述;

• 注意填写内容是否符合《绿色食品畜禽卫生防疫准则》(NY/T 473—2016)标准要求;

• 对于养殖场不在无规定疫病区的,确定是否有针对当地易发的流行性疾病制定相关防疫和扑灭净化制度。

⑤养殖场基础设施

• 应按实际情况填写,需描述内容做具体文字说明;

• 注意填写内容是否符合 NY/T 473—2016 标准要求。

⑥养殖场管理措施

• 应按实际情况填写，需描述内容做具体文字说明；

• 养殖场消毒应填写具体措施，有药剂使用的，应说明使用药剂名称及使用时间；

• 注意填写内容是否符合《绿色食品兽药使用准则》(NY/T 472—2013)标准要求。

⑦畜禽饲料及饲料添加剂使用情况

• 应按畜禽名称分别填写；

• 养殖规模应填写存栏量，并说明单位，如头、只、羽等；

• 品种名称应具体到种，如长白猪、荷斯坦奶牛、乌骨鸡等；

• 种畜禽来源应填写种苗来源，如自繁或外购来源单位；

• 年出栏量及产量应填写畜禽年出栏量(头/只/羽)，蛋禽、奶牛等应填写蛋、奶的产量(t)；

• 养殖周期应填写畜禽从入栏到出栏(或淘汰)的时间；

• 饲料及饲料添加剂应填写所有成分，如豆粕、青贮玉米、预混料或微量元素(如矿物质、维生素)等；

• 用量及比例应符合动物不同生长阶段营养需求；

• 来源应填写饲料生产单位或基地名称或自给；

• 注意饲料使用情况是否符合《绿色食品饲料及饲料添加剂使用准则》(NY/T 471—2018)标准要求。

⑧畜禽疫苗及兽药使用情况

• 应按畜禽名称分别填写；

• 兽药名称栏应填写商品名(通用名)；

• 用途应填写具体防治的疾病名称；

• 使用方法应填写肌注、口服等；

• 注意填写内容是否符合 NY/T 472—2013 标准要求。

⑨饲料加工及存储情况

• 防虫、防鼠、防潮应具体填写措施，有药剂使用的，应说明使用药剂名称；

• 如何防止绿色食品与非绿色食品混淆栏应填写具体措施；

• 注意填写内容是否符合 NY/T 393—2013 标准要求。

⑩畜禽、禽蛋、生鲜乳收集

• 清洗、消毒应填写具体方法，涉及药剂使用的，应说明使用药剂名称、用量等；

• 存在平行生产的，应说明区分管理措施；

• 注意填写内容是否符合 NY/T 472—2013 标准要求。

⑪资源综合利用和废弃物处理　应按实际情况填写，并符合国家相关标准要求。

⑫畜禽产品申请材料清单(附录6)。

(4)《加工产品调查表》(附录7)填写要求

①应符合其填表说明要求。

②该表用于以植物、动物、食用菌、矿物资源、微生物等为原料，进行加工包装、贮藏和运输的产品，如米面及其制品、食用植物油、肉食加工品、乳制品、酒类、畜禽配合

饲料和预混料等

③加工产品基本情况

- 产品名称应与申请书一致，饲料加工也应填写该表；
- 商标、年产量应与申请书一致；
- 包装规格栏应填写所有拟使用绿色食品标志的包装；
- 续展涉及产品名称、商标、产量变化的，应在备注栏说明。

④加工厂环境基本情况

- 对于有多处加工场所的，应分别描述；
- 需描述内容应做具体文字说明；
- 注意填写内容是否符合 NY/T 391—2013 和 NY/T 1054—2013 标准要求。

⑤加工产品配料情况

- 应按申请产品名称分别填写，产品名称、年产量应与申请书一致；
- 主辅料使用情况表应填写产品加工过程中所有投入原料使用情况；
- 添加剂使用情况中名称应填写具体成分名称，如柠檬酸、山梨酸钾等，不得以防腐剂等名称代替，应明确添加剂用途；
- 原料及添加剂比例总计应为 100%；
- 有加工助剂的，应填写加工助剂的有效成分、年用量和用途；
- 来源应填写原料生产单位或基地名称；
- 加工水使用情况和主辅料预处理情况应根据生产情况如实填写；
- 加工产品配料应符合食品级要求；
- 符合绿色食品要求的原料（包括绿色食品、绿色食品加工产品的副产品、产地环境质量符合 NY/T 391—2013 标准要求，按照绿色食品标准生产和管理而获得的原料、绿色食品原料标准化生产基地生产的原料及绿色食品生产资料）应不少于 90%，其他原料比例在 2%～10% 的，应有固定来源和省级或省级以上检测机构出具的产品检验报告（产品检验应依据《绿色食品标准适用目录》执行，如产品标准不在目录范围内，应按照国家标准、行业标准和地方标准的顺序依次选用）；原料比例 <2% 的，年用量 1t（含）以上的，应提供原料订购合同和购买凭证；年用量 1t 以下的，应提供原料购买凭证；
- 使用食盐的，使用比例 <5% 的，应提供合同、协议或发票等购买凭证；≥5% 的还应提供具有法定资质机构出具的符合《绿色食品食用盐》（NY/T 1040—2012）标准要求的产品检验报告；
- 同一种原料不应同时来自获得绿色食品标志的产品和未获得标志的产品；
- 对于标注酒龄黄酒，还应符合以下要求：第一，产品名称相同，标注酒龄不同的，应按酒龄分别申请；第二，标注酒龄相同，产品名称不同的，应按产品名称分别申请；第三，标注酒龄基酒的比例不得低于 70%，且该基酒应为绿色食品；
- 填写内容是否符合《绿色食品食品添加剂使用准则》（NY/T 392—2013）和 NY/T 471—2018 标准要求。

⑥加工产品配料统计表

- 合计年用量应包括所有配料，不同产品的相同配料合计填写；

• 应对添加剂级别进行勾选。

⑦产品加工情况

• 加工工艺不同的产品应分别填写加工工艺流程；

• 处理方法、提取工艺使用溶剂和浓缩方法应同时反映所有加工产品的使用情况。

⑧包装、贮藏、运输

• 应根据实际情况填写；

• 注意是否符合《绿色食品包装通用准则》(NY/T 658—2015)和《绿色食品贮藏运输准则》(NY/T 1056—2006)标准要求。

⑨平行加工

• 应按实际情况填写；

• 对避免交叉污染的措施进行勾选或描述。

⑩设备清洗、维护及有害生物防治

• 应按实际情况填写；

• 涉及药剂使用的，应说明具体成分；

• 注意填写内容是否符合 NY/T 393—2013 标准要求。

⑪污水、废弃物处理情况及环境保护措施　应按实际情况填写，且符合国家相关标准要求。

⑫加工产品申请材料清单(附录8)。

(5)《水产品调查表》(附录9)填写要求

①应按填表说明填写。

②该表适用于鲜活水产品及捕捞、收获后未添加任何配料的冷冻、干燥等简单物理加工的水产品。加工过程中，使用了其他配料或加工工艺复杂的腌熏、罐头、鱼糜等产品，需填写《加工产品调查表》

③水产品基本情况　应按不同养殖方式填写相关内容。

④产地环境基本情况

• 对于产地分散、环境差异较大的，应分别描述；

• 需描述内容应做具体文字说明；

• 注意填写内容是否符合 NY/T 391—2013 和 NY/T 1054—2013 标准要求。

⑤苗种情况

• 品种名称应填写鲤鱼、鳙鱼等产品名称；

• 苗种来源应对外购和自育进行勾选，并说明来源单位；

• 消毒应填写具体方法，涉及药剂使用的，应说明药剂名称；

• 注意填写内容是否符合《绿色食品渔药使用准则》(NY/T 755—2013)标准要求。

⑥饵料(肥料)使用情况

• 饵料配方不同的应分别填写；

• 应按生产实际选填相关内容；

• 注意饵料构成是否符合 NY/T 471—2018 标准要求；

• 海带、螺旋藻等藻类养殖应填写肥料使用情况；

- 注意肥料使用是否符合 NY/T 394—2013 标准要求。

⑦常见疾病防治

- 应按产品名称分别填写;
- 注意药物使用是否符合 NY/T 755—2013 标准要求。

⑧水质改良情况

- 涉及水质改良的应填写该表;
- 注意药物使用是否符合 NY/T 755—2013 标准要求。

⑨捕捞、运输

- 养殖周期应填写投苗到捕捞的时间;
- 如何保证存活率应填写具体措施,涉及药物使用的,应说明药物名称;
- 注意药物使用是否符合 NY/T 755—2013 标准要求。

⑩初加工、包装、贮藏

- 应按实际情况填写;
- 注意填写内容是否符合 NY/T 755—2013 和 NY/T 658—2015 标准要求。

⑪废弃物处理及环境保护措施　应按实际情况填写,并符合国家相关标准要求。

⑫水产品申请材料清单(附录 10)。

(6)《食用菌调查表》(附录 11)填写要求

①应按填表说明填写。

②该表适用食用菌鲜品和干品,压缩食用菌、食用菌罐头等产品还需填写《加工产品调查表》。

③产品基本情况

- 产品名称应填写原料种类,如金针菇、香菇等;
- 基地位置应具体乡(镇)、村,5 个以上的,可另附基地清单。

④产地环境基本情况

- 对于产地分散、环境差异较大的,应分别描述;
- 需描述内容应做具体文字说明;
- 注意填写内容是否符合 NY/T 391—2013 和 NY/T 1054—2013 标准要求。

⑤基质组成情况

- 应按产品名称分别填写,不涉及基质的不填写该表;
- 成分组成应符合生产实际,来源应填写原料供应单位。

⑥菌种处理

- 应按产品名称分别填写;
- 接种时间应填写本年度每批次接种时间;
- 菌种如"自繁"应详细描述菌种逐级扩大培养的方法和步骤。

⑦污染控制管理

- 基质消毒、菇房消毒应填写具体措施,有药剂使用的,应描述使用药剂名称及使用时间等;
- 栽培用水来源应按实际生产情况填写;

●其他潜在污染源及污染物处理方法应对食用菌生产及产品无害，如感染菌袋、废弃菌袋等；

●注意填写内容是否符合 NY/T 393—2013 标准要求。

⑧病虫害防治措施

●产品名称应填写原料种类，农药防治应按产品名称分别填写；

●农药防治情况要求同《种植产品调查表》。

⑨用水情况　应按实际情况填写。

⑩采后处理

●收获后清洁、挑选、干燥、保鲜等预处理措施应简要描述处理方法，包括工艺流程图，器具、清洁剂、保鲜剂等使用情况等；

●包装材料应描述包装材料具体材质，包装方式应填写袋装、罐装、瓶装等；

●注意填写内容是否符合 NY/T 658—2015 和 NY/T 393—2013 标准要求。

⑪食用菌初加工

●加工工艺不同的产品应分别填写工艺流程；

●成品名应与申请书一致；

●原料量、出成率、成品量应符合实际生产情况；

●注意生产过程中是否使用漂白剂、增白剂、荧光剂等非法添加物质。

⑫废弃物处理及环境保护措施　应按实际情况填写，并符合国家相关标准要求。

⑬食用菌产品申请材料清单(附录 12)。

(7)《蜂产品调查表》(附录 13)填写要求

①应按填表说明填写。

②该表适用于涉及蜜蜂养殖的相关产品。加工环节需要镇写《加工产品调查表》。

③蜂产品基本情况

●名称应填写花粉、蜂王浆、蜂蜜等；

●基地位置应填写蜜源地名称，5 个以上的可另附基地清单。

④产地环境基本情况

●对于蜜源地分散、环境差异较大的，应分别描述；

●需描述的，应做具体文字说明；

●注意填写内容是否符合 NY/T 391—2013 和 NY/T 1054—2013 标准要求。

⑤蜜源植物

●应按蜜源植物分别填写；

●病虫草害防治应填写防治方法，涉及农药使用的，应填写使用的农药通用名、用量、使用时间、防治对象和安全间隔期等内容；

●注意填写内容是否符合 NY/T 393—2013 标准要求。

⑥蜂场

●应按申请产品对生产产品种类进行勾选；

●蜜源地规模应填写蜜源地总面积；

●巢础来源及材质应按实际情况填写；

- 蜂箱及设备如何消毒应填写消毒方法、消毒剂名称、用量、消毒时间等；
- 蜜蜂饮用水来源应填写露水、江河水、生活饮用水等；
- 涉及转场饲养的，应描述具体的转场时间、转场方法等；
- 注意填写内容是否符合 NY/T 393—2013 和 NY/T 472—2013 标准要求。

⑦饲喂
- 饲料名称应填写所有饲料及饲料添加剂使用情况；
- 来源应填写自留或饲料生产单位名称；
- 注意饲料使用是否符合 NY/T 471—2018 标准要求。

⑧蜜蜂常见疾病防治
- 应按实际情况填写；
- 注意填写内容是否符合 NY/T 472—2013 标准要求。

⑨蜂场消毒
- 应按实际情况填写；
- 注意填写内容是否符合 NY/T 472—2013 标准要求。

⑩采收情况
- 有多次采收的，应填写所有采收时间；
- 有平行生产的，应具体描述区分管理措施。

⑪贮存及运输情况　应按实际情况填写。

⑫废弃物处理及环境保护措施　应按实际情况填写，符合国家相关标准要求。

⑬蜂产品申请材料清单(附录 14)。

6.3.2.2　资质证明材料

资质证明材料包括营业执照复印件、商标注册证、国家强制要求办理的有关证书(SC证书、卫生许可证、动物防疫条件合格证、屠宰许可证、采矿许可证等)。

6.3.2.3　质量控制规范

①应由申请人签发或加盖申请人公章。

②非加工产品应提供加盖申请人公章的基地管理制度，内容包括基地组织机构设置、人员分工；投入品供应、管理，种植(养殖)过程管理；产品收后管理；仓储运输管理等相关内容。

③加工产品应提供《质量管理手册》，内容应包括
- 绿色食品生产、加工、经营者的简介；
- 绿色食品生产、加工、经营者的管理方针和目标；
- 管理组织机构图及其相关岗位的责任和权限；
- 可追溯体系、内部检查体系、文件和记录管理体系。

6.3.2.4　生产技术规程

生产技术规程包括种植规程(涵盖食用菌种植规程)、养殖规程(包括畜禽、水产品和蜜蜂等养殖规程)和加工规程。各项规程应依据绿色食品相关标准准则，结合当地实际情况制订，并具有科学性、可操作性和实用性的特点。技术规程应由申请人负责人签发或加

盖申请人公章。

（1）种植规程

①应包括立地条件、品种与茬口（包括耕作方式）、育苗与移栽、种植密度、田间肥水管理、病虫草鼠害的发生及防治、收获（包括亩产量）、原粮存储（包括防虫、防潮和防鼠措施）、收后预处理、平行生产及废弃物处理等内容。

②肥料使用情况应包括施用肥料名称、类别、使用方法、每次用量、全年用量等；涉及食用菌基质的，应说明基质组成情况、基质消毒情况等。

③病虫草鼠害发生及防治应说明当地常见病虫草鼠害发生情况。具体措施包括农业措施、物理、化学和生物防治措施。涉及化学防治的，应说明使用农药名称、防治对象、使用方法和使用时间。

④注意农药、肥料等投入品使用是否符合 NY/T 393—2013 和 NY/T 394—2013 标准要求。

（2）养殖规程

①主要包括养殖环境，品种选择、繁育，不同生长阶段饲养管理（包括饲料及饲料添加剂使用、防疫及疾病防治等）。

②饲料及饲料添加制使用应包括不同生长阶段饲料及饲料添加剂组成情况、用量。

③药物使用应说明使用药物名称、用量、用途、用法，使用时间及停药期等。

④注意投入品使用是否符合 NY/T 471—2018、NY/T 472—2013、NY/T 473—2016、NY/T 755—2013 标准要求。

（3）加工规程

①应描述主辅料来源，验收、贮存及预处理方法等。

②应明确主辅料组成及比例，食品添加剂品种、来源、用途、使用量、使用方式等。

③应描述加工工艺及主要技术参数，如温度、湿度、时间、浓度、用量、杀菌方法、添加剂使用情况等；主要设备及清洗方法；产品包装、仓储及成品检验制度。

④涉及仓储产品或原料应说明其防虫、防鼠、防潮等措施；

⑤注意投入品使用是符合《食品安全国家标准食品添加剂使用标准》（GB 2760—2014）、NY/T 392—2013、NY/T 393—2013 标准要求。

6.3.2.5 基地图、加工厂平面图、基地清单、农户清单等

①基地图应清晰反映基地所在行政区划（具体到县级）、基地位置（具体到乡镇村）和地块分布。

②加工产品还应提供加工厂平面图，养殖产品还应提供养殖场所平面图。

③基地清单应包括乡（镇）、村数、农户数、品种、面积（或规模）、预计产量等信息。

④农户清单应包括农户姓名、面积（或规模）、品种、预计产量等；对于农户数 50 户（含 50 户）以下的申请人要求提供全部农户清单；对于 50 户以上的，要求申请人建立内控组织（内控组织不超过 20 个），即基地内部分块管理，并提供所有内控组织负责人的姓名及其负责地块的品种、农户数、面积（或规模）及预计产量。

6.3.2.6　与产品生产有关的合同、协议，购销发票，生产、加工记录

（1）合同（协议）的总体要求

①应真实、有效，不得涂改或伪造。

②应清晰、完整并确保双方（或多方）签字、盖章清晰。

③应包括绿色食品相关技术要求、法律责任等内容。

④原料及其生产规模（产量或面积）应满足申请产品生产需要。

⑤应确保至少3年的有效期。

（2）原料供应为"自有基地"的

①应提供自有基地证明材料，如土地流转（承包）合同、产权证、林权证、滩涂证、国有农场所有权证书等。

②若土地承包合同中发包方为非产权人，应提供产权人土地来源证明。

③发包方为合作社的，应提供社员清单，包括姓名、面积、品种、产量等内容。

（3）原料供应为"公司+基地+农户"形式的

①应提供公司与农场、村或农户等签订的合同（协议）样本（样本数以签订的合同数开平方计）。

②应提供基地清单和农户（社员）清单。

（4）原料供应为"外购绿色食品或其副产品"的

①应提供申请人与绿色食品生产企业签订的合同（协议）以及一年内的原料购销发票复印件2张；合同（协议）、购销发票中产品应与绿色食品证书中批准产品相符，购销发票中收付款双方应与合同（协议）一致。

②若申请人与经销商签订合同（协议），还应提供经销商销售绿色食品原料的证明材料，包括合同（协议）、发票或绿色食品生产企业提供的销售证明等。

③提供真实有效的绿色食品证书复印件。

④需说明绿色食品原料是否供给其他单位，现有原料产量能否满足申请产品的生产需要。

（5）原料供应为"外购全国绿色食品原料标准化生产基地"原料的

①应提供真实有效的基地证书复印件。

②提供申请人与基地范围内产业化经营单位或合作社等生产主体签订的原料供应合同及相应票据。

③基地办应提供相应材料，证明购买原料来自全国绿色食品原料标准化生产基地，确认签订的原料供应合同真实有效。

④申请人无需提供《种植产品调查表》、种植规程、基地管理制度、基地图等材料。

6.3.2.7　含有绿色食品标志的包装标签或设计样张（非预包装食品不必提供）

①应符合《食品标识管理规定》《食品安全国家标准预包装食品标签通则》（GB 7718—2011）、《食品安全国家标准预包装食品营养标签通则》（GB 28050—2011）等标准要求。

②标签上生产商名称、产品名称、商标、产品配方等内容应与申请材料一致。

③标签上绿色食品标志设计样应符合《中国绿色食品商标标志设计使用规范手册》要求，且应标示企业信息码。

④申请人可在标签上标示产品执行的绿包食品标准，也可标示其执行的其他标准。

⑤非预包装食品不需提供产品包装标签。

具体申请产品所需特定材料详见"《绿色食品标志许可审查程序》申请材料清单"，以上材料均一式三份。

6.3.3　绿色食品申报程序

凡具有绿色食品生产条件的单位和个人，出于自愿申请使用绿色食品标志者，均可作为绿色食品标志使用权的申请人，应按照一定的申请程序进行申请。

(1)申请

申请人至少在产品收获、屠宰或捕捞前 3 个月，向所在省绿办提出书面申请，并完成网上申请；需要准备的材料包括《绿色食品标志使用申请书》《企业及生产情况调查表》，同时提供下列资料：产品或产品原料种植规程(养殖规程)、加工规程；产品执行标准(须在当地技术监督部门备案的)。企业标准、地方标准均可；企业全面质量管理手册；营业执照复印件和商标注册复印件；当年省级以上产品质量检验报告(初级产品不需要提供)。

(2)受理

省绿办自收到申请材料之日起 10 个工作日内审查确认受理与否。

(3)现场检查

省绿办在产品及产品原料生产期内组织现场检查。省绿办依据企业的申请，委派至少两名绿色食品标志专职管理人员赴企业进行实地考察。主要考察基地环境状况、基地农药、肥料使用情况、企业对农户的管理制度、饲料的成分及来源、防病治病措施、添加剂使用情况、质量管理体系、加工规程等，写出正式考察报告。

(4)环境检测和产品检测

由省绿办对申报产品进行抽样，并由定点的食品检测机构依据绿色食品产品标准进行检测，产品检测机构自产品抽样之日起 20 个工作日内完成产品检测；由各省、自治区、直辖市绿色食品办公室委托定点的环境监测机构(通过省级以上认证)对申报产品或产品原料产地的大气、土壤和水进行环境监测和评价，应自环境抽样之日起 30 个工作日内完成环境检测，并写出评价报告。

(5)初审

省绿办自收到环境和产品检测报告之日起 20 个工作日内完成初审工作。

(6)书面审查

中国绿色食品发展中心自收到省绿办报送的完备材料之日起 30 个工作日内完成书面审查。

(7)专家评审

中国绿色食品发展中心于书面审查合格后 20 个工作日内组织专家评审。

（8）颁证决定

中国绿色食品发展中心于专家评审会后 5 个工作日内做出是否颁证的决定。

（9）签订合同及颁发证书

签订绿色食品标志使用合同；颁发绿色食品标志许可使用证书，证书有效期 3 年。

（10）结果送达

绿色食品标志许可使用证书可邮寄或自取。结果同时在《中国食品报》《农民日报》及中国绿色食品发展中心网站（http：//www.greenfood.agri.cn/）上进行发布。

图 6-2 为绿色食品标志申请程序。

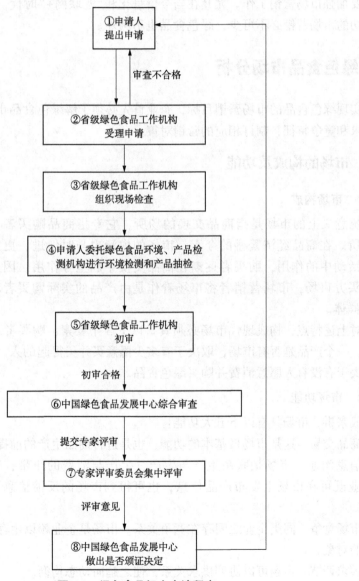

图 6-2　绿色食品标志申请程序

第 7 章　绿色食品市场营销

"民以食为天"，随着国内消费升级及公众对健康安全食品需求的大幅增长，绿色食品的市场发展前景十分广阔。绿色食品要赢得市场，除了重视产品的研发生产和质量管控外，也要加强市场营销工作。尤其在当今信息化和"互联网+"时代，任何商品要想占有市场，成功的市场营销必不可少，绿色食品也不例外。

7.1　绿色食品市场分析

要实现绿色食品的市场营销目标，企业首先必须了解绿色食品市场的特点，才能针对市场需求和竞争特征，制订相应的营销对策。

7.1.1　市场的构成及功能

7.1.1.1　市场构成

传统意义上的市场是指商品交换的场所，它专指商品购买者与出售者进行集中买卖的场所。在商品经济繁盛的今天，市场的内涵也与时俱进，更加突出买方群体在商品买卖活动中的作用，购买者逐渐在商品交换中起主导作用。因此，现代意义上的市场是指买方市场，市场营销者将市场看作是由产品的实际购买者和潜在购买者所组成的消费群体。

针对上述特点，构成现代市场必须具备以下 3 个要素：购买者、购买力和购买意愿。换言之，一个产品是否有市场，取决于有多少愿意买并买得起的人。由此，绿色食品有无市场取决于有没有人愿意消费并购买绿色食品。

7.1.1.2　市场功能

一般来讲，市场具有以下五大功能：

①商品交易　这是市场最基本的功能，也是进行商品生产的前提条件之一。

②信息沟通　市场是联系生产与生产、生产与消费的纽带，也是各种信息的集散地，企业既可在市场上发布产品信息，也可得到市场的反馈信息，从而制订或改进营销策略。

③市场竞争　同类企业之间存在竞争关系。市场是企业赖以生存的"生态位"，是其激烈竞争的对象。

④供求调节　市场可以协调供求关系，使之趋向动态均衡。

⑤引导消费　企业在争夺市场过程中所采取的各种销售策略影响着消费者对拟购买商品的选择。

7.1.2 绿色食品市场的特点

绿色食品市场是指由绿色食品的实际购买者和潜在购买者所组成的消费群体。绿色食品市场既具有消费者市场的一般特征，又具有其独有的特点。

7.1.2.1 绿色食品市场的消费特点

①消费需求多样化 消费者对绿色食品有旺盛的购买意愿。绿色食品的购买者对产品种类，价格等具有不同需求。企业及其营销人员需要充分了解各种消费亚群体需求特点及其变化趋势，从而制订相应的营销对策。

②多为非专业购买 市场上有无公害食品、有机食品、绿色食品等不同分类，它们的产品标准各有不同，国家有关部门对绿色食品生产销售等活动制定了相应的法律、法规加以规范管理。而绿色食品市场上的多数消费者对绿色食品的认知有限，不具备辨识产品真伪、优劣的专业知识。因此，企业有必要对绿色食品的产品特征进行大力宣传。

③消费需求具有可诱导性 在消费升级的大背景下，对绿色食品有消费需求的潜在购买者数量相当可观。由于市场具有引导消费的功能，消费行为易受价格、促销等因素影响，企业可采用适当的营销刺激，以扩大消费需求。

④消费需求具有前瞻性 购买绿色食品的群体往往对环境保护有较强的意识，对自身健康尤为关注，在产品开发和营销上要充分考虑这类目标顾客群的切实需求。

7.1.2.2 绿色食品市场的竞争特点

①品牌竞争 是指生产同一种类的绿色食品的厂商之间的竞争。市场上往往存在众多生产同类绿色食品的企业，为相同的顾客群体提供类似价格的产品和服务，由此产生的竞争是最直接也是最为激烈的。

②形式竞争 企业为顾客提供的绿色产品大类相同，而产品形式不同，如生产绿色有机茶的企业与生产绿色茶饮料的企业之间存在的竞争。

③一般竞争 是指满足同一需要，提供不同产品大类的生产企业的竞争，如绿色食品生产厂商与其他食品生产企业之间的竞争。

④需求竞争 相对于人的无限需求，其货币支付能力是有限的，人们须对不同需求加以取舍。因此，绿色食品的生产企业与房地产商、服装厂、电器公司等满足人们不同需要的企业间都存在竞争关系。

7.1.3 我国绿色食品市场的现状

7.1.3.1 我国绿色食品市场发展历程

我国绿色食品虽然起步较晚，但发展迅速。1989 年，农业部首次提出"绿色食品"概念，次年正式宣布发展绿色食品产业。1992 年 11 月，我国成立了"中国绿色食品发展中心"来组织和指导全国绿色食品产品认定、推广和监管，并于 1993 年加入了总部位于德国的"国际有机农业联盟(IFOAM)"。经过 20 多年快速发展后，到 2016 年，我国绿色食品生产标准化单位超过 460 个，创建绿色食品原料标准化生产基地 696 个，面积达到 $1153\times10^4\text{hm}^2$，产量超过 $1\times10^8\text{t}$，占全国农作物种植面积约 8.5%，带动农户 2198 万户，每年直接增加农民收入 15 亿元以上，对接企业数达 2716 家。农作物种植、果园、茶园、草场和水产养殖等产地环境检测面积达到 $1733 \times 10^4 hm^2$。2017 年，全国累计有效使用绿色食品标志的企业达到 10 895 家，其中，国家级农业产业化企业 291 家，省级龙头企业超过 1334 家，另有 2291 家农民专业合作社通过绿色食品认证。2017 年，产品使用绿色食品标志的总数达 25 746 个，覆盖农林、畜禽、水产及加工食品的 57 个类别，其中，农林及加工产品产量占比最大，占到了 76.3%。

绿色食品的市场覆盖面正日益扩大，销售额逐步提高。全国绿色食品年销售额在 2015 年已达 4383.2 亿元，比 2010 年增长了 55.3%。一部分绿色食品已成功进入了日本、美国、欧洲、中东等国家和地区的市场，出口额在 2016 年达到 25.45 亿美元，展现出绿色食品广阔的出口前景。

我国绿色食品产业的飞速发展离不开政府和有关部门对绿色食品市场建设的关心和扶持。1999 年启动以培育绿色市场、提倡绿色消费、开辟绿色通道为内容的"三绿工程"。2000 年，农业部、财政部、国家税务总局等八部委提出了《关于扶持农业产业化经营重点龙头企业的意见》，在全国范围内有计划、分期分批地选择一批龙头企业予以重点扶持。2012 年，农业部启动"三品一标"品牌提升行动，发布《农业部关于进一步加强农产品质量安全监管工作的意见》（农质发〔2012〕3 号）等文件，并先后出台了绿色食品各类标准 100 多项，对绿色食品产业发展提出了从生产管理、产品认证到证后监管各环节，强化生产控制，提升标准化生产水平，强化获证单位质量管理和强化退出机制，并加强品牌宣传，推动产业持续健康发展。近年来，我国绿色食品产品质量抽检合格率保持在 99% 以上。2017 年中央 1 号文件对防治农业面源污染、推行标准化生产、发展循环农业、培育农业品牌等提出了明确要求，这都有利于绿色食品的发展。

7.1.3.2　我国绿色食品市场发展中存在的主要问题

目前，绿色食品成为当今农林牧渔和食品产业发展的一大亮点，但我国绿色食品在大步迈向市场的道路上还存在着一些突出问题：

（1）生产规模仍然较小，产品结构尚不合理

相较于普通类食品生产规模而言，绿色食品生产规模还太小。种植面积仅占全国作物种植面积的 8.5%，绿色食品实物年产量也不到全国普通食品年产量的 8%。绿色食品粮油、蔬菜、水果、茶叶、畜禽、水产等主要产品产量占全国同类产品总量的比重虽在不断提高，但仍然偏低。大米、玉米、大豆和蔬菜仅占全国同类产品年产量的 6.5%、1.6%、4.7% 和 2.7%。同时，产品结构还不尽合理，无法满足多样的市场需求。2015 年，在我国绿色食品产品结构中，农林种植业及加工产品占 75.4%，畜禽产品占 4.8%，水产品占 3.1%，饮料产品占 8.7%。消费者最为关心和市场需求较大的畜禽肉类产品、水海产品所占比例相较于 2010 年占比不增反减。初级产品占比超过 1/2，深加工产品数量仍有提高空间。

（2）有效需求不足，绿色价格过高

大多数消费者对绿色食品缺乏专业认知，绿色食品有效需求不足，制约了绿色食品市场的进一步拓展。按照消费者购买行为心理学说，认知只是消费者产生购买行为的基础

（如消费者听说过"绿色食品"），只有当消费者较全面感知了某种产品或某种消费确能极大化地满足其生理需求和社会需求时，才能产生积极的购买行为。由于绿色食品整体宣传力度不够，消费者对绿色食品价值缺乏进一步的感知，未能形成稳定的绿色食品消费理念，造成有效需求不足。据调查，消费者中有相当部分的人对绿色食品不甚了解，以为绿颜色的食品或纯天然的食品就是绿色食品，还有人认为保健食品就是绿色食品，真正了解绿色食品的消费者只有 16.4%。

绿色食品价格较高也影响着消费需求。由于绿色食品生产过程严格限制或者禁止使用人工合成的农药、化肥、激素和抗生素等制剂，并限制种植通过转基因等技术改造获得的高产、抗病、虫害品种，使得生产和管理成本处于较高水平。同时，绿色食品在认证、加工、贮藏、运输、检验和包装等环节有一定特殊要求，进一步拉高成本，使得绿色食品的生产成本比一般农产品高出约 40% 以上。另外，部分企业没能正确分析产品自身特点和市场需求，为追求高额利润盲目提高价格，造成供求价格不平衡，影响消费。

（3）生产经营分散，缺乏统一协调

绿色食品区域化生产虽初见雏形，但总体上分布仍很分散，西部地区发展仍然落后。就绿色产品认证数量而言，2015 年，山东、江苏和黑龙江分别达到 3509、2195、1738 个，而海南、贵州和西藏仅 28、24、9 个。企业数量方面，山东、江苏和浙江分别达到 1276、948、774 个，山东一省的企业数就超过了山西、广西、海南等排名靠后的 10 省企业数总和。由于对产地环境的特殊要求，绿色食品产地主要分布在农村和边远山区，而绿色食品的消费群体又集中在大中城市和沿海经济发达地区。生产者和消费者的空间距离增加了绿色食品贮藏和运输难度，造成产供销脱节，影响绿色食品消费市场的发展。

绿色食品企业及其产品尚未形成进入市场的合力，也影响了绿色食品市场的发育程度和扩张规模。绿色食品生产企业和产品分布全国各地，市场的培育缺乏统一的协调和组织，缺乏较强劲的经纪人队伍，并受流通领域条块分割、行业封闭体制的惯性影响，产品跨地区经营比较困难，产品供给没有规模，市场的覆盖面和影响力有限。同样，绿色食品经营企业也相对分散，企业与企业间缺乏必要的经济和信息联系，难以形成合力。国家级和省级龙头企业数占比偏低，仅占总企业数的 16%。此外，部分企业还存在"重申报，轻市场"的观念，有些企业还过分依赖政府行为等，都是影响绿色食品市场建设的重要因素。

（4）市场体系不规范，部分企业法律意识淡薄

绿色食品商标标志是经国家商标局注册的质量证明商标，其商标专用权受我国"商标法"的保护。绿色食品商标标志包括"绿色食品"中文、绿色食品英文（Green Food）、绿色食品标志图形及三者的组合体。任何企业和个人使用绿色食品商标标志，必须经过注册人的许可。但是，部分企业法律意识淡薄，绿色食品侵权行为和假冒绿色食品时有发生，扰乱了绿色食品市场秩序。具体表现为：擅自扩大绿色食品标志使用范围；超期使用绿色食品标志；仅仅通过认证了事，求得"绿色"卖点，没有在提高质量和加强管理上下工夫，产品质量良莠不齐；对绿色食品的品牌保护不力；不法之徒假冒绿色食品商标标志，欺骗消费者。这些现象严重损害了绿色食品的市场整体形象，也影响了消费者对绿色食品的信赖。

(5)技术条件不足，国际竞争力低下

当前，许多发达国家和新兴的工业化国家不断强化了农业环保技术和农产品质量标准，无形中成为我国农产品出口发展道路上的"绿色壁垒"。我国绿色食品无论从生产标准，还是从检查、认证和管理制度上不太被国际所认同，在绿色食品中，只有大约1/3属于AA级的绿色食品才相当于有机食品；其余2/3的A级绿色食品，一时还难以被国外广泛接受，难以领取"绿色护照"，使我国每年有大量绿色农产品出口受阻。加入WTO以后，我国新生的绿色食品业一时还难以抗衡发达国家已趋于成熟的有机农产品生产体系，面临国外高质量、低价格有机农产品的冲击。

7.1.3.3 发展我国绿色食品市场的对策

(1)加大宣传力度，提高认识，鼓励开发

绿色食品是无污染、安全、优质营养类食品，其开发理念符合保护环境、崇尚自然、促进人类社会可持续发展潮流。绿色食品作为一个新兴的产业，无论企业还是消费者对其认知尚有待提高，需加大宣传力度，在全社会形成"绿色"共识，壮大绿色食品消费市场，形成绿色食品消费潮流。在宣传层次上，不仅要对各地主要领导和有关部门进行重点宣传，而且还要对社会团体乃至全社会进行普及性宣传，唤起社会各界对开发绿色食品的关心和支持。在宣传内容上，要广泛普及绿色食品及其标志的基本知识，唤起消费者消费绿色食品的营养意识，使人们真正认识到开发绿色食品在保护农业生态环境、保障人体健康以及提高农林业从业人员收入等方面所体现出的生态效益、社会效益和经济效益。在宣传方式上，要通过广播、电视、互联网、公众号以及在大中城市举办绿色食品新闻发布会、博览会等多种有效途径，扩大宣传的覆盖面，为绿色食品开发创造一个良好的舆论氛围。

(2)搞活经营，制订绿色价格，树立品牌

在研究市场需求和消费趋势的基础上，依据本地资源条件和生产习惯，突出地方特色，选择有市场竞争力的"拳头"产品，把绿色食品开发同发挥区域优势产业结合起来，建立高标准的绿色食品原料生产基地。通过基地建设，开发绿色主导产品，在市场竞争中确立优势地位。制订合理的绿色食品价格，应将环境成本计入价格。如芬兰政府允许绿色食品价格比同类普通食品高30%以上，而日本政府允许高出20%左右。树立品牌意识，实施绿色食品名牌战略，精心培养一批名牌绿色食品，努力扩大名牌比重，发挥名牌效应，提高市场占有率。对已成为地方或国内名牌的绿色食品，要争创国际名牌。要积极开拓国内外市场，在加强信息系统建设，搞好市场分析和预测的同时，组建一支高素质的营销队伍。积极主动与国家外贸部门及有进出口经营权的企业发展经贸联合，灵活利用成熟的销售网络，把绿色食品打入国际市场，抢占新的营销制高点。

(3)扩大生产规模，调整产品结构

"质量与发展"是绿色食品的两大主题。在保证质量的基础上，企业应稳步扩大绿色食品的生产规模，扩大市场的供给能力。积极筛选、研制符合绿色食品生产标准的生产资料，包括绿色食品生产所需的肥料、农药、饲料添加剂、食品添加剂、兽药、水产养殖用药等，改进生产工艺，提高产能，正如浙江省"三药"创新项目支持科研院所积极开发此类产品。市场呼唤绿色畜禽、水产品。但是，我国目前的绿色肉、蛋、水产品相对较少，其所占比例不到所有绿色食品产品数的 14%，还不能满足市场的需求。相关企业应主动调整产品结构来满足消费者的切实需求，提高市场占有率。

(4) 建立专业化批发市场，构建全国统一营销网络

建立专业化的绿色食品连锁店和批发市场，达到一定规模后，即发挥其降低成本、控制价格、促进销售和强化服务的作用。建立专业批发市场和连锁店，首先可考虑大中城市和沿海开放城市。批发市场可分区域建立东部、西部、南部和中部批发市场。连锁店在同一城市不宜过多，大城市 3~5 家，中等城市 2~3 家。建立全国统一的绿色食品交易平台，开展电子商务，形成绿色食品的虚拟集散地。网络营销具有不受时空限制、准确度高、更新速度快、成本低等特点。开展"B2B"和"B2C"等多形式电子商务，构建高效率的绿色食品营销网络体系。利用"B2B"平台，实现绿色食品加工企业和绿色食品原料企业间、绿色食品生产企业和绿色食品营销企业间的网上订购；通过"B2C"平台，并依靠绿色食品连锁店和配送队伍，实现"网上购物"。同时，完善食品进货索证制度、商品台账和经营者商品卫生质量跟踪系统。

(5) 提高从业人员素质，加大科技创新和推广力度

开展多层次的绿色食品知识教育，不断提高相关从业人员开发绿色食品的生产经营技能。要在有条件的职业高中和农村中学开设绿色食品专业课，各级绿色食品管理机构要进一步加强绿色食品知识的培训。在科技推广活动中，增加绿色食品方面的内容，把绿色食品知识和有关生产技术直接送到生产经营者手中。要充分发挥科研院所、大专院校的人才优势，集中力量，开展联合攻关，建立农林牧渔绿色食品开发的技术创新体系，开展绿色食品及相关技术的研究，选育一批高产、优质、抗逆性强的新品种，并提出与之配套的栽培及病虫害绿色防控技术、饲养技术和加工技术，为加快绿色食品开发提供强有力的技术支撑和充裕的技术储备。例如，基于生态食物链利用自然天敌等生物防治手段防控病虫害发生，减少或避免化学农药的使用，保障绿色食品的生产。同时，改革传统的农技推广模式，从放活科技人员入手，积极引导科技人员与农民开展技术承包，实行技术推广与经济报酬挂钩，促进有偿服务与无偿服务，技术开发、推广与经营的有机结合。

(6) 开拓融资渠道，加大资金投入力度

从农民、企业、信贷、财政和外资等多途径吸引资金投入到绿色食品产业。开发加工龙头企业和农民可采取资金入股、原料入股和设备入股等多形式、多层次、多渠道的多元化投入机制。各级财政部门应增强财源的培植意识，本着"欲取之、先予之"的原则，积极扶持那些市场前景广阔、科技含量高、牵动能力大的绿色食品加工龙头企业。金融机构应扩大绿色食品开发贷款和小额信贷的比重，对从事绿色食品开发的龙头企业、生产基地、种养大户和流通合作组织予以积极扶持。另外，通过优化外商投资环境，吸收更多的外商到绿色食品开发领域直接投资。积极争取国际组织或政府提供多边或双边优惠、援助贷款等。

(7) 推动标准化，加强管理，接轨国际

政府和立法机构应进一步完善全国性的绿色食品管理的法律、法规，为规范发展绿色食品市场提供强有力的法律依据。法规内容应以化肥、农药和重金属残留标准的制订为主，以食品原料的生产和加工过程管理为重点。同时，加快绿色食品标准、认证准则、贸易准则等方面与国际接轨，为进一步打入国际市场创造条件。政府要组织协调技术监督、

工商等有关部门，建立完善的市场监督体系，加大绿色食品商标标志的保护力度，加大打击假冒绿色食品产品的力度。绿色食品主管部门要加强绿色食品认证中的监督管理，保证认证的科学性、公正性和权威性；加强绿色食品生产质量管理，全面落实全程质量控制措施，形成有害物超标食品市场退出机制；加强对环境监测机构、产品监测机构的监督管理；加强队伍素质建设；加强绿色食品推荐生产资料工作等，确保绿色食品产品质量。

7.2 绿色食品市场营销概述

7.2.1 市场营销的含义

市场营销一词译自英文"Marketing"，用以表示企业的一种综合性的经济活动。对于市场营销的定义，还存有较大的分歧。早期的市场营销活动范围主要局限于流通过程。但随着市场营销实践的发展，市场营销的内涵不断扩大。目前，人们普遍认为市场营销的范围不仅包括流通领域，而且延伸至生产领域和消费领域，包括市场营销调研、产品开发、定价、分销广告、宣传报道、人员推销、售后服务等。美国市场营销协会给市场营销的定义为创造、沟通与传送价值给顾客，及经营顾客关系以便让组织与其利益关系人受益的一种组织功能与程序。可见市场营销活动应包括以下内容：

(1)产前活动

办企业的目的无非是通过满足社会需求来获取经济收益。这就要求企业生产的产品要适销对路，这个"路"就是销路，即市场。因此，企业的第一步就是对市场进行调查研究，并在调研的基础上进行预测，预测市场需求的产品品种、质量等。第二步才是根据市场的需求和企业自身的实力、条件进行产品的设计和开发，制订生产计划。

(2)生产活动

生产活动是企业营销活动的第二阶段。企业经营者必须以销售为目的、以销售为依据来管理、组织生产。也就是通常所谈的"以销定产"。当然，生产本身又是一系列复杂因素和活动的严密组合，包括掌握一定技术的熟练生产者，富有经验的管理者，一定的原料、能源、机器、工具、场所、厂房、设备，科学的设计、工艺、工序，产品的检验、包装、贮存和运输等。

(3)销售活动

销售活动是企业营销活动重要阶段。企业的产品要能销售出去，不仅需要通过合适的渠道，而且需要制订合理的价格，并且还得通过有效的促销宣传来实现。生产企业一般不直接把产品出售给消费者，而是通过中间商(批发商、零售商、经纪人)来完成销售活动，其中包括有计划、有策略的定价、广告、分销、销售、促销和商品实体分配等一系列营销活动的有机组合。

(4)售后活动

企业把产品销售出去绝不是营销活动的终结。因为企业营销不应该是短期目标，也不可能是一次性行为，而应该是长期的、多次的、不断有所改进和扩大的行动。企业为了建立和提高社会信誉，为了占领和扩大市场，为了增加产量和销售，必须极其重视产品的售后服务活动，必须极其重视收集消费者意见，必须认真研究和确切把握市场反馈信息，才能在激烈的市场竞争中立于不败之地。

7.2.2 绿色营销

7.2.2.1 绿色营销产生的历史背景

在 20 世纪，世界各国、特别是工业化国家的生产力大幅提升，为人类创造了丰富的物质财富，极大地提高了人类的物质文化水平。与此同时，人类不合理的经济活动(包括市场营销)给全球资源和环境带来了一系列严重的问题。生态系统失衡、珍稀物种灭绝、有害物质富集等现象引起了人们的普遍警觉，环境保护意识日益增强。尤其在发达国家，各种层次和类型的环境保护组织(如绿色和平组织、绿党等)纷纷成立。联合国于 1972 年和 1992 年分别在瑞典的斯德哥尔摩和巴西的里约热内卢召开了"人类环境会议"和"环境与发展大会"，提出了可持续发展的战略目标。在此期间，绿色政治、绿色外交、绿色经济、绿色营销、绿色消费的概念随之产生。特别是消费者"绿色消费意识"的觉醒是促成绿色营销观念形成的主要因素。广大消费者从自身生活实践中深刻认识到旧有工农业的发展对生态环境的破坏，已经严重影响了人类的生活质量和身体健康，必须加强环境保护。消费者环境意识的觉醒直接影响着消费者自己的消费行为。据调查显示，67% 的荷兰人、82% 的德国人在超市购物时，会把是否有利于环境保护这个因素作为购买商品的标准。由此形成的绿色食品市场潜力非常巨大，需求也非常广泛。

7.2.2.2 绿色营销理论的概念及主要内容

绿色营销在 20 世纪起步，还没有形成完整的理论体系，绿色营销的概念也不统一。英国威尔斯大学毕提教授在所著的《绿色营销——化危机为商机的经营趋势》一书中指出："绿色营销是一种能辨识、预期及符合消费的社会需求，并且可带来利润及永续经营的管理过程。"也就是说，绿色营销是指市场主体为实现社会、经济、生态三者利益的统一，在保护环境和人类健康的基础上，对产品和服务进行构思、设计、销售和制造以满足自身需求和欲望的一种社会的管理过程。

绿色营销的特点：一是绿色营销的观念是"绿色"的。它以节约资源、保护环境为中心，强调可持续的社会效益与生态效益。二是绿色营销的环境是"绿色"的，要求企业具有良好的生态环境和人文环境，树立绿色理念和绿色文化。三是绿色营销的环节是"绿色"的，企业从生产技术、产品包装、"三废"处理、营销过程和消费过程要注重保护环境，树立绿色形象。四是绿色营销的产品是"绿色"的，即其产品应有节约能源、节约资源、安全、无污染、无公害的特性。

绿色营销的主要内容包括：搜集绿色信息；制订绿色计划；开发绿色资源；研制绿色产品；制订绿色价格；开辟绿色通道；鼓励绿色消费；弘扬绿色文化；培植绿色标志品牌，完善绿色法规。

绿色营销是市场营销理论的完善和发展，是生态与经济理论的结合。绿色营销是生态经济营销，具有明显的生态经济学特征。绿色营销是营销理论和经济学理论的深化，是人类的文明与进步。

7.2.3 绿色食品市场营销的总体思路

7.2.3.1 树立绿色营销观念

市场营销观念是企业开展营销活动的指导思想，有什么样的观念指导就会产生什么样的营销行为。因此，开展绿色营销应该观念先行。纵观国内外企业的营销史，市场营销观念发展为绿色营销观念大体经历了以下 5 个阶段：

（1）以生产为导向的阶段

从市场形成一直延续到 20 世纪初。这个阶段的特征是社会生产力落后，社会产品供不应求。此时，企业的普遍指导思想是"生产至上"。企业经营管理以生产为中心，只关心产品的数量，而很少注重产品质量、增加花色品种、改进外观、包装。这种只从企业自身的角度去设计开发产品，不考虑消费者的切实需要的营销观念是典型的"营销近视症"的反映。

（2）以销售为导向的阶段

20 世纪 30 年代，西方工业化国家爆发大规模的经济危机，产品相对过剩滞销，企业界开始形成了推销观念。即可用一切手段将产品卖给顾客，而不管顾客需要与否及售后效果怎样。简单地说，在这一阶段，企业只是尽力将产品迅速转换为货币，而顾客需要没有得到重视。

（3）以消费者为导向的阶段

20 世纪 40 年代后期，企业界普遍认识到"推销观念"的短视性和危害性。于是产生了"市场营销导向"，其主旨是"消费者至上"，在满足消费者需求的同时达到企业长期盈利和不断提高效益的目标。

（4）社会营销观念

到了 20 世纪 70 年代，又发展出社会性营销观念。这种新观念要求企业不仅考虑到消费者当前的需要，而且还应考虑到消费者和社会的长远利益。这种观念的具体看法是：公司的任务在于确定目标市场的需求、欲望及利益，然后调整组织，以便能比竞争者更有效地使目标市场满意，并能同时维持或增进消费者和社会的福利。

（5）绿色营销观念

随着时代的变迁，政治、经济、社会和生态环境的变化，营销观念经过以上 4 个阶段不断得到完善和发展，开始形成绿色营销观念，强调企业、消费者、社会和环境之间的和谐统一。

7.2.3.2 加强绿色食品目标市场选择和市场定位

一个企业实力再强也不可能满足所有消费者对绿色食品的各种需求，企业必须在进行市场细分的基础上，选择适合企业长远发展的目标市场，并通过适当的市场定位以取得有利的竞争地位。

（1）细分绿色食品市场

所谓市场细分就是根据消费者的需求、购买动机和购买行为的差异性和共性，把庞大复杂的市场划分成不同类型的消费者群，每个消费者群可以是一个分市场。每个分市场又可分成若干个细分市场，每个细分市场都是由需求大体相同的消费者所组成。

市场细分的依据是影响消费者需求的一系列因素，它包括消费者个人因素、社会经济因素、地理因素、社会心理因素和行为因素等。由此，我们可按消费者个人因素中的年龄因素将绿色食品市场划分为：老年、中年和青年绿色食品市场；按收入因素将绿色食品市场划分为高档、中档和低档绿色食品市场等。

（2）选择合适的目标市场

市场细分是为目标市场选择做准备的。目标市场就是企业通过市场细分后选定的，准备以相应的产品去满足的那部分市场。

企业在市场细分的基础上，选择目标市场的策略主要有以下 3 种：

①无差异性市场策略　企业基于市场上的消费者对某种产品的需求没有差异和差异性不大的认识，把整个市场看成一个大市场，以单一的产品投入市场，面向整体消费者，希望能满足具有不同年龄、性别、收入和利益追求的但有着相似需求的消费者的需要。

②差异性市场策略　采用差异性市场策略的企业往往把整个市场细分为若干个分市场，依据每个分市场消费者需求的差异性，有针对性地设计生产不同的产品，制订不同的市场营销策略。例如，企业通过不同的渠道、不同的价位销售产品，以满足不同消费群体的需求。

③集中性市场策略　集中性市场策略者是在整个市场细分以后，选择一个或少数几个细分市场作为目标，力求在一个和少数几个较小的细分市场上取得较大的市场占有率。例如，企业只生产适合青少年需求的绿色食品。集中性目标市场策略一般适合于资源有限的企业。

（3）加强绿色食品市场定位

经过上述市场细分和目标市场选择后，企业应为产品在市场上确立一个具有辨识度的符合特定消费者需求的地位，即进行市场定位。由于市场竞争激烈，企业的产品若不具有特色，就将淹没在商品的海洋中，无法引起消费者的兴趣，更不用说吸引消费者购买了。为此，企业必须加强绿色食品产品的市场定位，创造产品的特色。具体方法有：突显绿色品质、突出价格优势、强调产品服务、彰显产品品牌等。

7.2.3.3　制订绿色营销组合策略

制订合适的市场营销组合策略，即 4Ps 策略，它将产品（Product）、分销（Place）、价格（Price）和促销（Promotion）策略结合进来，以实现企业的营销目标。企业必须在绿色食品的产品、包装、价格、分销、促销和销售服务等各个环节上始终贯彻绿色原则，并科学地予以组合运用。一要抓好绿色食品的产品开发；二要采用绿色包装；三要合理制订绿色食品价格；四要选好绿色食品分销渠道；五要适度开展绿色食品促销；六要完善绿色食品销售服务。具体见 7.3。

7.2.3.4　加强绿色营销管理

各级人民政府应通过绿色食品管理的相关机构，组织绿色食品技术研究和技术推广，开展绿色食品的技术培训和宣传。为促进绿色食品的发展，从财政、税收、信贷等方面适度向绿色食品企业倾斜，制订绿色价格，实行绿色食品的优质优价，实现绿色食品的价值。绿色食品应具备高质量、高品位等特质，除了企业自身生产等各环节上的高要求外，管理部分须采取过硬措施加以监督管理，保护优质企业。可从以下几个方面着手：①要督促企业把绿色食品生产技术落到实处；②开展绿色食品的市场打假；③不定期开展绿色食品的质量抽查，查出不符合绿色食品标准的产品，坚决取消其绿色食品标志资格，从而确保绿色食品的质量与信誉。

7.3 绿色食品市场营销策略

7.3.1 绿色食品的产品策略

绿色食品的产品策略是绿色食品营销的基础性策略，其他各项策略，如分销、价格、促销等都是建立在科学的产品策略基础之上的。

7.3.1.1 核心产品

这是绿色食品营销的支撑点。绿色食品的核心产品应符合以下几个方面的要求：

①从产品本身来看，安全、卫生、有利于人体健康。

②从生产过程来看，应该是一种清洁生产，符合保护环境的要求，避免使用有毒、有害的原料及中间产品，减少生产过程中"三废"的产生。

③从所用资源和能源上看，要采用新科技，尽量使用无公害型的新能源、资源，提高资源和能源的利用率，做好废弃物的回收和再利用。

7.3.1.2 形式产品

绿色食品形式产品是绿色食品核心产品借以实现的形式，包括质量水平、外观式样、品牌名称和包装等。

(1) 品牌

良好的绿色食品品牌有助于使该绿色食品与其他产品区别开来，提高产品的附加值。企业在设计自己的绿色食品品牌时，一定要突出"绿色"特点，激发消费者回归自然的渴求，唤起对健康、安全和洁净的消费需求，从而刺激消费者的购买欲望。企业还需要获得"绿色标志"。在商品和包装上印刷或张贴绿色标志，鲜明地突出产品的"绿色"特征，表现绿色产品与众不同的价值。

(2) 包装

绿色包装是绿色食品营销的重要一环，要把以促销为主的包装观念转变为以保护生态环境为主的包装观念。因此，绿色食品的包装除了要具有保护和美化产品、便利经营、促进销售等一般功能之外，还有其独特的环保要求：简单、洁净、安全、无毒、可回收、循环使用或可自然分解。此外，包装的设计要与品牌和绿色标志相协调，使之真正发挥绿色食品进入市场的"通行证"作用。

7.3.1.3 绿色食品延伸产品

绿色食品延伸产品主要是指企业在售前、售中和售后提供的各种服务。由于我国很多消费者对绿色食品概念认知相对模糊，企业有必要在售前为消费者提供关于绿色食品产品特性的详细介绍，提升消费者的购买欲望和参与环保的积极性；售中要热情服务；售后要进行用户体验评价跟踪，及时搜集顾客对使用绿色食品的感受和意见，妥善处理出现的问题。企业在服务过程中，除了要满足消费者的绿色食品消费需求之外，还要坚持节省资源和能源、尽可能减少污染的原则。

7.3.2 绿色食品价格策略

绿色食品价格策略是绿色食品营销组合策略的基本因素之一，价格决策的正确与否，在很大程度上影响着绿色食品营销的成败。当前我国绿色食品营销发展的速度比较慢，在相当程度上也受价格问题的制约。

7.3.2.1 影响绿色价格的因素

(1)资源和环境成本因素

绿色食品在其生产经营过程中，在保证质量的基础上，还要注重有益健康、保护环境和保持生态平衡，因而加大了企业在原材料、工艺技术、"三废"处理等方面的投入。在制定价格时，企业应将环保方面的支出计入成本，形成绿色成本，使之构成绿色食品价格的一部分。

(2)消费者福利成本因素

绿色产品一方面具有使用安全、有益健康的优点；另一方面又能够改善消费者的生活环境，其品质高于非绿色食品，使消费者获得了更大的福利。消费者理应为此承担一定的成本。

(3)市场竞争因素

为了使绿色食品的价格更具市场竞争力，企业必须了解竞争者的价格水平，并努力降低成本，使本企业的产品价格更有竞争优势。

(4)国家有关政策因素

绿色食品的定价与其他产品一样，要遵循国家有关物价政策，在政策允许的范围内进行定价。

7.3.2.2 绿色食品定价策略

综合上述因素来看，绿色食品价格应高于同类非绿色食品价格。在一些发达国家，人均收入高，环保意识和绿色消费意识比较强，能够接受较高的绿色价格。在我国，由于人们的购买力相对有限，消费水平较低，加之对绿色消费观念还比较陌生，因而在绿色食品的定价上，还不适宜以高价来追求利润的最大化，而应以获取一定的投资收益率和提高市场占有率为主要目标。依据一定的投资收益率，制订适当的价格，既能在补偿成本后获得适当利润，又易为消费者所接受，还能扩大自身绿色食品和绿色食品营销的影响力，达到逐步提高市场占有率的目的。

7.3.3 绿色食品销售渠道策略

绿色食品销售渠道是指绿色食品从生产者转移到消费者所经过的通道。绿色渠道策略是指绿色食品产品的分销渠道选择和实体分配决策。绿色渠道在绿色产品从生产者到消费者的转移过程中，承担着商流和物流的职能，决定着绿色产品流通的速度和效率。

7.3.3.1 分销渠道选择

在确定绿色食品的分销渠道时，应根据绿色食品的特点、品质和市场情况进行市场分析，做出合理有效的选择。

(1)建立绿色食品专门分销渠道的必要性

绿色食品较高的价格，吸引了大批制假、售假者大肆制售假冒伪劣绿色产品，其造假手法日趋高明，常使人真假难辨，给尚处于发展中的绿色市场造成了严重威胁。选择专门的分销渠道，是防止假冒伪劣产品冲击绿色食品市场的有效途径，也是防止绿色食品受环境污染，维护绿色食品品质的要求。

(2)分销渠道的选择

为了维护绿色产品的声誉，促进绿色食品营销的发展，在绿色食品市场发育比较成熟的地方，应选择信誉较高、可提供多项专门服务的经销商来销售绿色食品，也可考虑建立企业专属的绿色食品专卖店和网络虚拟直销店铺。在绿色市场相对落后的地方，应与经销商协商，争取建立绿色食品专柜，同时要对经销商的营业面积、销售额和客流量等多项指标进行考察，加强对绿色食品分销全过程的管理，保证绿色食品的品质。

7.3.3.2 实体分配决策

绿色食品的实体分配是指绿色食品从生产者运送到购买者的过程。我国绿色食品的生产分布范围广，而消费却主要集中在大中城市和沿海经济发达地区，实体分配的难度大。由于我国生产绿色食品的企业一般规模较小，渠道控制能力差，运输、贮存和加工环节中的技术设备落后，无法系统地组织流通。为此，需要在经济比较发达的地区，以数量和种类相对集中的形式，建立绿色食品集散地。通过签订合同，帮助外地企业和小企业解决贮运技术问题，以克服绿色产品生产与消费在时空上存在的障碍，推动绿色食品经济的发展。

7.3.4 绿色食品促销策略

促销策略也是市场营销的重要组成。绿色食品促销是通过各种促销媒体，传递绿色食品的有关信息，指导绿色食品的消费，启发引导消费者对于绿色食品需求，最终促成购买行为。有效的绿色食品促销活动，能够扩大企业影响，提高绿色食品的吸引力，引导消费者的消费。绿色食品的促销手段主要包括广告、公共关系、人员推销和营业推广，它们分别有不同的特点和优势。

7.3.4.1 广告

通过广告对绿色食品功能进行定位，引导消费者理解并接受广告诉求。在绿色食品的市场投入期和成长期，通过量大、面广的有效广告，激发消费者的购买欲望。绿色食品的广告在传递绿色信息，树立企业的绿色形象等方面，有着广泛而直接的影响。在进行绿色产品的广告时，应注意以下几点：

第一，战略性广告和战役性广告相结合。在我国消费者对绿色食品消费意识不强的情况下，要通过战略性广告，大力宣传绿色食品开发对于保护环境、保持生态平衡、促进人类健康的重大意义，增强人们的环保意识和绿色食品消费意识，培养文明消费的新时尚。同时，树立和强化企业的绿色形象。通过战略性广告造成一定的舆论声势之后，还要利用战役性广告着重强调本企业的绿色产品或者本企业某一品牌的绿色食品在节省能源和资源、净化空气及保护环境上的优势。在传递信息时，还要注意针对消费者的切身利益进行诉求。

第二，广告的艺术性和真实性并重。绿色食品广告强调"绿色"特征，与人类崇尚自然的情怀和返朴归真的行为相联系，因此，应着重突出艺术性，使人们领略到浓郁的绿色艺术氛围，感受到视觉冲击和心灵触动，促使人们自觉追求人与自然的和谐统一，进行文明消费。在强调艺术性的同时，也应清醒地认识到真实性是广告的生命，如果将所宣传的绿色食品吹捧成完美无缺，将适得其反，给绿色食品的营销活动带来不利的影响。

7.3.4.2 公共关系

企业良好的公共关系，能使企业在进行绿色食品营销时，内外协调发展，为绿色食品的开发和市场开拓创造最佳的社会关系环境。在公司内部，要对员工进行绿色食品营销的培训，使员工真正认识到生产经营绿色食品的重要性，树立为消费者提供"绿色服务"的企业精神，形成相应的企业文化，并将其体现在企业的绿色形象上。对外，通过企业公关人员参与的一系列公关活动，诸如发表文章、演讲、影视资料的播放、社交联谊、环保公益活动的参与、赞助等，与社会公众进行广泛接触，增强公众对于绿色食品的认识，树立企业在绿色食品方面的形象，为绿色食品营销建立广泛的社会基础，促进绿色食品的销售。同时，协调与环保部门的关系。要特别注重树立起企业捍卫生态环境，维护消费者利益，以及具有高度社会责任感的绿色形象，建立起良好的绿色信誉，消除社会公众的疑虑，坚定消费者进行绿色消费的信念。

7.3.4.3 人员推销和营业推广

通过绿色食品营销人员的推销和各种营业推广，从销售现场到推销实地，直接向消费者宣传、推广食品信息，讲解绿色食品的功能，回答消费者对于绿色食品的咨询，激励消费者的购买欲望。同时，通过试用、馈赠、竞赛、优惠等策略，引导消费兴趣，促成最终的购买行为。

7.4 绿色食品走向国际市场

近几年来，各国消费者尤其是发达国家的消费者对绿色食品的兴趣持续高涨。消费群体不再像人们过去认为的只局限于素食主义者和环保主义者，而是扩大到一批 30~50 岁年龄段成员为主的家庭。绿色产品在很多国家被称作有机产品，也有叫作生态产品等，这些产品在生产过程中摒弃了合成农药和化学肥料的使用，严格遵守保护环境和人类健康的标准，体现了对环境和大自然的尊重和热爱。

有机食品(相当于我国的 AA 类绿色食品)正在迅速成长为一大新兴产业。据 2016 年由有机农业研究所(Research Institute of Organic Agriculture，FiBL)汇总的第19次全球范围有机认证农业调查结果显示，全世界有机食品的年销售额超过897亿美元，是20年前的6倍，北美最多(47%)，欧洲次之(37%)。目前，美国是最大的有机食品消费市场，2016年销售额达到431亿美元。目前，已有178个国家设有有机农场。全球有机农场数量超过270×10^4家，其中，印度的有机农场主数量最多，达到83.5×10^4户。全球有机食品种植面积达到$5780 \times 10^4 hm^2$，其中，澳大利亚拥有$2710 \times 10^4 hm^2$的有机农场，位居第一。另一方面，全球有机农场面积仅占农业用地的1.2%，只有15个国家有机农场面积占比超过10%(最高的是列支敦士登，达到国土面积的37.7%)，具有巨大的发展潜力。

7.4.1 国外有机食品市场现状

7.4.1.1 欧盟有机食品市场情况

(1)销售情况

欧洲和北美地区是有机食品的两大消费地。2016年，整个欧洲有机食品总销售额为391亿美元，比2015年增长了11%。德国和法国是欧盟有机食品的两大消费国，其2016年销售额分别为105亿和75亿美元。其中，德国有机食品销售额增长最快，比2010年的销售额增长了75%。人均消费以瑞士的304美元为最多，其次是丹麦的252美元和瑞典的218美元。

(2)生产及进口情况

欧盟有机农业发展非常迅速。据有关机构研究结果表明，2015年间有机农业种植面积达$1350 \times 10^4 hm^2$，仅次于大洋洲的$2730 \times 10^4 hm^2$，占全球的23.4%。在2016年，西班牙、意大利和德国三国的有机食品种植面积名列前三，分别为$200 \times 10^4 hm^2$、$180 \times 10^4 hm^2$和$150 \times 10^4 hm^2$，生产商最多的是意大利，为64 210家。

目前，几乎所有欧盟国家都为其农场主提供直接的资金支持，鼓励其保持或转换为有机农业种植方式，而这一切都是欧盟第2078/92号法令明文规定的，该法被称之为农业环境法。尽管该法对所有欧盟成员国都有约束力，但各成员国采取的政策和措施的不一致导致其发展程度的不同。欧盟大面积进行有机农业种植为有机贸易的开展奠定了基础，也就是说市场的主要供货商为国内生产商，特别是奶制品、蔬菜、水果和肉类。由于气候差异，北部欧盟国家需从南部欧盟国家进口橙子、谷物、橄榄、黄豆、蔬菜、花籽油和坚果等。法国、西班牙、意大利、葡萄牙和荷兰出口大于进口，其中意大利2016年出口额达22.5亿美元。德国、英国和丹麦都有较大贸易逆差，进口需求很大。

非欧盟供货国家及地区主要包括北美、东欧、以色列、埃及、土耳其、摩洛哥、西印度群岛、巴西和阿根廷。欧洲有机贸易正与若干北美和非洲国家的公司密切合作，帮助其转化为有机农业种植方式。有机产品的需求如此之大，欧洲贸易商在不断寻求潜在的有机产品货源，主要包括咖啡、茶叶、谷物、坚果、干果、油籽和香料。

7.4.1.2 北美有机食品情况

北美已超过欧盟成为全球最大有机食品消费市场。美国从1989年开始，有机食品的市场规模一直以年均20%的速度增长。2017年美国有机食品的销售额超过494亿美元，是

2009 年销售额的 2.3 倍，占当年全球有机食品销量的 48.6%，占到全美食品类销售的 5.3%。目前有 1/3 的美国人日常购买有机食品，83% 的消费者考虑购买，几乎所有的超市、连锁店都销售有机食品。美国还是最大的有机食品出口国，农场面积达 $200×10^4 hm^2$，2016 年出口额 35 亿美元。快速增长的有机食品工业市场对有机食品零售商、生产商和批发商的类型和数量产生了巨大影响。为此，美国食品监管部门下设的有机食品交易协会（Organic Trade Association，OTA）从 2008 年起，每年花费 1000 万美元收集市场信息和资助相关市场研究机构分析市场数据，为决策者和相关利益团体提供科学的有机食品市场分析报告。

2016 年加拿大有机农场面积达 $110×10^4 hm^2$，2017 年加拿大有机食品市场达到 41 亿美元。美国最大的有机天然食品集团、总部设在德克萨斯州的 Whole Foods Market Inc. 于 2001 年 9 月开始在多伦多、温哥华和蒙特利尔开设多家销售点。与此同时，美国第二大天然食品超市集团、总部设于科罗拉多州的 Wild Oats Markets Inc. 也在加拿大各大中城市开设同类型的超市。在过去几年间，加拿大的主流超市都已开设了有机食品专区。加拿大最大的食品集团 Loblaw Co. 在每家店都设置至少 3～4 个走道的天然食品专区。有机食品均标有有机食品标签和不使用化学添加剂等字样，消费者只需到专区就可买到有机食品和传统食品。Loblaw Co. 公司甚至还聘请了食品专家在超市解说，帮助消费者树立健康意识。据加拿大最大的素食食品生产商 Yves Veggie Cuisine Inc. 公司介绍，10 年前该公司 80% 的顾客都是素食者，而现在这一比例降至 4%，这说明有机食品正被主流消费者所认同。目前，加拿大政府已设定了一套标准来界定有机食品，不过，负责检验有机食品产品的一些机构对有机食品的标准仍未统一。

7.4.1.3 亚洲和大洋洲市场情况

亚洲有机食品起步较晚，但发展迅速。2016 年，有机食品种植面积已达到全球的 85%，为 490 万 hm^2，销售额为 86.2 亿美元。亚洲的有机食品主要集中在中国和印度，其中中国 AA 级绿色食品生产面积达 230 万 hm^2，印度则拥有最多的生产者，达到 110 万家，生产面积达 $150×10^4 hm^2$。中国已超过日本，成为亚洲最大的有机食品销售市场，2016 年销售额约占全球总销售额的 7%，占亚洲销售市场的 80%。日本有机作物种植面积不足 1 万 hm^2，其有机食品大量依赖进口。韩国为亚洲第三大有机食品市场，2010 年销售额为 2.3 亿美元。另外，亚洲国家是有机谷物和油籽的主要出口国。2016 年大洋洲拥有 2730 万 hm^2 的有机农场和超过 2.7 万生产者，有机食品销售额为 12.5 亿美元。澳大利亚 97% 的有机农场为牧场。

7.4.1.4 拉丁美洲市场情况

2016 年拉美地区有 $46×10^4$ 家生产有机食品，种植面积超过 710 万 hm^2。种植面积列前三位的依次为阿根廷（300 万 hm^2）、乌拉圭（170 万 hm^2）和巴西（75 万 hm^2）。主要出口产品包括香蕉、椰子和咖啡等。此外，水果和肉类也是阿根廷和乌拉圭的主要出口产品。有机食品销售额为 9.5 亿美元。巴西是最大的消费市场。

7.4.1.5 非洲市场情况

非洲在 2016 年获认证的有机农业面积超过 180 万 hm^2，比 2015 年增长了 7%。非洲有

74 万家有机食品的生产者。坦桑尼亚和乌干达分别拥有最大有机农业种植面积（27 万 hm²）和最多的生产者（21 万家）。非洲主要出口的有机食品为咖啡、橄榄、坚果、椰子、油籽和棉花。但非洲的有机食品发展还相对滞后，尤其体现在产品标准等法律、法规制定上。有机食品销售额为 0.19 亿美元。

7.4.2　绿色营销的国际市场环境

加入世贸组织之后，虽然贸易壁垒逐渐被拆除，但绿色壁垒却在不断加高。由于国际标准的提高以及国内农药污染严重等问题，我国农产品的出口阻力大增，大规模退货的事件屡屡发生。发展有机食品，将成为中国农业突破绿色壁垒的一条出路。为了顺应这种形势，近年来，中国的有机食品发展突飞猛进。和其他发展中国家一样，中国的有机食品发展也主要是以外贸出口为主，兼顾国内市场。自 20 世纪 90 年代以来，我国已经向日本、美国、欧盟国家出口了大量的有机农产品，包括豆类、茶叶、花生、蔬菜、银杏、蜂蜜、葵花籽、中草药以及天然农产品等。因此，有必要了解国际上农产品绿色营销的市场环境以及农产品绿色营销的政策和措施。

在国际上，绿色食品总体呈供不应求的发展趋势。数据资料表明，84%的美国消费者有意愿购买无污染的蔬菜和水果；在法国，80%的消费者购买过有机食品，37%的人每周购买 2~3 次；英国人在经历了疯牛病的噩梦后，对绿色食品的需求量暴增 40%，而英国现有农场只能提供占食品总数 0.5%的绿色食品。

7.4.2.1　绿色营销的组织和法制基础

多年来，西方发达国家从行政、立法等方面形成了一套行之有效的环保法规。目前，世界上已签署的与环保有关的法律、国际性公约、协议达 180 多项。许多国家都建立了环境标志制度，制定了绿色食品标准。各种环保组织也纷纷建立。1972 年在法国成立了"国际有机农业联盟（International Federation of Organic Agriculture Movements，IFOAM）"，现有 178 个国家加盟。1993 年又成立了以环保为中心的"国际绿十字会"。绿色食品相关标准也在不停地制定和修订，例如，在 2018 年，第 50 届国际食品法典农药残留委员会（Codex Committee on Pesticide Residues，CCPR）上讨论并审议了吡虫啉等 38 种农药在农产品中的最高残留量、最高再残留量和指导性残留量等 420 多项标准草案。这些对我国农产品国际贸易造成了一定压力，对我国传统农产品生产和经营提出了挑战，同时，对我国农产品绿色营销的发展也起着一定的推动作用。

7.4.2.2　绿色营销的市场观念和供求基础

近年来，人们越来越清楚地意识到环境保护的重要性，致使人们的思维方式、消费心理和消费行为正发生改变，一股绿色消费热逐渐成为国际消费新趋势。消费者在做出购买决定时，越来越多地考虑环保的因素。绝大多数消费者都对绿色食品感兴趣，绿色产品标志已是产品取得消费者信任和获得市场竞争优势的主要条件。为满足人们对绿色食品不断增长的需求，欧美国家纷纷进行农业转型，实行"低投入、持续型"新农业政策，在农产品生产中减少化学农药、化肥的使用，为农产品的绿色营销提供了生产供应基础。由于发达国家对绿色食品需求以每年平均 20%的速度递增，而其国内生产能力有限，供需矛盾日趋明显，只能依靠进口解决，这给我国农产品出口提供了有利的契机。因此，大力开发国内绿色农产品产业，实施农产品的绿色营销战略，将是增强农产品国际竞争能力的最佳途径和方法。农产品的绿色营销将是国际商战中攻守皆宜的利器，获得了绿色标志的农产品就获得了进入国际市场的通行证。

7.4.2.3　绿色营销的客观现实基础

发达国家绿色产品整体需求市场的基本形成，使国际市场绿色环境更趋完善，致使我国相关产品的对外贸易受到严重影响，出口产品中受影响的品种达数百个。由于绿色营销的组织法律基础多集中在发达国家，我国的出口市场又主要是以美国、日本、欧盟为主的国家，致使我国许多种类农产品面临严重的出口危机。从整体看，国际贸易中环境标准的实施冲击着我国数十亿美元的出口贸易。因此，适应国际市场环境需要，发展生态农业，开发生产绿色农产品，将是摆脱我国农产品出口困境的有效途径和方法。

7.4.3　冲破绿色贸易壁垒，走向国际市场

7.4.3.1　绿色食品是入世后冲破绿色贸易壁垒的最佳选择

在世界贸易保护由关税壁垒转向非关税壁垒的今天，环境管制逐渐成为一种服务于各国环保目标和贸易保护政策的有力武器。在世界贸易中，许多国家借环保之名变相限制自由贸易，并常采用更隐蔽的手段构筑"绿色贸易壁垒"。所谓绿色贸易壁垒，是指进口国以保护生态环境、自然资源、人类和动植物的健康为由限制进口的措施，主要包括：绿色技术标准、绿色环境标志、绿色包装制度、绿色卫生检疫制度和绿色补贴等。例如，美、日、德、英、法、意大利等 15 个国家对乳制品、蛋制品、罐头、肉类、蔬菜、水产品等食品规定需要检验的微生物有 20 多种，且有严格的限量标准。美、日等国对绿色食品的检测标准更是严格。复杂苛刻的环境与技术标准对许多国家，特别是包括我国在内的发展中国家的农产品出口贸易构成了威胁，这对我国农业和农产品走向国际市场来说，无疑是个严峻的挑战。我国相对生产过剩的农产品，如果有害残留物过多、规格与卫生条件不符要求、构成成分不利于营养保健，将会被无情地拒之于国际市场的大门之外。因此，要使我国农业成功地冲破绿色贸易壁垒而走向国际市场，重视发展绿色食品则是最佳选择。

7.4.3.2　做大我国绿色食品产业

我国近 30 年来生态农业、绿色食品的发展，已经有了足够的技术积累，加上各种途径的大力宣传，也使很多人有了"绿色"这一概念。

2015 年，我国有机食品的出口额有 22.8 亿美元，比 1995 年的 30 万美元，已有了极大的增长。但从我国绿色食品（主要是有机食品）所占的份额来看远未令人满意。全球有机产品市场正在以每年 20%～30% 的速度增长，几年内将突破 1000 亿美元。因此，我国需要更大力度来发展绿色食品产业，从以下几方面着手，把绿色食品产业做大：

①加大国家级的绿色食品产业管理机构的管理力度。中国绿色食品发展中心是组织和指导全国绿色食品开发和管理工作的权威机构，但能管理的范围还是有限，而绿色食品产业涉及环保、农业食品加工、商品检查、消费者利益、外贸等领域与部门，可在该中心的基础上组成一个绿色食品发展协调委员会。

②进一步健全绿色食品管理的法律和法规体系。近几年，国家虽然出台了一系列政策法规，但与国际市场的衔接还存在不少问题，有必要继续做好法律、法规方面的工作。

③继续加强绿色食品的宣传工作，尤其要引导绿色食品的流通和消费。

④加大科技投入，加速绿色食品产品研究，加快绿色食品生产技术的推广工作。

⑤制订优惠政策。从税收、信贷方面，支持企业建立绿色食品的生产基地，为从事有机农业生产的企业提供技术支持和咨询服务等。

7.4.4　中国绿色食品的国际交流与合作

7.4.4.1　我国绿色食品国际交流与合作管理机构

我国绿色食品国际交流与合作取得了重大进展。1993 年，中国绿色食品发展中心加入了 IFOAM，奠定了中国绿色食品与国际相关行业交流与合作的基础。目前，中心已与 116 个国家、近 750 个相关机构建立了联系，并与许多国家的政府部门、科研机构以及国际组织在质量标准、技术规范、认证管理、贸易准则等方面进行了深入的合作与交流，不仅确立中国绿色食品的国际地位，广泛吸引了外资，而且有力地促进了生产开发和国际贸易。1998 年，联合国亚太经济与社会委员会(UN ESCAP)重点向亚太地区的发展中国家介绍和推广中国绿色食品开发和管理的模式。

中国绿色食品发展中心设有国际合作与信息处，该处的职能是：管理中心对外交流有关事务、对外联络与国际合作事项；负责中心与 IFOAM 等国际组织的联系与交流；协调中心外资、技术引进等外事外经工作；协调中心有关部门及绿色食品各企业、事业单位经营项目的对外合作、招商引资；协助开拓国际市场。

7.4.4.2　国际类绿色食品(有机食品)颁证机构

目前，世界上生产绿色食品(主要指有机食品)的国家有 170 多个，其中，亚洲有包括我国在内的 20 多个国家。目前，我国已通过有机食品生产认证机构认证的有机食品主要有谷物、豆类、蔬菜、饮品、中草药等 5500 多个产品，其中大部分销往日本、加拿大、美国及欧洲市场。我国于 1994 年在南京成立了国家环保总局有机食品发展中心(OFDC)，形成了较为健全的有机食品认证体系，2003 年获 IFOAM 国际认可。

目前，在 IFOAM 机构中登记的有机食品颁证机构共 350 家，其中最多的是美国 59 家、日本 35 家、中国 32 家。例如，中国的 OFDC，美国的 OCIA(全称"国际有机作物改良协会")，德国的 ECOCERT、BCS 和 GFRS，荷兰的 SKAL 等。这些颁证机构还可为他国有机食品颁证，为他国颁证最多的是欧洲，占 40%份额。

下面以德国有机食品认证机构 BCS 为例，介绍国外认证机构与我国绿色食品业界合作的情况。

BCS 是一个对有机食品项目进行检查和认证的专门机构，总部设在德国。于 1996 年进入我国。BCS 根据欧洲 2092/91 号有机法规条例及其附属规则，对欧盟境内及非欧洲国家内的有机食品项目进行检查和认证，认证的范围是农业生产(包括种植、养殖、野生资源的采集)、加工和贸易。

BCS 在我国的认证工作是从 AA 级绿色食品开始的。AA 级证书作为我国国内的有机证书的一种，已经被欧洲所熟悉。几乎所有出口的 AA 级绿色食品都是 BCS 认证的。不少 AA 级绿色食品通过认证之后，在国外占据了市场，拥有了固定客户。BCS 在我国的认证项目数已近 200 个。产品包括茶叶(绿茶、红茶、花茶、普洱茶、蒸青茶)、花生、大豆、芝麻、草莓、蔬菜、食用菌、山野菜、人参、中药、月见草、麻籽、肥料等。

BCS 已在世界 20 多个国家建立了分支机构。BCS 认证的项目遍及欧洲、非洲、美洲和亚洲的 40 多个国家。迄今为止，通过直接或间接的方式，BCS 已成功地将 700 多家生产和贸易企业引入了有机行列之中。有 3 万多家有机食品生产企业和近千家有机食品加工、贸易企业常年接受 BCS 的考察认证。

BCS 还与美国的 QAI 达成了互换证书的协议，并得到了日本有机法的认可。这样，通过了 BCS 认证的产品不仅可以在欧洲销售，也可进入美洲与日本市场。另外，BCS 还与瑞士的 Bio Suisse 达成了合作协议。如果想出口至瑞士，BCS 还能在 BCS 的有机认证基础上，提供瑞士的 Bio Suisse 有机认证的服务。瑞士的 Bio Suisee 有机认证要求比欧盟有机法规 2092/91 在某些方面更严格、更苛刻。

BCS 与我国绿色食品发展中心的合作，使更多的 AA 级绿色食品进入欧盟有机市场，同时促进我国的 AA 级绿色食品认证体系国际化。BCS 承认按新认证程序颁发后所认证的 AA 级绿色食品证书；BCS 对 AA 级绿色食品基地进行实地考察后，双方可就考察结果、整改建议等互相交流，或双方同时考察；BCS 可以在申报资料的准备和认证颁证程序方面合作，互相完善和补充，以免企业重复作两套认证资料；BCS 可以要求通过了 BCS 认证的 AA 级绿色食品在产品出口的标签上同时注册"有机"和"AA 级绿色食品"字样，以增强 AA 级绿色食品在国外的宣传力度。

第8章 绿色食品产业化生产

中国绿色食品产业创始于 20 世纪 90 年代初。发展至今，我国绿色食品产业实现了从积累到飞跃的快速发展，产业的发展水平也在不断提高：一是原先相对独立而分散的个体行为演变成一种群体行为，形成了规模，并逐渐形成一个新的产业；二是绿色食品产业的总体技术水平有了明显提高；三是绿色食品发展由单一的产品开发转向综合配套开发，形成了相对独立的产业体系。绿色食品产业化发展水平在一定程度上反映了产业结构优化程度、资源的可持续利用情况、经济发展质量和人民生活水平。目前，我国已初步建立了绿色食品产业全程标准化生产和管理模式，制订并推行了一整套绿色食品认证、安全预警和监管等质量保障模式，形成了绿色食品产业化发展模式。绿色食品产业已成为国民经济的重要新兴产业。推进绿色食品产业化生产，建立以环保产业为主体的绿色食品产业体系，对于提高农产品的品质和竞争能力，实现食品安全，保护生态环境，发展现代农业，促进经济健康持续发展具有重要意义。

8.1 绿色食品产业化的发展

8.1.1 绿色食品产业的内涵与外延

绿色食品产业的内涵为：由绿色食品的农产品生产和加工制造企业及其经专门认定的产前、产后专业化配套企业，以及其他绿色食品专业部门所组成的经济综合体。在这个综合体内，各个组成部分之间存在特定的经济技术联系和相互依存关系，由此构成统一的产业结构体系。

绿色食品产业的外延包括：①绿色食品农业，包括种植业、渔业、畜牧业等；②绿色食品加工制造业，包括农产品加工和制造企业；③绿色食品专用生产资料制造业，其中包括肥料、农药、饲料及其添加剂、食品添加剂等生产企业；④绿色食品商业，其中包括绿色食品专业批发市场、专业批发和零售企业；⑤绿色食品科技部门，其中包括科技开发、科技推广和科技教育机构；⑥技术监督部门，其中包括环境监测和产品质量检测部门；⑦绿色食品管理部门，其中包括标准制定、质量认证、标志管理、综合服务等部门；⑧绿色食品社会团体等。绿色食品产业是适应市场需求变化与农业产业结构调整而兴起的集经济效益、社会效益和生态效益于一体的产业。

纳入绿色食品产业体系范围的组织应具有以下基本特点：

(1) 经济活动专业化

应是专业或主要进行绿色食品生产经营活动的经济实体，以及专业或主要从事绿色食品管理及服务活动的机构。除此之外的绿色食品相关经济部门，只是绿色食品的关联产业，其经济活动不属于绿色食品产业行为，因而不应纳入绿色食品产业体系。

（2）经过专门认定

生产绿色食品及其专用生产资料产品的企业，以及专门从事绿色食品营销的商业企业，必须通过认证；其他有关专业机构需经审核批准或授权委托。未经专门认定的产品和单位，不具有公认的绿色食品真实性，因而不被认为具有绿色食品产业属性。

（3）具有统一标识

统一的标识是绿色食品产业属性的外在表征。其主要表现形式为：绿色食品产品包装上使用绿色食品统一标志；绿色食品专用生产资料产品包装上标注规定的文字；绿色食品专营商店包装有统一标志；有关专业机构冠以加有"绿色食品"字样的名称。

8.1.2 绿色食品产业的功能

产业功能是产业活动在与外部环境的联系中表现出的作用，绿色食品产业具有 3 项主要功能。

8.1.2.1 绿色食品（产业）价值形成的功能

环境资源具有生产性，其有无价值及价值的大小，完全取决于环境资源中是否包含物质和劳动的投入以及投入的强度，经过人类劳动加以保护的良好的生态环境是有价值的。绿色食品是生态环境得到有效保护的产物，因此不仅具有普通食品含有的在直接生产中劳动创造的价值，而且还应包含良好环境质量的价值。后一价值是人类对环保投入的价值的转移。实现这一转移，是绿色食品产业价值形成功能有别于普通食品生产的根本所在。绿色食品是包括环境保护在内的全部劳动价值的载体，由此也具有了安全性的特殊使用价值。绿色食品价值形成的功能，其作用程度主要由绿色食品的产出总量来衡量。不断提高产出水平，是绿色食品产业发挥价值形成功能的必然结果。

8.1.2.2 绿色食品（产业）价值实现的功能

绿色食品作为商品，必须通过市场交换实现其价值。由于绿色商品的特殊价值构成，其价值的实现程度应体现为两个层次：一是一般价值的实现，即以不同食品的市场价格出售；二是环境附加价值的实现，即在市场交换中获得高于普通食品价格的差额。完成前者，只能被认为绿色食品价值部分为市场所承认，只有当取得环境附加价值，才标志着实现了其全部价值。而这正是绿色食品产业价值实现功能的特殊意义所在。绿色食品标志代表了绿色食品中环境质量转化的附加价值，并使其具有了可识别性，从而为绿色商品价值的实现创造了必要条件。国际经验证明，建立绿色食品专门的商品流通渠道和采取特殊的营销方式，以此突出与普通食品的区别，将更能适应消费者的购买行为，促进绿色食品市场发育，从而有利于绿色食品价值的全部实现。在西方发达国家，有机食品基本都是通过专业公司、专门商店或专门商柜销售，对方便消费者选购和提高类似绿色食品市场起到了关键性的作用。绿色食品营销与普通食品营销的相对分离，其实质是商业流通领域专业化分工的深化和细化，绿色食品产业也因此而具有了绿色食品价值实现的功能。

8.1.2.3 生态环境保护的功能

绿色食品生产对环境质量具有高度的依赖性。绿色食品产业发展的基础是维护良好的生态环境，重视农业生态资本的可持续利用和保护，做到可持续发展。因此，绿色食品与环境的关系，不仅表现为对环境资源的合理利用，而且还体现在对环境资源的有效保护。绿色食品生产过程的特殊技术措施和管理措施是其环保功能的手段，而与良好生态环境的依存关系则形成了绿色食品产业环保功能的内在机制。从经济学角度讲，绿色食品产业环保机制的建立是产业活动的外部经济通过产品价值的实现而内在化的结果。绿色食品产业活动所产生的环保效应(外部经济)，在绿色食品市场供求关系的作用下被纳入到产品价格中，使其内在化，即产业获得利益补偿，从而形成了绿色食品产业发挥环保功能的动力机制。

显而易见，绿色食品产业的价值形成、价值实现和环境保护3项基本功能是紧密相连、互为条件、循环作用的。其中任何一项功能的障碍都将导致其他功能失效。而利益机制是3项功能聚合互动的纽带，任何力量也无法替代。价值实现是最为关键的环节，一旦价值实现受阻，利益机制便会随之消失，绿色食品产业的整体功能也将不复存在。

8.1.3 绿色食品产业的构建

绿色食品产业体系是各个专业部门按照绿色食品生产的要求进行分工与协作所形成的一体化综合经济运行体系。专业化分工和一体化运行是绿色食品产业体系的核心，也是绿色食品产业化发展的基本方向。绿色食品产业的外延只是界定了产业涵盖的范围，而没有揭示其内部构造。为此，有必要进一步对绿色食品产业的体系进行构建。

8.1.3.1 绿色食品产业体系的部门构成

绿色食品产业体系(图 8-1)包括 6 个部门：投入部门、产出部门、商品流通部门、管理部门、技术检测部门和社会团体。各大部门分别由若干分部门组成。投入部门包括专用生产资料制造和科技部门；产出部门包括农业和食品工业；商业流通部门包括商品批发、零售业；管理部门主要包括标准制订、质量认证、监督管理、综合服务；技术检测部门包括环境监测和产品检测；社会团体主要由绿色食品产业的微观主体组成。在绿色食品产业体系中，部门与部门之间、分部门与分部门之间以及不同层次之间彼此关联、相互作用、互为条件，构成有机的统一体。

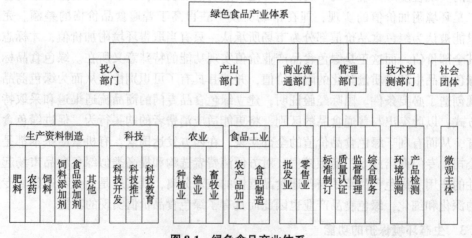

图 8-1 绿色食品产业体系

8.1.3.2　各部门之间的关系

投入部门与产出部门、商业流通部门之间是要素投入和信息反馈关系；产出部门与商业流通部门之间是要素双向流动关系，即绿色食品从产出部门流向商业流通部门，而专用生产资料从商业部门流向产出部门；农业与食品加工制造业之间是要素双向流动关系，即食品工业向农业投入并从农业中获得原料；管理部门与其他各部门的关系主要是信息输入和反馈的关系，其中与技术检测部门是向其提供技术标准、提交监测任务，并根据检测结果进行质量认证，同时接受其反馈信息；社会团体与各部门的关系主要是各种要素、信息的双向交流。

产业体系只是反映了绿色食品产业发展阶段性的基本结构。在长期发展中，随着结构水平的提高，部门将不断增加，结构层次将不断深化，绿色食品产业体系也将出现新的格局。

8.1.3.3　各部门的作用与地位

（1）投入部门

投入部门是绿色食品专用生产要素的供给部门，处于绿色食品产业链的始端。其主要职能，一是物质要素供给，为绿色食品的农业和食品工业提供专用的生产资料，包括绿色食品农业专用的肥料、农药、饲料及添加剂，绿色食品工业专用的各类食品添加剂等；二是科技要素供给，为绿色食品产业的各个生产和商业流通部门提供科技支持。主要包括绿色食品的农业生产技术、农业生产资料技术、食品工业技术、商业流通的保鲜、贮运、营销技术以及企业管理技术等，其供给活动主要体现为科技的开发、科技推广、科技教育3 种基本方式。供给部门对绿色食品产业起着物质技术的保障作用，是产业技术进步的起点，其中科技开发、推广和教育发挥着主导和基础性作用。

（2）产出部门

产出部门是绿色食品产业的产中部门，其主要职能是为社会提供绿色食品的物质产品，适应绿色食品消费不断增长的需要，同时形成投入部门的市场。产出部门也是绿色商品价值形成的主要环节，其生产能力和产出规模反映着绿色食品的产业规模，因而是绿色食品产业的主体部分。产出部门中的农业和食品工业是两个紧密关联的生产部门，其中农业处于基础地位，不仅是食品工业原料的主要来源，而且与生态环境直接进行能量和物质交换，并完成对环境价值的转化，因而是绿色食品生产过程中对环境资源利用和保护的主要环节。食品工业是产出的主导部门，代表着绿色食品发展的方向，对农业和供给部门的发展起着带动作用。

（3）商业流通部门

在绿色食品生产过程中，商业流通部门具有两方面的职能：一是将绿色食品专用生产资料供给产出部门，以协调供给部门与产出部门的供求关系；二是将绿色食品进入消费市场，实现其价值。因此，商业流通既是产前部门，又是产后部门。实现绿色商品价值是商业流通部门的主要职能。绿色食品流通追求的目标不仅是普通食品价值的实现，还应当包括环境附加值的实现，这是绿色食品商业流通和普通食品商业流通的本质区别。绿色食品流通绿色食品批发和零售是商业流通部门的两个基本环节。其中，批发环节是连接生产部门和零售商业的中介，对于解决产销之间在时空和集散方面的矛盾，以及促进专业化零售网点的发展和合理布局有着重要的意义，因此是绿色食品商业流通的关键环节。零售商业处于绿色食品商业链的末端，直接与消费市场相连接，并最终实现绿色食品的价值，其专业化程度的高低对绿色食品市场将产生重要影响。

（4）管理部门

绿色食品管理部门是绿色食品无形资产的管理者，其根本职责是促进无形资产的增值。因此，其主要职能应体现在加强产业自律和促进产业发展两个方面。产业自律，集中反映在 3 个环节：一是标准制订，包括技术标准和行为准则的制订等，以规范产业行为；二是质量认证，即对企业及其产品进行资格审定，以保证产品质量符合标准；三是监督管理，主要对绿色食品标志使用和产品质量等进行监督管理，以维护绿色食品的社会信誉。促进产业发展，主要体现在综合服务职能的发挥，包括规划指导、信息传递、国际交流、社会宣传等。管理部门的上述职能，作用于绿色食品再生产的各个环节，并通过各级管理部门向企业延伸。

（5）技术检测部门

该部门独立于绿色食品管理部门之外，具有第三方公正性的特点。主要职能是对绿色食品的场地环境和产品质量进行监测和检验，为绿色食品管理提供技术依据。其运作的基本程序是：根据管理部门提交的检测任务，对企业及其产品进行检测，依据绿色食品有关标准，对检测标底的质量做出判定，并将判定结论送交管理部门，作为质量认证的依据。技术检测是绿色食品产业自律的技术措施。保持技术检测部门的相对独立性，是保证检测结论科学性、可靠性、公正性的基础，因而是绿色食品产业健康发展的体制保障。

（6）社会团体

绿色食品社会团体是经批准成立的全国性和地方性绿色食品社团组织。其主要职能是协助管理部门发挥职能作用，组织企业进行自我服务、自我约束、自我协调和自我发展，沟通企业与政府的联系，维护企业的合法权益等。社会团体的产生是绿色食品产业成长的显著标志之一，将在绿色食品产业发展中发挥越来越重要的作用。

绿色食品产业化体系不仅要实行产前、产中、产后一体化经营，同时，为了充分利用社会合力将绿色食品推向全社会，并获取一定的规模效益，也有必要将其作为一项系统工程，围绕生产加工系统，配套质量保证系统、食品营销系统、服务系统和管理系统，有组织、有步骤地全面实施。即以全程质量控制为核心，将农学、生态学、环境学、营养学、卫生学等多学科的原理综合运用到食品的生产、加工、包装、贮运、销售以及相关的教育、科研等环节，从而形成一个完善的优质食品的产供销及管理系统，逐步实现经济、社会、生态协调发展的系统工程。

8.1.4 绿色食品产业发展的模式

8.1.4.1 绿色食品标准化生产模式

绿色食品实施"环境有检测、操作有规程、生产有记录、产品有检验、上市有标识"的标准化生产模式。通过对产地环境评价、生产技术操作规程、产品标准及包装、贮藏和运

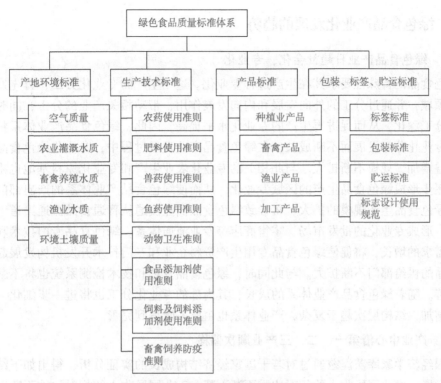

图 8-2　绿色食品质量标准体系

输标准实现对绿色食品生产的全程质量控制，其完整过程可用绿色食品标准体系框架 (图 8-2)来表示。

8.1.4.2　绿色食品质量保障模式

绿色食品是由我国农业部绿色食品发展中心认证的食品，是在特定的技术标准下生产出的无公害、安全、优质的农产品及其加工品。绿色食品的质量，必须通过专门的定点检测机构进行检验、判定。为保证产品质量，规范标识管理，绿色食品建立了"以技术标准为基础、质量认证为形式、商标管理为手段"的质量保障模式。绿色食品的认证程序主要是依据标准，对产地环境、产品生产加工过程及投入品的使用管理、产品质量、检测、包装、贮运、销售等环节进行审核和评定，确保绿色食品的整体产品质量。对绿色食品依法实施统一、规范的标志管理，按照企业年检、产品抽检、市场监察、产品公告 4 项基本监管制度开展标志监管工作，使生产行为纳入了技术和法律监控的轨道。

8.1.4.3　绿色食品产业化发展的模式

绿色食品推行以"市场需求为导向、品牌标志为纽带、龙头企业为主体、基地建设为依托、农户参与为基础"的产业一体化发展模式。绿色食品发展围绕优势产品和主导产业，利用市场利益机制将产前、产中、产后链接为一个完整的产业体系，实行种养加、产供销、农工商一体化经营。绿色食品发展呈现出产业化生产、区域辐射、规模化经营、行业性拉动的发展趋势。绿色食品推行产业化发展模式，提高了农业生产组织化程度和社会化服务水平，延长了农业产业链条，实现了企业增效、农民增收。

8.1.5 绿色食品产业化发展的趋势

8.1.5.1 绿色食品产业日趋社会化、专业化

绿色食品的特殊性要求其在生产过程专业化。这一生产的专业化分工，首先发生于食品生产领域，并通过分工的外向发展和内向发展作用，带动相关产业的分工，同时使其自身内部分工深化，从而促进再生产的专业化水平提高。因此，绿色食品产业体系将伴随社会化、专业化分工发展而不断成长。在绿色食品产业发展过程中，专业化绿色食品加工企业将日益增加，规模不断扩大。与此相关的专业化农业生产和专业化原料基地也将相应发展，并逐步形成绿色食品生产的区域专业化，从而使绿色食品产业体系的产出部门进一步扩张。绿色食品生产规模的扩大，将导致绿色食品商业流通从普通食品流通渠道中逐步分离出来，形成专业化的批发市场、零售商店等专业流通体系。绿色食品专门技术和专用生产资料需求的增长，将促使绿色食品专用生产资料企业和专门技术开发机构发展起来，使绿色食品的供给部门不断扩大。与此同时，绿色食品管理和技术检测系统也将不断得到加强和完善。随着绿色食品产业体系的成长，其内部的专业化分工也将进一步细化，专业门类不断增加，结构层次趋于复杂，产业体系也由此不断得到完善。

8.1.5.2 产业中心沿第一、二、三产业顺次偏移

美国经济学家库茨涅兹通过对若干国家经济结构成长的实证分析，得出如下结论：随着经济发展，农业国民收入的相对比重不断下降，工业国民收入的相对比重不断上升；进入工业化后期，工业国民收入的相对比重出现某些下降趋势，而第三产业国民收入的相对比重开始不断上升。上述变动趋势，反映了国民经济的产业中心按照第一、二、三产业顺次移动的客观规律性。当代发达国家经济发展的轨迹进一步验证了这一规律。

在由食品及其相关产业构成的产业体系中，同样也存在上述规律性特征。20世纪60年代美国农产品加工业比重居各业首位，但呈不断下降的趋势，而商业流通业比重一直稳定上升，农业比重则持续下降，反映出与国民经济产业结构完全一致的变动趋势。

我国绿色食品大多数为加工产品，在绿色食品产业体系中，目前加工业比重显然已超过农业比重，但是专业化商业流通业比重与加工业存在相当悬殊的差距，甚至远低于农业。根据产业发展规律，随着绿色食品产业体系的建设，商业流通业发展将逐步加快，其比重将超过农业并逐渐缩小与加工业的差距。科技部门也将加快发展。因此，在绿色食品产业体系成长过程中，虽然第二产业的比重在较长时期内仍将居于主导地位，但第三产业持续加快发展，最终将导致第一、二、三产业的结构格局发生根本性变化。出现产业中心向第三产业转移的趋势。

8.1.5.3 组织结构向一体化方向发展

社会生产专业化分工的深化必然导致产业一体化发展的格局。专业化分工的直接结果是各个专门职能部门独立存在条件丧失和对外部依存性加强，由此决定了彼此之间必须建立起协作联系，形成统一的有机整体。专业化分工越细，相互依存性越大，一体化程度也就越高。只有形成一体化，专业化分工的目的才能实现。因此，专业化分工的过程就是形成一体化的过程，专业化分工的目的就是一体化存在的前提。产业一体化是在专业化分工

形成的各个专门职能之间，为了实现一个统一的经济目标而建立起来的相互依存、互为条件的经济联系。

绿色食品产业是生产专业化分工的产物，一体化发展将是绿色食品产业体系成长的基本内涵和必由之路。作为一个产业体系，将在宏观和微观两个层次上实现一体化发展。在宏观层次上，一体化主要体现在部门间专业技术和专用物资资料的投入产出关系上。在微观层次上，一体化主要表现为"农工商、科工贸、供产销"等一体化生产经营组织的建立和发展。

8.1.5.4　产业结构趋向高度化

产业结构高度化是经济发展过程中的必然趋势。从根本上讲，其必然性是需求结构变动和技术进步所决定的。在我国人民从温饱向小康过渡进而走向富裕的进程中，居民食物消费结构不断升级将成为必然。人们对食品的需求将更加讲求新鲜、营养、方便、保健和多样化。这种变化趋势，一方面对绿色食品产品的需求增加；另一方面也要求绿色食品必须加速技术进步，深化资源开发，不断向深度化加工、精细化加工、科学化加工和品种多样化方向发展。伴随这一过程，绿色食品产业结构也将发生深层次的变化，产业的结构规模、结构水平、关联程度都将相应提高，从而使产业结构不断趋向高度化。

8.1.6　我国绿色食品产业发展的现状与存在问题

8.1.6.1　我国绿色食品产业发展现状

产业发展的状况一般通过规模、速度、结构和水平 4 个指标的变化来反映，从这些变化中我们可以大致看出绿色食品产品产业发展的轨迹和趋势。

（1）总量规模不断扩大

绿色食品产品开发始于 1990 年，当年全国 16 个省、自治区、直辖市的 83 家企业生产的 127 个产品获得绿色食品标志使用权。截至 2010 年年底，全国各省、自治区、直辖市都开发了绿色食品，生产企业总数达 6481 家，产品总数超过 $1.68×10^4$ 个，全国绿色食品产量超过 $5×10^8$ t，国内销售额达到 3162 亿元，出口总额达 21.6 亿元，年销售额突破 $400×10^8$ 元。建成标准化生产基地 479 个，种植面积达到 $687×10^4$ hm^2，直接带动农户 $0.16×10^8$ 个，对接龙头企业 1256 家，每年直接增加农民收入在 8.4 亿元以上，获得绿色食品认证的国家级农业产业化龙头企业达 400 家，省级龙头企业超过 1000 家，农业专业合作经济组织达到 3500 个。到 2014 年年底，全国有效使用绿色食品标志企业总数 8700 家，产品总数 21 153 个，分别比 2013 年增长 13.0% 和 10.9%，绿色食品发展速度稳步增长，绿色食品产品抽检合格率达 99.5%，保持在较高水平，绿色食品质量安全水平不断提升。绿色食品产地环境包括农田、果园、茶园、草场、水域检测面积达到 $0.167×10^8$ hm^2，较好地保护了环境。绿色食品产业发展的高速增长，表明了绿色食品全社会推进的过程以及广大消费者对绿色食品逐步认识的过程。

（2）产品结构不断优化

绿色食品产业产品结构主要包括品种结构和产品生产的区域结构。

①品种结构　在全国有效使用绿色食品标志产品中，农林及加工产品占 74.2%、畜禽类产品占 5.2%、水产类产品占 3.3%、饮品类产品占 9.2%、其他产品占 8.1%，绿色食品

开发历时近 30 年，已开发的产品包括粮油、果品、蔬菜、畜禽蛋奶、水海产品、酒类、饮料类等，品种较为齐全，既有初级产品，又有深加工产品；既有大宗农副产品，也有包装规格很小的调味品、小食品。在各大类产品中，品种结构也很丰富，如粮油类产品，大米、面粉、食用油为主要品种，也有小米、荞麦、红小豆、绿豆等小杂粮品种；如奶类产品，既有鲜奶产品，也有奶制品；奶制品又有婴儿奶粉、中老年奶粉、加锌奶粉、豆奶粉等。但总体上粮油类、果品类、饮料类、畜禽蛋奶类产品等初级产品，无论是产品个数、产量，还是面积，在产业整体中所占比重较大。

②区域结构　由于各地条件不同，绿色食品产业化生产具有明显的区域特征，整体来看是：东、北部强，西、南部弱。从绿色食品产品的数量上分析，我国东北部各省、市绿色食品发展较快。

③申报主体　一方面国家级及省级农业产业化重点龙头企业、农民专业合作社等绿色食品发展传统申报主体保持稳定发展态势；另一方面种养大户、家庭农场、合伙企业等多类型主体逐步成为绿色食品发展新生力量，丰富了绿色食品产业结构构成。绿色食品品牌带动效应日益凸显，不断促进了企业增效和农民增收。

我国西部各省在绿色食品产业化生产上起步较晚，与北部、东部省市相比差距较大。1993 年以后，西北部地区在发挥地区优势的基础上，加大了产业开发的力度；西南地区产业开发的步伐也明显加快。华中、华南各省的绿色食品产业化生产在数量上介于东、北部和西部之间，发展较为平稳。

（3）产业水平不断提升

绿色食品产品在规模稳步扩大、结构逐步优化的同时，生产水平也在不断提高，主要表现在：

①具有地方特色的产品日益增多　如西藏的珠峰绿茶、云南的咖啡、青海的青稞酒、甘肃的苹果梨、陕西的滩枣、河北的鸭梨、山东的德州扒鸡、安徽的苔干、砀山梨、新疆库尔勒香梨、葡萄干、海南的芒果等。

②全国和各地名牌产品增长　如长城葡萄酒、完达山奶粉、泸州老窖酒、南方黑芝麻糊等，这些全国知名产品在绿色食品产品开发中起到十分积极的推动和引导作用。据市场调查，绿色食品售价平均比同类普通产品约高 20%。依靠绿色食品品牌优势，通过优质、优价，大多数企业不同程度地提高了经济效益，并通过原料基地建设带动了农民增收。品牌影响日益扩大，在国内大中城市，绿色食品的品牌认知度超过 80%。绿色食品品牌的国际影响不断扩大，丹麦、芬兰、澳大利亚、加拿大等国家发展了一批绿色食品产品，总产量超过 $100×10^4$ t。

③精深加工产品增多，绿色食品产品档次越来越高　2010 年，在开发的绿色食品产品中，加工产品已接近 70%，而初级产品只占 1/3。在加工类产品中，深加工产品比重不断增加，以饮料为例，出现了番茄汁、鸭梨汁、核桃乳、酸枣汁、杏仁乳、胡萝卜汁、牛蒡茶等多个品种，这些饮料产品以蔬菜、水果为原料，不仅丰富了绿色食品产品品种，而且大大提高了原料产品的附加值和加工深度。大米、面粉等一般认为是普通加工产品，但在绿色食品中全部为精加工产品，并且同类产品又分多个等级，如面粉，有特一粉、特二粉，还有富强粉等功能产品，大大提高了这类产品的档次。2010—2014 年，绿色食品企业

和产品分别平均增长 8% 和 6%。

④大型食品生产企业增多　这些企业生产的产品不仅规模大，而且产品质量高，市场覆盖面也很广。据统计，在 1995 年批准使用绿色食品标志的生产企业中，年产值超过 5000 万元的企业已占总数的 15.0%。2014 年，全国绿色食品原料标准化生产基地对接企业 2310 家，带动农户 2010 万户，每年直接增加农民收入超过 10 亿元。绿色食品产品国内年销额达到 5480 亿元，出口额达到 24.8 亿美元。

⑤合资企业和出口产品日益增多　近几年，先后有绿色食品大米、小杂粮、花生、茶叶、水果、蔬菜等产品出口到美国、欧洲、日本等国家，显示出了较强的市场竞争优势。

⑥产品包装水平不断提高　绿色食品产品优质的特征不仅表现在内在品质上，而且也体现在外表包装上。近几年绿色食品产品整体包装水平有了明显提高，有的产品包装还十分新颖。如绿色食品大米包装基本上都是真空包装，从而更好地保持了产品的内在品质，也提高了产品的附加值。

综上所述，绿色食品产品开发以来取得了重大进展。目前，绿色食品的产品遍布全国各地，而且呈现出了一些新的特点：

一是产品结构有所调整，与城乡居民生活密切相关的产品开发比重增大，前两年开发相对滞后的短线产品开发比重增大，如蔬菜类产品、水产品。

二是产品开发从一般产品向名特优新产品发展；从单一化、初级化向系列化、深加工方向发展；由小规模、分散性开发向区域化、基地化方向发展；由小型生产企业向大中型企业方向发展。

三是"北强南弱"的产品开发格局开始有所缓解，南方地区产品开发力度逐步加大，尤以四川、江苏、湖南、广州、广西、福建等省、自治区突出。

四是产业发展已具一定规模，截至 2014 年年底，全国绿色食品企业总数达到 8700 家，产品总数达到 21 153 个。全国已创建 635 个绿色食品原料标准化生产基地，分布在 24 个省、自治区、直辖市，基地种植面积 $1.07 \times 10^7 hm^2$，产品总产量达到 $1 \times 10^8 t$。绿色食品生产资料企业总数达到 97 家，产品达到 243 个。

五是产品发展制度体系基本完善，《中华人民共和国农产品质量安全法》《中华人民共和国食品安全法》和农业部《绿色食品标志管理办法》等法律、法规的颁布实施，为推动绿色食品产业持续健康发展奠定了法律基础。农业部已发布绿色食品各类标准 126 项，整体达到发达国家先进水平，地方配套颁布实施的绿色食品生产技术规程 400 多项，绿色食品标准体系更加完善。绿色食品标志许可审查程序和技术规范不断补充和修订，绿色食品企业年检、产品抽检、市场监察、风险预警、淘汰退出等证后监管制度已全面建立和实施，以绿色食品标志管理为核心的制度体系已基本建立。

8.1.6.2　我国绿色食品产业发展存在问题

尽管最近 10 年来我国绿色食品产业发展良好，但仍存在许多问题，制约了绿色食品产业的进一步发展。

①总量规模不大，难以满足城乡居民对安全优质农产品的需求。2014 年绿色食品实物年产量约 $0.9 \times 10^8 t$，仅占全国食品（包括农产品）商品总的 3%～5%。其中，即使是产品发展较多的大米产品和精制茶产品，2014 年产量分别为 $0.13 \times 10^8 t$ 和 $7.72 \times 10^4 t$，分别占全

国大米总产量和精制茶总产量的 10% 和 3.2%。而与老百姓"菜篮子"密切相关的肉类、禽蛋、乳制品和水产品发展总量更少，2014 年绿色食品肉类(猪、牛、羊、禽)、禽蛋、乳制品和水产品产量分别为 $30.63×10^4t$、$15.17×10^4t$、$9.12×10^4t$ 和 $21.22×10^4t$，仅分别占全国肉类、禽蛋、乳制品、水产品总产量的 0.4%、0.5%、0.3% 和 0.3%。

②在绿色食品产品开发的区域结构上，仍然呈现"东北强、西南弱、中部发展缓慢"的状况。由于各地条件不同，绿色食品产业发展具有明显的区域特征，江苏、浙江、山东、黑龙江、湖北、辽宁等省份位居全国前列，福建、新疆、江西、广东、吉林等省、自治区发展相对较快，其他省份渐次。绿色食品产品结构的不合理，区域结构的不平衡，使得绿色食品的全面推广难以展开。

③产业结构不尽合理，产业发展水平有待提高。主要表现为 3 个方面：一是企业结构不合理，中小食品企业与农民专业合作社偏多，大型食品企业偏少。截至 2014 年年底，绿色食品农民专业合作社达 2291 家，已占绿色食品企业总数的 26.3%；国家级、省级龙头企业分别为 291 家和 1334 家，分别仅占绿色食品企业总数的 3.3% 和 15.3%，中小食品企业占绿色食品企业总数近 1/2 左右。二是产品结构不合理，2014 年在有效用标产品中，初级产品 11 416 个，占 54.0%；初加工产品 6728 个，占 31.8%；精深加工产品仅 3009 个，占 14.2%。其中，初级产品所占比重较大，而深加工产品比重相对偏低。三是区域发展不平衡，东中部地区发展规模较大，西部地区发展规模偏小，山东、浙江、江苏、黑龙江、安徽、湖北 6 个省开发的绿色食品企业数、产品数分别占全国绿色食品企业总数、产品总数的 51.3% 和 52.4%。

④绿色食品市场体系不规范，我国绿色食品市场还未形成一个完整的食品销售网络。绿色食品市场开发相对较晚，绿色营销发展滞后，仍主要依赖传统的流通渠道分散销售，流通渠道不畅，导致产销脱节。企业缺乏法律意识，存在擅自使用绿色食品标志，假冒绿色食品，或者扩大绿色食品标志使用范围的现象。由于绿色产品生产成本较高，一般价格上比同类产品高出 20%，造成了消费者的绿色消费意识淡薄，对绿色食品不具备常年有效的需求，绿色食品成为主流的消费产业仍需要相当长时间的努力。由于目前绿色食品质量管理标准体系不完善，未完全与国际有机食品认证标准接轨，绿色贸易壁垒仍然存在，绿色食品出口不畅。

⑤绿色食品产业管理和质量保障体系不健全。少数绿色食品企业的诚信意识、质量意识、风险意识和责任意识淡薄，绿色食品全程质量控制体系没有完全建立，标准化生产措施不能真正落实，个别企业甚至存在违规使用禁用物质的现象，一定程度上存在质量安全隐患，整个绿色食品工作体系防控产品质量安全风险和隐患的压力增大；少数企业在产品包装上使用绿色食品标志不规范或者违规使用绿色食品标志，个别企业违法制售假冒产品，有损绿色食品整体品牌形象。

⑥绿色食品产业面临生态威胁。近年来，我国工业化的发展使生态环境出现了恶化的趋势，工业"三废"、城镇生活污水大量向河流、湖泊排放，其中一部分携带水、铅、砷、铬等有害、有毒物质的工业废水通过灌溉水进入农田，加之不合理使用化肥、农药及人畜粪便流失等，农业污染日益加重，从而导致地表水和地下水水质污染严重，直接威胁绿色食品产业的发展。

8.1.7　绿色食品产业化发展的战略

8.1.7.1　与消费趋势相适应，加快产品开发

绿色食品产品开发已取得较大进展，形成了一定的规模。但是，就满足当前和未来社会需求而言，生产能力还远远不足，产品总量和品种数量都需要加快增长。

从 10 年来全国绿色食品产品结构及其变动情况来看，畜、禽、蛋奶水产品等动物性食品及蔬菜类虽然目前产量比重偏低，但其变动方向与我国食物消费趋势相一致，而且增长较快，反映出在需求拉动下的加快增长态势。粮油类的高比重和高增长与消费趋势明显不一致，这在很大程度上是由于粮油产品收入弹性下降，市场竞争加剧，促使企业发展绿色食品的结果。由此可以得出一个基本判断：在社会经济发展的现阶段，绿色食品在低收入弹性产品市场中的相对优势更为显著，所以低收入弹性产品仍然是绿色食品增长的重要领域；从长远讲，高收入弹性产品市场更为广阔，随着人们收入水平的提高，绿色食品将在较高收入弹性产品领域获得加快发展。因此，绿色食品产品开发的重点，应沿着收入弹性由低向高的顺序推移，在产品规模扩张的同时，循序渐进地进行产品结构的转换，在转换中不断加快发展。

加快绿色食品产品开发，还应当面向国际市场。欧盟各国有机食品消费量目前约占世界的 3/4，而不少国家对有机食品的需求已大大超过本国生产能力，需要大量进口。例如，英国目前的进口量占国内总消费量的 80%，德国为 98%。美国大多数有机食品销往欧洲和日本。因此，适应国际市场需求，扩大绿色食品出口，对带动我国绿色食品开发将有着重要作用。为此，应根据国际市场的需求结构，相应调整我国绿色食品产品结构，开发一批 AA 级绿色食品，参与国际市场竞争。这是在我国消费水平尚待提高的条件下，加快绿色食品开发的必要之举。

8.1.7.2　与产品开发相协调，分阶段发展专业化商业流通

发展专业化商业流通是绿色食品价值实现的要求，因而是绿色食品产业体系建设的一个重要组成部分。目前，绿色食品商业流通的专业化水平还很低，全国仅少数大城市建有绿色食品专门零售商店，区域和全国性的绿色商品批发市场尚未建立，专业化商业流通渠道远远没有形成。

由生产发展进程所决定，商业流通部门的发展将是一个渐进的和阶段性的过程。绿色食品商业流通部门大致要经历 3 个成长时期。第一，部门形成期。其特征是绿色食品交易量由小到大，品种由少到多，并逐步从普通流通渠道中分化出来，形成专业化流通。第二，部门发展期。这一时期，绿色食品交易量已形成一定规模，专业化流通格局初步建立，开始向全面配套化发展。第三，部门成熟期。绿色食品流通已实现配套化，批发零售环节趋于完善，以配货中心为龙头的连锁销售网络已在中心城市建立起来，并向中小城市发展，交易规模进一步扩大。

8.1.7.3　以技术进步为前提，大力发展专用生产资料

绿色食品专用生产资料是经主管机构审定，并推荐为绿色食品企业优先选用的农业和食品供应生产资料。其特点是科技含量较高，有较强的技术适用性和经济合理性，能显著

提高绿色食品生产率和产品质量。发展专用生产资料是绿色食品产业技术进步的基础环节，对于促进绿色食品产业发展具有十分重要的意义。

8.1.7.4　以科技成果产业化为契机，加快绿色食品科技开发

绿色食品科技开发主要包括农业技术、食品工业技术、商品流通技术等诸方面。其主导方向应当是：①为生产方式的转换提供物质技术手段，在保证产量的前提下，提高资源价值和资源利用率；②促进生物资源开发，提高资源价值和资源利用率；③提高产品加工度和保险度，增加附加值；④减少劳动消耗，降低生产成本；⑤加快市场信息传递，促进商品流通；⑥通过科研机构、大专院校、龙头加上企业和社会化服务组织相结合的绿色食品科技新体系的建立，全面推进产、学、研相结合的绿色食品生产、加工、包装和贮藏等关键技术的联合攻关，加快科技成果转化，提高绿色食品的科技含量，促进产业化发展。

8.1.7.5　以农业产业一体化为途径，加强原料生产基地建设

按照绿色食品管理的要求，绿色食品加工的原料必须来自符合条件的固定的产地，以保证原料质量稳定地符合绿色食品标准。由此决定了绿色食品加工必须以原料生产基地为依托，合理利用和保护农业资源，为发展绿色食品生产创造良好的生态环境。因此，保护生态环境，加强原料生产基地标准化建设，促进农业生产经营方式转变，对绿色食品产业发展具有重要的基础性影响。

8.1.7.6　加快推进以提升我国农产品竞争力为目标的国际化发展战略

当前，国际社会对农产品质量安全高度关注，一些发达国家对我国出口农产品质量设置更高的准入门槛，这就要求发挥我国绿色食品的标准优势和质量优势，加快推进绿色食品国际化发展战略，不断突破国际贸易技术壁垒，有效应对农产品国际贸易竞争，提升我国农产品在国际市场的竞争力。要加强绿色食品标志商标在国际上注册保护力度，在继续做好马德里体系绿色食品证明商标国际续展注册工作的基础上，加快绿色食品标志商标在欧盟、韩国及东南亚地区的注册工作。加强与国际同类机构的双边或多边合作，推动相互间在农产品质量安全法律法规、技术标准、贸易规则、市场营销、认证监管等方面的交流与合作。加强与外国商(协)会的合作，积极开展绿色食品的国际推介，扩大绿色食品境外影响力，着力加快绿色食品国际化发展的进程。加强与农业系统国际交流机构的合作，积极争取国际合作项目支持，大力开展境外培训和交流，学习和借鉴国外农产品质量安全监管和产品审核认证的先进经验，进一步完善绿色食品质量管理体系。要加快绿色食品境外企业认证的步伐，着力培育一批在国际上有影响的大企业、大集团，不断提升绿色食品在国际社会的影响力和竞争力。

8.2　绿色食品产业生产资料

绿色食品产业生产资料包括绿色食品原料生产基地和生产企业在生产过程中使用的肥料、农药、兽药、饲料及饲料添加剂、食品添加剂等生产资料。绿色食品生产资料必须满足以下条件：必须是经国家相关部门检验登记，允许生产、销售的产品；有利于保护和促进使用对象的生长或产品品质的提高；不造成使用对象产生和积累有害物质，不影响人体

健康；对生态环境无不良影响。绿色食品生产资料是保证绿色食品产品质量的重要物质技术条件，具有合法、有效、安全和环保的特征，对于绿色食品产业化生产具有重要的意义。

8.2.1 绿色食品生产肥料的开发

8.2.1.1 绿色食品生产对肥料的要求

绿色食品是无污染的安全、优质、营养类食品，其无污染、安全性决定了绿色食品"从土地到餐桌"必须进行全程质量控制。绿色食品生产所用的肥料必须做到：①保护和促进作物的生长品质的提高；②不造成作物产生和积累有害物质，不影响人体健康；③对生态环境无不良影响。

对于 A 级和 AA 级绿色食品生产所用的肥料也有明确的规定。两者的区别在于：①AA 级绿色食品的肥料使用规则有八条，必须选用标准规定允许使用的肥料种类，在其生产过程中，禁止使用其他化学合成肥料（包括尿素），完全与国际有机食品接轨。而生产 A 级绿色食品时，尽量选用标准规则允许的肥料种类，限量使用限定的化学合成肥料，但禁用硝态氮肥，也不应使用城市垃圾和污泥。②生产 AA 级绿色食品时，只能用含氮丰富、腐熟的、无害化处理的人畜粪尿调节碳氮比，而生产 A 级绿色食品用秸秆还田时，除用人畜粪尿外，还允许用少量氮素化肥来调节碳氮比。

8.2.1.2 绿色食品生产肥料的筛选与开发原则

无论 A 级绿色食品还是 AA 级绿色食品生产，肥料均要求以无害化处理的有机肥、生物有机肥和无机矿质肥料为主，生物菌肥、腐殖酸类、氨基酸类叶面肥作为绿色食品生产过程的必要补充。

8.2.1.3 绿色食品生产肥料开发种类及重点

（1）绿色食品生产肥料开发的种类

①有机肥料　是以大量生物物质、动植物残体、排泄物、生物废料等物质为原料，加工制成的商品肥料。

②腐殖类肥料　有泥炭（草炭）、褐煤、风化煤等制成的含腐殖酸类物质的肥料。

③微生物肥料　指用特定微生物菌种培养生产具有活性的微生物制剂，包括各种类型根瘤菌肥料、固氮微生物肥料、磷细菌微生物肥料、硅酸盐细菌肥料、复合菌微生物肥料。

④半有机肥料　由有机物和无机物混合或化合制成的肥料。

⑤无机肥料　包括矿物钾肥和硫酸钾矿物磷肥、煅烧磷酸盐、石灰石等。该种肥料限在酸性土壤中使用。

⑥叶面肥料　指喷施于植物叶片并能被其吸收利用的肥料，包括氨基酸叶面肥、微量元素叶面肥，该类产品中可含有少量天然的植物生长调节剂，但不含有化学合成的植物生长调节剂。

⑦其他肥料　不含合成添加剂的食品纺织工业的有机副产品等。比如锯末、刨花、木材废弃物等组成的肥料；不含防腐剂的鱼渣、牛羊毛废料、骨粉、氨基酸残渣、家禽家畜加工废料、糖厂废料等有机物料制成的肥料。

（2）绿色食品生产肥料开发的重点

①以有机肥料为主的筛选与开发是绿色食品生产的根本保证　绿色食品生产以有机肥料为主体，以达到培养地力、建立并维持良好生态循环、持续稳产的目的。有机肥缓慢而稳定的释放出植物生长所需的各种养分，植物获取充足、全面的养分而生长得健康茂盛，故而少病少虫。同时有机肥也能改善土壤结构，创造一个排水良好、空气流通、保水保肥的土壤内环境，令土壤中各种生物更适合生存。

②绿肥是绿色食品持续生产中扩大肥源的重要措施　绿肥是专门种植作肥料的作物，通常是一些生长迅速、容易腐烂的植物。绿肥同有机肥一样，可以为植物提供全面的养分，但由于我国土壤有机质含量低，农村燃料缺乏和畜牧业比重小，有机肥料严重不足。根据绿色食品生产对肥料的要求，特别是 AA 级绿色食品的生产，绿肥作为有机肥料的补充更显重要，因为绿肥除直接翻压作为有机肥外，还可作为饲草，促进畜牧业发展，饲草通过过腹还田，逐步实现绿色食品生产过程中的封闭或半封闭的物质循环。绿肥还可活化土壤中的磷素，提高作物对磷肥的吸收和利用，减少无机磷肥的投入，降低生产成本。

③叶面肥是绿色食品生产中肥源的必要补充　在一般根系吸收土壤有效养分过程和原理的基础上，对叶面吸收营养物质的过程和机理以及叶面施肥的增产、增质作用进行分析表明，在作物生长初期与后期根部吸收能力较弱时，对作物喷施叶面肥，及时补充营养可大大提高产品的质量和产量。叶面肥具有利用率高且用量少、见效快的特点，是绿色食品生产肥源的必要补充。

绿色食品生产的肥料选择的基本原则：保护和促进使用对象的生长及品质的提高；不造成使用对象产生和积累有害物质；不影响人体健康；对生态环境无不良影响。

实际生产当中，施肥不当可通过生物污染和化学污染两条途径对农产品安全生产构成威胁。所谓生物污染是指未经无害化处理的人畜粪便，或堆制腐熟不透的有机肥料直接浇施在蔬菜作物的食用部分，可使蛔虫卵、大肠杆菌及其他有害病原体附着在作物体上造成污染，传播有害病菌威胁人们健康。城乡工业废水和生活污水的不合理灌溉，生活垃圾及重金属含量较高的化学肥料长期施用可造成蔬菜中铅、砷等重金属的污染；过量施用化肥尤其是偏施氮肥可使蔬菜中的硝酸大量积累，两者统称为化学污染。氮肥用量越多，蔬菜体内硝态氮含量也越高。此外，钾、钼等元素缺乏也会导致蔬菜体内硝态氮含量增加。虽然硝态氮对人没有直接危害，但被人食用后，经胃的作用会产生亚硝酸盐，进而转化成亚甲胺，这是一种强致癌物质，严重威胁人的健康。

8.2.1.4　绿色食品生产的平衡施肥

俗话说：有收无收在于水，多收少收在于肥。肥料是农业生产中投入最多的生产资料之一。肥料施用要讲究科学，配比合理。施用过少，达不到应有的增产效果；过多，不仅是浪费，还污染环境。平衡的肥料投入不仅能满足人们对农产品数量上的需要，而且能满足人们对品质的要求。

（1）平衡施肥在无公害农产品生产中的作用

平衡施肥是根据土壤的供肥性能、作物需肥规律和肥料效应，在有机肥为基础的条件下，来合理供应和调节作物必需的各种营养元素，以满足作物生长发育的需要，达到提高产量、改善品质、减少肥料浪费和防止环境污染的目的。

①提高耕地质量　科学合理地施用肥料可增加作物的经济产量和生物产量，从而增加了留在土壤中的作物残体量，这对改善土壤理化性状，提高易耕性和保水性能，增强养分供应能力都有促进作用。长期施用单一肥料是造成土壤板结的主要原因，通过合理、平衡施用化肥，就可以保持和增加土壤孔隙度和持水量避免板结情况的发生。

②改善农产品品质　农产品品质包括外观、营养价值（蛋白质、氨基酸、维生素等）、耐贮性等都与肥料有密切的关系。施肥对农产品品质产生正面影响还是负面影响，取决于施用方法。过多地施用单一化肥，会对农产品品质产生负面影响，但如果能够平衡施肥，则会促进农产品品质的提高。如氮磷配施能提高糙米中蛋白质含量，施钾后茶叶中茶多酚、茶氨酸含量提高，钾对水果蔬菜中糖分、维生素、氨基酸等物质的含量以及耐贮性、色泽等都有很大影响。

③确保农产品安全　控制硝酸盐的过多积累是无公害农产品生产的关键。农产品中硝酸盐超标主要是过量使用氮肥所致，而合理施肥可大大降低硝酸盐含量。因此，改进施肥技术，能有效控制硝酸盐积累，实现优质高产。

④减少污染　由于平衡施肥技术综合考虑了土壤、肥料、作物 3 个方面的关系，考虑了有机肥与无机肥的配合施用，考虑了无机肥中氮、磷、钾及微量元素的合理配比，因此作物能均衡吸收利用，提高了肥料利用率，减少肥料流失，保护了农业生态环境，有利于农业可持续发展。

（2）无公害农产品的平衡施肥技术

①增施有机肥　提倡施用经过堆制腐熟或生物高温发酵等无害化处理的人畜粪便、生活垃圾及商品有机无机复合肥。通过秸秆还田、种植绿肥等措施提高土壤肥力。

②平衡施用肥料　平衡施用大量和中微量元素肥料，重点控制氮肥用量作物生长必需的氮磷钾大量元素和中微量元素，作用不可互相替代，任何一种营养元素的缺乏都会影响作物的产量和品质。根据有关资料，花椰菜、韭菜、大蒜、白菜等相对需氮较多，菜豆、豇豆、萝卜、长瓜、黄瓜、芹菜、大白菜等相对需磷较多，菠菜、胡萝卜、豇豆、菜豆、茭白、莴笋、冬瓜等相对需钾较多，洋葱、大葱、大蒜、生姜等对硫的需要量较大。十字花科的蔬菜如油菜对硼的需要量较大。鲜食性的瓜菜如西瓜、甜瓜等对氯毒害敏感，不宜选用含氯化肥如氯化铵、氯化钾等。大白菜、番茄等易出现缺钙症状（干烧心、蒂腐病），宜用含有效钙较多的过磷酸钙等肥料。

③应用新型肥料和肥料增效剂　提倡使用缓释控释型肥料，在氮肥中加入硝化抑制剂，防止化肥的淋失、挥发损失。无公害农产品生产允许使用的微生物肥包括根瘤菌肥、固氮菌肥、磷细菌肥、硅酸盐细菌肥、复合微生物肥等。微生物肥可扩大和加强作物根际有益微生物的活动，改善作物营养条件，是一种辅助性肥料，使用时应选择国家允许使用的优质产品。腐殖酸肥料等，也是无公害蔬菜生产的辅助性肥料，应根据生产的实际需要选择使用。

④注意肥料施用的时间　一般来讲蔬菜不得在收获前 8d，果树不得在收获前 20d，粮食作物不得在收获前 15d 追施氮肥及其他叶面肥，防止农产品中硝酸盐及重金属含量超标。

8.2.2 绿色食品生产农药的开发

8.2.2.1 绿色食品生产对农药的要求

绿色食品生产病虫害防治应从作物—病虫草等整个生态系统出发，综合运用各种防治措施，创造不利于病虫草害孳生和有利于各类天敌繁衍的环境条件，保持农业生态系统的平衡和生物多样性，减少各类病虫草害所造成的损失。优先采用农业措施，通过选用抗病虫品种、非化学药剂处理种子、培育壮苗、加强栽培管理、春耕除草、秋季深翻晒土、清洁田园、轮作倒茬、间作套种等一系列措施，起到防治病虫的作用，还应尽量利用灯光、色彩诱杀害虫，机械捕捉害虫，机械和人工除草等措施，防治病虫草害。但病虫发生达到防治指标而必须用药时，应遵守《生产绿色食品的农药使用准则》：在 AA 级绿色食品生产中允许使用生物源农药和矿物源农药中的硫制剂、铜制剂和矿物油乳剂，而不允许使用化学合成农药；在 A 级绿色食品生产中允许限量使用限定的化学合成农药，应选用高效、低毒、低残留的农药和昆虫特异性生长调节剂，避免对害虫天敌、人畜及环境造成污染。为避免同种农药在作物体内的累积和害虫的抗药性，准则中还规定在 A 级绿色食品生产过程中，每种允许使用的有机合成农药在一种作物的生产期内只允许使用一次，确保环境和食品不受污染。

8.2.2.2 绿色食品生产农药开发的原则

①环境相容性好　环境相容性是指农药对非靶标生物(如天敌)的毒性低，影响小，在大气、土壤、水体、作物中易分解，无残留影响，如生物源农药、植物源农药。

②活性高　高活性产品用量少，对环境污染也少，如昆虫特异性生长调节剂。

③安全性好　鉴于农药的安全使用及对环境的压力，未来农药应是对人类、畜禽毒性低的化合物。

④市场潜力大　鉴于新农药开发的巨额投资，研究开发必须侧重在种植面积大的主要作物的主要有害生物的防治药剂上，以期尽快回收资金。对某些种植面积不大，但经济价值高的农作物或产品(如绿色食品)也应足够重视，因为它覆盖和涉及的作物经济价值较高，有很大的潜在市场。

8.2.2.3 天然生物活性物质的开发是绿色食品农药开发的基础

(1)天然生物活性物质的特点

天然生物活性物质是各种生物在生命活动过程中产生的化学物质。其中有的对生物本身有重要生理功能，例如内源激素；另一些则是生理生化过程中产生的次生代谢产物，它们作为"副产物"或"废料"寄存体内或被排出体外，对该生物本身不再有明显的生理作用，但却可能对别种生物引起生理活性，如毒性作用、生理调节作用等。

生物的种类繁多，在漫长的进化过程中，每种生物都发展了独特的生命活动体系，造成生理、生化过程的差异，由此而产生出各种不同的天然物质，它们的化学组成多种多样，化学结构千奇百怪，往往不是在实验室中能合成的，到目前为止，高等植物中只有10%的天然物质被发现。因此，可以说天然物质是一个潜在很大的资源库。

（2）开发利用天然活性物质的方式

由于天然活性物质的化学结构往往过于复杂，用作先导化合物进行模拟合成或结构优化开发难度较高；在生物体内通常以混合物形式存在，组分复杂或性质不稳定，使提取、分离和结构鉴定工作困难。天然活性物质的开发，通常有以下 2 种方式：

①直接利用　就是在确定药效之后，对产生该物质的生物进行培育良种、大量繁殖，提取有效成分，制剂加工等直接的工业化、商品化开发。这种开发方式一般对高等生物不太适合，而对微生物是可行的。因为天然活性物质通常在生物体内含量不高，生产成本高，在微生物领域，情况就不同了，因微生物可用发酵工程大量生产，一旦选育成功高产菌株，生产成本就易被人们接受。如细菌杀虫剂—苏云金杆菌、农用抗生素如科生霉素、井冈霉素、春雷霉素和灭瘟素已大规模开发，这种生物源农药品种渐多，重要性日增，绿色食品的生产为其开辟了广阔的发展前景。我国资源丰富，可开发的野生资源较多。如苦参、茴蒿、狼毒等都很有希望通过这一开发形式开发成能长久发展的植物源杀虫剂。

②与人工合成途径相结合　在确定药效之后，将其化学结构作为先导化合物模型，用合成方法进行结构优化研究，以期开发出性能比天然物质更好的新农药。

（3）天然活性物质的来源及类型

天然活性物质的来源极广，从单细胞微生物到高等动植物都有产生，它们从寒带到热带，从陆地到海洋均有分布。特别在热带、亚热带地区物种最繁盛，是天然活性物质的重要来源。天然活性物质的化学结构极其多样，从最简单的分子（例如乙烯）到较复杂的化合物（如除虫菊）直至多肽蛋白质等大分子应有尽有。它们的作用方式也多样，其中有的具有高度选择性。

天然活性物质的类型包括：

①天然毒素　这是一类有生物产生的具有上升作用的活性物质。它们是生物在生态环境中赖以保护自己或攻击其他生物的化学手段，利用天然毒素作为先导化合物可以开发具有杀虫、杀菌、除草、杀鼠等作用的农药。杀虫的天然毒素大多为神经毒剂，也有破坏呼吸作用或其他生理作用的毒素。杀虫毒素的来源广，有动物产生的毒素，如沙蚕毒素；有植物产生的毒素，如除虫菊素、鱼藤酮、烟碱、苦参碱；也有微生物产生的毒素，如阿维菌素。天然毒素既有广谱活性的，也有高选择性的。必须指出，天然毒素和合成药物一样，可能存在对高等动物和非靶标生物的毒性问题，也会造成环境残留问题，这点在绿色食品生产中必须充分注意。

②动物生长调节物质　主要是指昆虫产生的内源激素，他们在昆虫生长发育过程中起重要的生理调节作用，如果这些激素物质被干扰或数量失去平衡，则生理过程就被打乱，导致生长发育不良而衰亡，如蜕皮激素、保幼激素。

③害虫行为控制物质　许多天然活性物具有影响害虫行为如引诱、驱避、拒食等功能，一类是由昆虫体内产生的化学信息物质（Semiochemicals）；另一类则是由其他生物产生的行为控制物质。化学信息物质具有个体间影响行为的作用，种类甚多，高度专一性，有特定的化学结构，按其作用可分为：异种利己信息素（Allomone）、利它素（Kairomome）和共利素（Synomone）。这些信息物质主要是通过提取、分离、阐明结构、人工合成进行开发，并且已取得长足进展。如性诱剂控制害虫交配繁殖，被广泛用于害虫监测、诱杀和迷

向干扰。由其他生物产生的害虫行为控制物质主要是指植物产生的具有引诱、驱避、拒食作用的物质，如许多植物香精有驱虫作用。天然拒食物质如生物碱类、萜烯类和糖苷类。

④其他天然活性物质　如植物抗毒素(Phytoalexins)：许多植物具有一定的抵抗病原微生物侵害的能力，其化学基础是植物受到真菌孢子侵入后，植物组织内部诱导产生某些抑制孢子萌发生长的化学物质，以防止其侵染。异株克生物质(Allelopathic chemicals)：高等植物体内能产生和释放一些化学物质，对附近同种和异种植物的个体或群体能引起有利或有害的影响，如谷物的残株分解产生的酚类化合物能抑制后茬作物的生长。

8.2.2.4　绿色食品生产农药开发的种类

生物源农药是绿色食品生产的首选农药。

(1)生物源农药在绿色食品生产中的地位和作用

生物农药是一类生物制剂，它具有对人畜安全；对植物不产生药害；选择性高，对天敌安全，不破坏生态平衡，害虫难以产生抗药性；在阳光和土壤微生物的作用下易于分解，不污染生态环境，不污染农产品，没有残留；价格低廉，易于进行大规模工业化生产等诸多优点。因而越来越受到人们的重视和欢迎。在化学农药污染生态环境越发严重的今天，使用生物农药对于保护生态环境，维护生态平衡，生产无污染的绿色食品，保障人类健康等方面具有极其深远的意义。

生态体系是一个有机整体，环境可以影响生物，生物反过来影响和改变环境。在自然界整个生物群落中，各种生物之间存在着竞争、抑制、互利、共生等极为复杂的关系。各种生物群落同期占据的自然环境构成生态关系，生物群落中每个成员(种)都按一定的作用和比例在其中占据着一定的空间和位置，处于相对平衡状态，即生态平衡。生物防治就其实质来说是一个生态学问题，它是利用食物链原理，通过捕食者、寄生者、病原体等天敌来降低有害生物种群的平均密度。就防治而言，可通过生态系统中各生物种群调节来有效地控制其大发生，同时还可避免化学农药的种种弊端。生物防治有利于生态系统的稳定和持续发展，同时对食物链可以进行加环，使农副产品废物得以综合利用，这对保持生态平衡和防止环境污染有着极其重要的作用。

在生物农药诸多有利因素中，其中之一就是对植物病原体、害虫、杂草的天敌无或有极少的杀伤作用，而天敌制约着植物的病原菌、害虫、杂草的发生和危害(这即是生物防治的长期防治效果)。另一方面，生物农药能直接杀死部分害虫、植物病原菌和杂草(这即是生物防治的短期防治效果)。这样，加上其他防治措施的密切配合，不但可以防止病虫草害，使绿色食品生产保质保量，而且使捕食性天敌有食料来源，使寄生性天敌有宿主，在绿色食品生产中，使它们长期地发挥作用，使农业生态环境保持局部平衡。所以绿色食品生产地病虫害防治原则是以生物防治为主的病虫草害综合治理，以生态调控为基础，创造有利于作物生长和产量获得，有利于病虫草害天敌栖息繁衍，不利于有害生物生存的环境条件，从而获得最大的经济效益。

(2)生物农药的分类

按其来源和利用对象划分，生物农药一般分为直接利用活体生物如天敌昆虫、捕食螨、放饲不育昆虫和微生物(病毒、细菌、线虫、真菌、拮抗微生物)，利用源于生物的生理活性物质, 如信息素、摄食抑制剂、保幼激素、抗生菌和来源于植物的生理活性物质(图 8-3)。

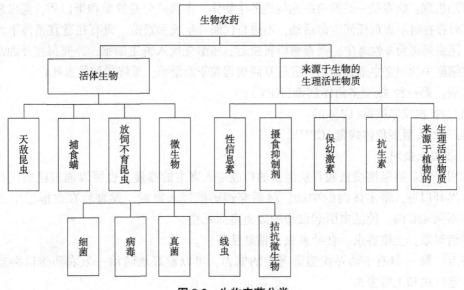

图 8-3 生物农药分类

(3) 生物农药来源、作用机理及应用范围

①微生物活体农药 有效成分是昆虫病原微生物如细菌、真菌、病毒、微孢子虫和植物病原的拮抗菌等微生物活体。

a. 细菌杀虫剂

作用机理: 昆虫病原细菌的作用机理是胃毒作用。昆虫摄入病原细菌后从口腔进入消化道内, 经前肠到胃(中肠), 被中肠细胞吸收后, 通过胃壁进入体腔与血液接触, 使之得败血症导致全身中毒死亡。

代表: 第一种苏云金杆菌(BT): 作用对象为鳞翅目 22 个科和鞘翅目拟步甲、象鼻虫及膜翅目叶蜂科等 80 多种害虫。

第二种金龟子乳状杆菌: 主要防治地下害虫——蛴螬等 50 多种金龟子幼虫。

第三种球形芽孢杆菌: 对库蚊和按蚊的毒性最高。

b. 真菌杀菌剂

作用机理: 昆虫病原真菌的感染途径不同于细菌及病毒等病原体, 它们常以分生孢子附着于昆虫皮肤, 分生孢子吸水后萌发长出芽管或形成附着器, 经皮肤侵入昆虫体内, 菌丝体在虫体内不断繁殖, 并侵入各种器官, 造成血液淋巴的病理变化, 组织解体, 同时菌体的营养生长也引起昆虫肠道机械封阻, 造成物理损害, 最后导致昆虫死亡。

代表: 第一种 白僵菌: 剂型有颗粒剂、粉剂、可溶性粉剂和悬浮剂。防治对象: 松毛虫、玉米螟、大豆食心虫、高粱条螟、甘薯象鼻虫、马铃薯甲虫、茶叶毒蛾、稻苞虫、稻叶蝉、稻飞虱等。

第二种 绿僵菌: 防治对象为金龟子、象甲、金针虫、鳞翅目幼虫、蝽象、蚜虫等。

第三种 虫霉菌: 防治对象为同翅目、双翅目、鳞翅目、半翅目、膜翅目、脉翅目、毛翅目、缨翅目等。

c. 病毒杀虫剂

作用机理：病毒是一类没有细胞构造的生物体，主要成分是核酸和蛋白质，昆虫病毒在寄主体外存在时不表现任何生命活动，不进行代谢、生长和繁殖，只有在适宜条件下才侵染寄主。昆虫病毒为专性寄生，病毒感染害虫后，核酸先射入寄主细胞，外壳留在外面，核酸在寄主细胞中利用寄主细胞物质，进行复制病毒粒子而繁殖，最终导致昆虫死亡。

代表：第一种 核型多角体病毒(NPV)；

第二种 颗粒体病毒(GV)；

第三种 质型多角体病毒(CPV)。

d. 线虫杀虫剂

作用机理：感染期线虫通常从昆虫的口腔进入寄主的嗉囊，也可以通过昆虫气孔、肛门等自然开口进入寄主体内的中肠，然后穿透肠壁进入血腔，发育后在血淋巴中迅速繁殖，在不到48h内，使昆虫引起致命的败血症而死亡。

防治对象：土壤害虫、食叶害虫、钻蛀性害虫。

特点：第一 具有主动寻找感染寄主的能力，可以较好地防治一般农药难以奏效的蛀心虫、卷叶虫和土壤害虫。

第二 害虫不会产生抗性。

第三 能与某些化学农药混用并可用高压喷雾器喷洒。

第四 对哺乳动物安全。

第五 可大批廉价地人工培养。

e. 微孢子杀虫剂

作用机理：微孢子虫为原生动物，它是经寄主口或卵或皮肤感染的，经卵感染的幼虫，大多在幼虫期死亡；经口感染时，孢子在肠内发芽，穿透肠壁，寄生于脂肪组织、马氏管、肌肉及其他组织，并在其中繁殖，使寄主死亡。

代表：行军虫微孢子虫和蝗虫微孢子虫。

防治对象：鳞翅目、双翅目、鞘翅目、半翅目、膜翅目、直翅目。

②农用抗生素 来源：农用抗生素来源丰富，放线菌是产生抗生素最多的类群，许多主要的抗生素均是由放线菌中链霉菌产生的。细菌也是产生抗生素较多的类群，如枯草杆菌素。

作用机理：抑制病原菌能量产生，如链霉素、土霉素和金霉素；干扰生物合成，如灭瘟素；破坏细胞结构，如多氧霉素、井冈霉素。

按其结构的不同可分为氨基糖苷类抗生素，如井冈霉素、春雷霉素；多烯和四环族抗生素；大环内酯类抗生素；多肽类抗生素；核苷酸类抗生素；其他类型抗生素。

具有防治对象广、品种多、应用面积大的特点。

③生物活性杀虫剂 来源于昆虫和植物的具有特殊功能的物质，这类物质对昆虫的生理行为产生长期影响，使其不能繁殖为害，也称为特异性农药(Insecticide with special mode of action)，一般用量少，选择性强，对植物安全，对人畜无毒无害，不杀伤天敌。

代表：引诱剂，如产卵引诱剂、性引诱剂。

驱避剂：能使昆虫忌避而远离药剂所在地的杀虫剂。

拒食剂：如拒食胺(DTA)、川楝、印楝。

不育剂：破坏生殖机能如六磷胺、喜树碱。

昆虫生长调节剂：保幼激素、蜕皮激素、几丁质合成抑制剂。

应用范围：这类农药种类繁多，化学结构各异，作用机制和防治对象也各不相同。

④植物源杀虫剂　来源是利用植物某些具有杀虫活性的部位提取其有效成分制成的杀虫剂，它是在对一些植物所具有杀虫活性有效成分研究的基础上发展起来的安全、经济杀虫剂，属植物生物化学物质。按其作用方式，可分为以下几种。

a. 特异性植物源杀虫剂

它指主要起抑制昆虫取食和生长发育等作用的植物源杀虫剂。从植物中分离出的有效成分有糖苷类、醌类和酚类。萜烯类、香豆素类、木聚糖类、生物碱类、甾族化合物类，其中萜烯类最重要。现研制成功的楝树中的印楝素对蝗虫和黏虫有强烈拒食作用；川楝素对许多昆虫有较强的拒食作用。

b. 触杀性植物源杀虫剂

它指对昆虫主要起触杀作用的植物源杀虫剂，如除虫菊、鱼藤、烟草、苦参等。

c. 胃毒性植物杀虫剂

如卫矛科的苦树皮，透骨草科的透骨草，毛茛科的绿藜芦。

植物源杀虫剂的特性：

第一　就地取材，使用方便；

第二　对作物安全，一般不产生药害；

第三　易降解、残效期短，对环境和食物基本无污染；

第四　不同植物源杀虫剂，其有效成分、杀虫机制均不同，可研制新一类杀虫剂；

第五　植物性农药资源复杂。

8.2.2.5　绿色食品生产农药开发的重点

(1)植物源农药资源及其开发利用

我国幅员辽阔，地形和气候复杂多样，这种得天独厚的地理环境和气候条件，为各种植物的生长、繁衍提供了适宜场所。我国现有种子植物约 25 700 种，蕨类植物 2400 余种，苔藓植物 2100 多种，合计有高等植物 30 000 多种。其中有毒植物约 10 000 种，这些有毒植物大多具有杀虫、杀菌效果。一些种类长期以来一直被我国劳动人民作为防治病虫害的农药应用于农药生产。1958 年，由于农业生产形势的需要，全国掀起了大搞农药的群众运动，各地挖掘出了很多种植物源农药，仅《中国土农药志》中就记载了 220 种植物源农药，分属于 86 个科中，目前在我国登记并商品化生产的植物源农药有腐必清、茴蒿素、毙蚜丁、硫酸烟碱、川楝素(蔬果净)、苦参碱醇溶液、虫敌、乙蒜素等几十个品种，植物农药在整个农药中占有一定地位。一些植物农药专家认为楝科楝属的一些种、芸香科柑橘属、胜红蓟属、番荔枝属、唇形科的毛罗勒、透骨草属等开发植物农药有着广阔的前景。

(2)微生物农药资源及开发利用

微生物广泛分布于自然界的土壤、水和空气中，尤其以土壤中为最多。微生物资源非常丰富，微生物农药是微生物资源研究和开发利用的一个方面。微生物农药是由微生物本身或其产生的毒素所构成，它只对特定的靶标生物起作用，安全性很高。此类农药包括微生物杀虫剂、微生物杀菌剂和微生物除草剂等。能用于制备微生物农药的微生物类群很多，包括病毒、立克次氏体、细菌、放线菌、真菌以及线虫和原生动物。

8.2.2.6 绿色食品生产农药污染

所谓农药污染，主要是指化学农药污染。凡用于防治病、虫、草、鼠害和其他有害生物以及调节植物生长的药剂及加工制剂统称化学农药。20世纪，化学农药作为防治病虫草害的主要手段，对世界粮食生产的发展作出了重大贡献，但同时，由于化学农药的过度及不合理使用，也对农业生态环境造成巨大负面影响，导致农药污染。农药污染是指由于人类活动直接或间接地向环境中排入了超过其自净能力的农药，从而使环境质量降低，以至影响人类及其他环境生物安全的现象。

绿色食品生产应严格控制化学农药使用，尤其严格控制国家明令禁止的高毒、高残留农药使用。必须使用农药时，应严格遵守中国绿色食品中心规定的有关要求，科学合理使用。在 AA 级绿色食品生产中允许使用生物源农药和矿物源农药中的硫制剂、铜制剂和矿物油乳剂；在 A 级绿色食品生产中还允许限量使用限定的化学合成农药。由于一些农药具有高毒、高残留、高生物富集性和各种慢性毒性作用，或能引起二次中毒、致畸、致突变，或对植物不安全，对环境、非靶标生物有害而被禁用或限用。化学农药污染防治对策介绍如下。

(1)加强法制建设，依法保护农业环境

加快化肥、农药污染控制的立法工作，在国家现有的环保、农业法规基础上，尽快出台综合性的农业环境保护地方性法规、有机食品管理法规，制订农业污染物排放标准、农用化肥使用规程、农产品安全生产技术规程和质量管理标准，及时修订农药安全使用标准。

(2)有关职能部门应加强农药使用的监督管理

近几年来，我国许多城市，特别是一些大中城市为了加强农药使用的监督管理，成立执法大队，对绿色食品生产集中区的农药使用、销售实行执法检查，制订了一系列奖罚措施，收到很好效果。

(3)发展生态农业，提高化肥、农药污染的防治水平

①根据市场需求，调整粮经作物的比例和种植业、养殖业结构，大力推进有机、绿色及无公害农产品基地的建设和发展，多形式多层次建设现代农业示范区。

②推广以平衡配套施肥和氮肥深施为主的科学施肥技术，调整氮、磷、钾的施用比例，控制氮肥的使用量。全面实施"沃土计划"，主攻秸秆还田，发展绿肥生产，抓好农家肥积造，以增加有机肥投入。重点抓好有机生物活性肥料、叶面液肥、氨基酸微肥、生物土壤增肥剂等新型肥料的试验、示范和推广工作。

③全面推广病虫害综合防治技术，倡导对农作物有害生物采取综合治理策略，减轻农药污染。利用耕作、栽培、育种等农业措施防治农作物病虫害；利用有益的活体生物防治农业有害生物。

(4)严格农药使用管理，积极研制和开发高效、低毒、低残留农药

以"控害、降残、增效"为目标，全面禁止生产和使用剧毒、高毒残留农药和控制农业生产全程农药的施用。以国际先进水平为目标，稳步发展杀虫剂生产，适当发展杀菌剂生

产，大力发展除草剂生产，以及开发高活性、高纯度农药，形成若干具有国际先进水平的农药新品种。积极开发低毒、低污染的农药新剂型，提高制剂比重，增加制剂品种，提高农药使用率。加快发展生物源农药，减轻环境污染。

（5）推广生物农药

生物农药是指可用来防除病、虫、草、鼠等有害生物的生物体本身，及来源于生物体内并可作为"农药"的各种生理活性物质，主要包括生物体农药和生物化学农药。

生物体农药指用来防除病、虫、草、鼠等有害生物的活体生物，可以工厂化生产，有完善的登记管理方法及质量检测标准，这样的活体生物称为生物体农药。具体可分为微生物体农药、动物体农药、植物体农药。

生物化学农药是指从生物体中分离出的具有一定化学结构的、对有害生物有控制作用的生物活性物质。该物质若可以人工合成，则合成物结构必须与天然物质完全相同（但允许所含异构体在比例上的差异），这类物质开发而成的农药可称为生物化学农药。

生物农药的分类从来源上讲，有植物源农药、动物源农药、微生物源农药。从功能上讲，包括抗生素类、信息素类、激素类、毒蛋白类、生长调节剂类和酶类等。

生物体农药包括微生物体农药、动物体农药、植物体农药 3 大类。微生物体农药指用来防治有害生物的活体生物，主要有真菌、细菌、病毒、线虫、微孢子虫等。动物体农药主要指天敌昆虫、捕食性螨类，及采用物理方法或生物技术方法改造的昆虫等。植物体农药指具有防治农业有害生物功能的活体植物。目前，仅转基因抗有害生物的活体植物或抗除草剂的作物可称为植物体农药。

生物化学农药包括植物源生物化学农药、动物源生物化学农药、微生物源生物化学农药 3 大类。植物源生物化学农药主要包括植物毒素，即植物产生的对有害生物有毒杀作用及特异作用（如拒食、抑制生长发育、忌避、驱避、抑制产卵等）的物质；植物内源激素，如乙烯、赤霉素、细胞分裂素、脱落酸、芸素内酯等；植物源昆虫激素，如早熟素；异株克生物质，即植物体内产生并释放到环境中的能影响附近同种或异种植物生长的物质；防卫素，如豌豆素。动物源生物化学农药指将昆虫产生的激素、毒素、信息素或其他动物产生的毒素经提取或完全仿生合成加工而成的农药，如昆虫保幼激素、性信息素、蜂毒等。微生物源生物化学农药主要是指微生物产生的抗生素、毒蛋白等物质。

8.2.3 绿色食品生产饲料添加剂的开发

8.2.3.1 绿色食品生产对饲料添加剂的要求

饲料添加剂是指为了满足饲养动物的需要向饲料中添加的少量或微量物质，其目的在于提供饲养动物的营养和防治疾病，是保证绿色食品畜禽、水产品质量的重要环节。作为绿色食品添加剂，除满足一般畜禽饲料添加剂需求外，特别要求强调无毒害，禁止使用对人体健康有影响的化学合成添加剂。

8.2.3.2 绿色食品生产饲料添加剂筛选与开发原则

绿色食品生产饲料添加剂的筛选与开发应立足于纯天然的生长促进剂（包括抗生素、激素、抗菌药物、驱虫药和抗氧化剂）的开发，以减少和逐步取消化学合成添加剂在饲料中使用。

8.2.3.3 绿色食品生产饲料添加剂开发的种类及重点

饲料添加剂开发种类，应立足于替代抗生素和激素种类的筛选。值得重点开发的几类饲料添加剂：

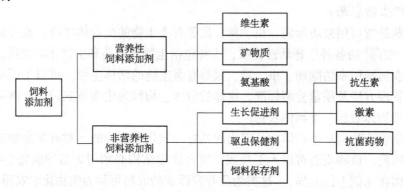

图 8-4　饲料添加剂分类

（1）中草药饲料添加剂

中草药是我国的瑰宝，可用于动物的解表、清热、泻下、化痰、平喘、补气血、收敛、补养、安神、驱虫等方面，它与合成或发酵药物相比，具有毒性低、无残留或低残留、副作用小、不产生抗药性及对人类医学用药不影响等优点。而且，中药加工工艺成熟、简便，价格低廉，是一类值得研究开发的饲料添加剂。

目前中药常作为饲料添加剂用于促进肉猪生长、提高鸡的产蛋率和改善饲料报酬。

如大蒜作饲料添加剂可以促进生长，治疗痢疾、伤寒霍乱，对多种细菌如葡萄球菌、肺炎球菌、链球菌有很好的抑制和灭杀作用，且不会产生抗药性，无残留，具有广阔的应用前景。

（2）活菌添加剂

活菌添加剂，即益生菌，是指摄入动物体内参与肠内微生物平衡的具有直接通过增强动物对肠内有害微生物群落的抑制作用，或通过增强非特异性免疫功能来预防疾病，而间接起到促进动物生长作用和提高饲料转化率的活性微生物培养物。

活菌制剂的研发和应用，克服了广泛使用抗生素过程中所产生的种种弊端：①抗生素滥用引起动物内源性感染和二重感染，其后果就如同利用广谱性农药防治害虫又杀伤其天敌一样；②抗生素的使用引起耐药菌株的产生，治疗效果越来越差；③抗生素的长期使用可使畜禽细胞免疫、体液免疫功能下降；④抗生素在畜产品肉、蛋、奶中的残留，直接威胁着人类身体健康和安全。

开发活菌制剂的理论基础在于：①动物微生态平衡理论；②动物微生态失调理论；③动物微生态营养理论；④动物微生态防治理论。用于活菌制剂的菌株有乳酸杆菌类微生物添加剂、芽孢杆菌类微生物添加剂和酵母菌类微生物添加剂。活菌制剂的作用不同于激素类和抗生素类，它是通过肠内菌株的活动，改善消化吸收功能，达到保持家畜健康发育的目的。它不是促进动物生长发育更快，而是为在各种劣势环境中调整家畜、家禽的内环境，使它恢复健康动物原有的发育成长能力的最大值。

（3）调味剂、诱食剂

饲料营养、采食量和消化吸收是保证动物健康生产、高效生产的三要素。人们往往只注重饲料中的养分含量如何满足动物的需要，而忽视了两者之间一个关键因素——适口性和采食量。实际上任何一个配方都是以一定的采食量为基础设计的，饲料适口性不好，采食量下降，势必影响养分的摄入，也就影响了饲料的效果。

配方技术的发展和完善，使饲料中营养的组成日臻科学和平衡，但也越来越失去了原有饲料的风味，饲料中的矿物质和药物影响动物的适口性，而调味剂的发展可以弥补这方面的不足。所谓调味剂是用于改善饲料适口性，增进饲养动物食欲的添加剂。

饲用调味剂和诱食剂均是由刺激嗅觉的香气成分、刺激味觉成分和辅助制剂组成，它的特点在于既要散发"香气"（有一定挥发性），又要有一定的货架寿命（一般为一年）要求，与饲料混合后有一定的保存期。

8.2.4　绿色食品生产食品添加剂的开发

8.2.4.1　绿色食品生产食品添加剂开发的原则

以纯天然、对人体无任何毒副作用的食品添加剂为绿色食品添加剂的开发目标。如已开发成功的各种来源（向日葵托、橘皮、果渣等）的果胶就是纯天然的食品添加剂。

8.2.4.2　绿色食品生产食品添加剂的种类及重点

食品添加剂的发展将由天然食品添加剂取代化学合成的食品添加剂，食品添加剂的开发种类包括：天然色素、抗氧化剂和营养强化剂。

天然色素，如红曲、虫胶色素、红曲色素、花红色素和甜菜色素在食品工业中应用有了大幅度增长，但存在着成本高、稳定性差的问题。

抗氧化剂，如生育酚，不仅有抗氧化作用，而且有营养价值，有较广阔的前景。

营养强化剂，如维生素、氨基酸、矿物质有良好的发展前景。

开发安全高效的食品添加剂及研究食品添加剂的科学合理使用技术，不仅是绿色食品生产所迫切要求的，也是食品工业今后发展的主要方向之一。

8.3　绿色食品产业市场开发

市场体系建设是产业体系建设的重要组成部分。作为产业发展的一个组成部分，绿色食品市场是一个完整的体系，建立和完善这个体系，不仅是为了满足广大消费者对绿色食品的需求，而且也是产业本身持续稳定发展的需要。

8.3.1　绿色食品市场体系的构成与特点

8.3.1.1　绿色食品市场体系的构成

绿色食品市场不仅是指单一的由绿色食品生产者、经营者和消费者进行商品和服务交换的场所和渠道，而是一个完整的市场体系。从理论上讲，绿色食品市场体系由 5 个部分组成：

（1）市场结构

①绿色食品生产资料市场　随着绿色食品生产企业的增多以及绿色食品开发向基地化发展，广大企业和农户对绿色食品生产所需的生产资料的需求也日益迫切，因此，客观需要加快绿色食品生产资料市场的培育，这也是确保绿色食品产品质量、推动绿色食品开发技术进步的需要。

②国际市场　开发绿色食品的目的之一是打入国际市场，参与国际竞争，展示我国优质农产品及其加工品的精品形象，实现出口创汇。因此，必须积极开拓国际市场，逐步建立比较稳定的贸易出口渠道，提高绿色食品在国际市场的占有率。

③现货市场　绿色食品是城乡居民日常生活消费的必需品，因此需要稳定的现货市场保障居民的经常性消费需求。

④绿色食品期货市场　绿色食品开发的基础是农业，而农业受自然和市场风险交织影响。因此，建立绿色食品期货市场也是一个方向。

（2）市场功能

市场具有 4 个基本功能：显示功能、导向功能、调节功能和扩大功能。通过市场可以显示商品的供求状况；可以及时把握和引导消费动向；可以通过价格调节生产；可以通过促销手段和提高产品质量扩大生产、消费规模。

在农产品流通领域，市场对农产品供求的调节具有滞后性的特点，在市场人为被分割的状态下，这个特点表现得更加突出，如果信息反馈不及时，极易产生供求失衡。绿色食品部分是初级产品，部分是加工产品，其市场特征与农产品市场有相似之处。因此，在绿色食品市场建设中，要充分合理地发挥市场能力作用，必须对绿色食品市场供求状况进行调查和分析；对价格定位进行研究；及时了解产地市场信息，增强生产企业之间、经营企业之间以及生产企业与经营企业之间的联系；有效组织、合理分配、及时集散货物，正确引导消费观念和行为的转变；确保产品质量，并不断开展技术创新和产品创新。

（3）市场运行

市场正常运行一般需要 3 个条件：一是保证市场经济主体全面进入市场，参与市场公平竞争，并分享市场提供的一切机会；二是保证价格信号引导生产和经营，调节供求关系，从而有利于通过价格机制和供求规律引导企业配置生产要素，调整生产结构，并满足消费者多层次的市场需求；三是政府要适时适度地运用经济手段调控市场的运行，如设立风险基金、制订保护价格、建立储备制度、制订税收、利率优惠政策等。根据上述 3 个条件的要求，在绿色食品市场运行过程中，要引导绿色食品生产企业和流通企业共同围绕培育绿色食品市场，参与公平竞争，保持市场的透明度，并积极开展联合，做到利益均沾，风险共担。为保证绿色食品市场健康地发育，绿色食品生产企业要根据市场需求的变化，及时调整产品结构，多开发适销对路的绿色食品产品；绿色食品直通企业要及时组织货源，建立相对稳定的流通渠道，满足广大消费者的需求。目前，由于绿色食品市场比较分散，绿色食品生产企业和流通企业联结不紧密或不稳定，因此需要运用经济手段加强对绿色食品市场的宏观调控。

（4）市场组织

市场组织是商品流通、市场运行的载体。建立流通渠道并形成网络是市场组织建设的重点。目前，绿色食品产品开发已形成一定规模。广大消费者对绿色食品认知、感知、接受的程度逐步提高，这预示着绿色商品消费市场的建立已具备条件。如何结合绿色食品的特点和产品开发的状况建立流通中介组织，将绿色食品有序、成规模地推向市场显得十分重要，这也是绿色食品市场发育的"生长点"。绿色食品生产企业和经营企业要加快市场流通渠道和营销网点、网络的建设。

（5）市场秩序

市场的顺利运行需要良好的市场秩序来保障，而良好的市场秩序要靠有效的管理措施和规范的交易规则来维持。近年来，中国绿色食品发展中心为绿色食品事业发展做了大量基础性技术和法律工作，如将绿色食品标志商标进行注册、建立和完善绿色食品标准体系等，这些措施为树立绿色商品在市场上的良好形象奠定了基础。在绿色食品市场建设领域，先后出台了《绿色食品产品适用标准目录》（2015 版）、绿色食品标志管理办法（农业部令 2012 年第 6 号）和关于绿色食品加工产品原料的有关规定（中绿认〔2010〕102 号）等政策和文件，这些措施为规范绿色商品生产和流通企业的经济行为创造了条件。另外，要求绿色食品生产企业在促销产品时突出绿色食品特点宣传，在产品包装上要执行图形、文字、编码、防伪标签"四位一体"的要求。这些措施既是为了巩固绿色食品行业的市场形象，保护广大消费者的利益，也是为了建立绿色食品市场的良好秩序。绿色食品市场虽然具有区域特色，但从全国来看是一个整体，因此，市场秩序需要共同维护和遵守。

8.3.1.2 绿色食品市场体系的特点

由于绿色食品产品及其生产方式与普遍食品不同，因而其市场体系有自身的特点。概括起来，绿色食品市场体系有 3 个特点：

（1）结构完整

绿色食品开发将农工商部门、产加销环节紧密地结合在一起，并通过市场的链接和推动作用，不断扩大规模，提高水平，实现效益，因此，绿色食品市场并非是单一的生产要素市场和产品市场，而是由产品市场、要素市场、技术市场、营销市场构成的一个整体。

就产品市场而言，不仅仅是指构筑产品流通渠道，而是包括软件和硬件两个方面。软件方面是根据市场运行的基本规则和要求，研究绿色食品的市场需求规律、流通规律和营销策略，从而为绿色食品的市场定位、价值体现以及绿色食品企业积极有效地参与市场竞争等提供依据。硬件方面是指在软件的基础上，构建绿色食品走向市场的物质基础和有形依托，包括绿色食品基地建设、绿色食品龙头企业培育、绿色食品营销渠道建设、市场营销组织建设、物业管理建设等。

就绿色食品流通渠道而言，也不仅仅是单一的区域性营销网点、网络建设，而是应把全国的绿色食品流通网建设作为一个整体。在绿色食品进入国际市场时，更应该将绿色食品市场作为一个整体来培育和发展，这样才有利于提高绿色食品产业在国际市场上的竞争力。

（2）功能专业

绿色食品市场体系发育和完善的结果，一方面是为绿色食品生产企业提供专业化的生产资料和技术服务，并为绿色食品产品进入市场提供流通渠道；另一方面是为广大消费者提供购买绿色食品产品和服务的专业场所。

绿色食品市场体系功能专业化特点是由绿色食品产品和产业本身的特点决定的。绿色食品产品无污染、安全、优质、营养的基本特点，需要绿色食品生产资料为绿色食品生产企业和广大农户提供生物肥料、生物农药、天然食品添加剂以及饲料添加剂等专业化的生产资料，并配合以专业化的技术服务，这样才能落实绿色食品生产加工操作规程，确保绿色食品最终产品的质量，同时提高绿色食品产业发展的技术水平。只有通过专业化的流通渠道，才能集中展示绿色食品产品的特点，树立企业形象，才能满足广大消费者的规模需求，才能实现绿色食品独特的价值，才能体现开发绿色食品的经济效益和社会效益。

（3）机制规范

市场体系的健康运行依靠规范的机制来保障，绿色食品市场体系运行的机制由 3 个紧密联系的手段构成。

①以标准为核心的技术手段　无论是进入市场的绿色食品生产资料，还是进入市场的绿色食品产品，都必须依据绿色食品标准体系，经过严格的审查和认证。

②以质量为核心的竞争手段　进入市场的绿色食品生产资料和产品在确保质量的前提下，公平地参与竞争，并由供求关系反映的价格信号来调节。

③以标志为核心的法律手段　绿色食品产业发展实施商标管理，进入绿色食品市场体系的经济主体要受到法律的约束和规范，这样才能建立有效的市场环境和规范的交易规则，并维护绿色商品生产者、经营者和消费者的权益。

8.3.2　绿色食品市场体系建设的地位与作用

8.3.2.1　绿色食品市场体系建设的地位

（1）绿色食品市场体系建设是形成绿色食品产业发展合力的基本途径

绿色食品产业由于其产品和生产方式的独特性在形式上表现为一个整体，但生产企业及其产品比较分散，企业之间缺乏必要的经济联系，故难以形成生产条件的优势互补，区域之间市场流通也有障碍，另外，生产企业与营销企业缺乏必要的联系，生产加工企业与原料生产及生产资料生产企业之间缺乏联系。上述状况均将影响和制约绿色食品产业的发展。其结果：一是绿色食品产业难以形成全国统一的市场；二是产加销环节难以形成统一的整体；三是绿色食品产业主体难以形成走向市场的合力。而解决这 3 个问题必须建立和完善绿色食品市场体系。

（2）绿色食品市场体系建设是提高绿色食品产业发展水平的重要条件

绿色食品产业发展建立在社会化发展的基础上，而社会化水平的高低主要体现在生产的社会分工程度上。合理有效的社会分工，一方面拓宽了绿色食品产业发展的空间，使其在广度上发展；另一方面提高了绿色食品产业发展的专业化水平，使其在深度上发展。

市场既是社会分工的产物，同时又是社会分工得以存在和发展的基本条件。分工使生产者相互分开，市场则使其相互结合。不同的绿色食品生产企业通过市场实现自己商品的价值，取得他人商品的使用价值，这样就使他们连接起来。正是这种分工和结合，使绿色食品产业的专业化水平不断得到提高，产业发展的规模不断得到扩大，从而在整体上不断提高产业化发展的水平。

(3)绿色食品市场体系建设为绿色食品产业发展提供了空间

绿色食品生产企业和营销企业是从事绿色食品产业活动的主体，在市场经济环境里，它们都将通过产品在市场实现价值来追求经济效益，并通过市场竞争来表现其发展的生命力。如果没有完整的市场体系，生产资料无法获得，产品无法走向市场；如果没有市场机制的调节，而仍然按照传统的计划体制调节，难以提高企业和产品的市场竞争力；如果没有开放的市场流通渠道和网络，则难以通过消费市场带动生产开发规模扩大。

8.3.2.2　绿色食品市场体系建设的作用

(1)有利于树立绿色食品产业形象，实现开发绿色食品的价值

绿色食品产业形象包括产业的理念文化、行为方式以及视觉识别。这3项内容均需通过市场来传播和强化，从而为产业发展奠定坚实的社会基础。企业开发的绿色食品通过市场走向社会，表明企业的经济行为是理性的，这就是实现对保护环境和资源、增进人民身体健康的承诺；消费者通过市场购买绿色食品产品，表明了消费者具有环境和资源保护意识，也是关注自身的生命质量和生活质量的体现。通过生产绿色食品，保护资源和环境，通过消费绿色食品，增进人民身体健康，正是开发绿色食品的目的和价值，而只有通过市场，上述目的和价值才能实现。

(2)有利于引导绿色食品生产企业开发适销对路的产品，不断提高科技水平

有效的市场运作体系将在竞争机制的作用下，迫使绿色食品生产企业以市场需求为导向，不断改进技术和质量，提高产品的市场竞争力。这种竞争力不仅表现在绿色食品生产企业之间和绿色食品产品之间，而且也反映在绿色食品与普通食品之间。

(3)有利于建立绿色食品专业流通渠道，实现绿色食品的附加值，满足消费者的需求

如果绿色食品不进入专业流通渠道营销，而是与普通食品一起在一般的市场流通，其独特价值难以实现，这会影响企业开发绿色食品的积极性。同样，缺乏专业的绿色食品流通渠道，也会增加消费者选择绿色食品的难度。因此，无论是从企业的角度，还是消费者的角度，建设绿色食品市场体系都显得十分重要。

总之，市场体系的建立和完善将为绿色食品产业发展创造一个良好的环境和机制，并为产业发展提供强大的推动力。

8.3.3　绿色食品市场建设的基本原则

(1)遵循市场经济规律

价值规律、供求规律和竞争规律是市场经济的三大基本规律。绿色食品是市场经济的产物，开展绿色食品市场建设必须遵循市场经济的基本规律。

(2)把好产品质量关，共同对消费者负责

质量是绿色食品的生命，也是市场竞争的筹码，因此，无论是绿色食品生产企业，还是经营企业，在将其产品推向市场之前，必须严格把好质量关。

(3)经济效益和社会效益相结合

开展绿色食品市场建设最终目的是满足消费者需求，为企业增加经济效益，但由于绿色食品事业是一项有特殊意义的事业，事关环境和资源的保护、城乡人民身体健康，因此，在市场建设过程中，企业追求经济效益的同时，也要兼顾社会效益。

(4)团结协作，发挥整体优势

在市场经济环境中，绿色食品的发展既面临一般普通食品的竞争压力，又将面临国际市场竞争的考验，同时还受到流通领域传统条块分割、行业封闭体制惯性的影响。只有在绿色食品市场建设中，从整个事业的全局和长远利益出发，加强合作，才能奠定生存的基础，拓宽发展的空间，取得竞争的优势。绿色食品市场建设中的团结协作不仅包括生产企业之间、商业企业之间、生产企业与商业企业之间的联系与沟通、信息传递与反馈，还包括产品区域相互调剂、经营条件优势互补、外贸出口紧密配合等。

8.3.4 绿色食品市场体系建设上存在的问题

在绿色食品产业发展过程中，市场体系建设发挥的作用显得越来越重要。但从整个产业推进的速度和层面来看，市场体系建设仍然是一个相对薄弱的环节。目前，在绿色食品市场体系建设上主要存在的问题：

(1)发展相对滞缓

主要表现在3个方面：①绿色食品生产资料市场的发育相对绿色食品产品市场的发育显得滞后；②绿色食品全程质量控制的技术标准体系已初步形成，但与之相适应、相配合的绿色食品生产资料供给与技术服务体系尚未建成，难以满足绿色食品生产企业的需要，特别是一些大型绿色食品加工企业原料基地建设的需要；③相对绿色食品产品市场发育的程度，绿色食品专业流通渠道的建设滞后。

(2)发展不平衡

主要表现在2个方面：①绿色食品企业之间发展不平衡；②绿色食品市场体系建设在地区之间发展不平衡。

导致绿色食品市场体系建设相对滞后的主要原因有3个：①宣传力度不够，造成绿色食品有效需求不足；②绿色食品市场体系建设的基础条件比较缺乏；③绿色食品企业及其产品尚未形成进入市场的合力，影响了绿色食品市场发育的程度和扩张的规模。

(3)绿色食品身份价值的真实性在市场上得不到有效体现

人们十分喜爱绿色食品，但应有的价值又在价格上得不到体现，优质不能优价，而绿色食品的生产成本和管理成本都很高，企业无利可图，这在很大程度上限制了绿色食品产业发展的速度和规模。出现这种局面的直接原因：

①消费者对绿色食品的健康安全性、生产安全性和安全保障性不了解，对其生产的流程和较高的成本不清楚，把绿色食品与普通食品同等看待与使用，尽管愿意消费，但不愿出高价。

②企业对绿色食品种类开发创新不够，不能很好适应消费需求，没有源源不断开发出吸引消费者并牢牢占据其心里位置的产品。

③绿色食品的市场体系和诚信体系没有完全形成，发育不全。

④绿色食品品牌的培育和打造乏力，没有把它作为民生需求的特殊商品实施战略开发。

（4）证后监管水平有待提高

绿色食品标志市场监察范围有限。对于个别企业用标不规范或违规用标行为，标志市场监察主要依靠各级工作机构从大型超市及农产品市场购买绿色食品产品，查询比对后查找不合格用标产品。但是我国农产品流通渠道众多，渠道及其源头难以溯及，特别是很多农产品无包装或不用标销售，给绿色食品标志监察工作造成很大困难。农产品生产环节多、链条长、生产周期长，绿色食品企业年检只能通过绿色食品监管员在一个固定的时间点上对企业生产过程加以考核，难以做到对企业生产过程的实时动态监督，给产品质量安全带来风险和隐患。

8.3.5 绿色食品市场体系建设的途径

（1）加强宣传，继续扩大绿色食品的影响

绿色食品事业经过近 30 年的发展，取得了一个基本共识：宣传工作不仅是绿色食品开发和管理的主要环节，而且是贯穿于绿色食品事业发展始终的一项长期性的基本任务。随着消费者对绿色产品认识的提高以及健康消费观念的增强，绿色品牌农产品以鲜明的形象和安全的品质越来越受到国内外市场的欢迎。在进行绿色农产品宣传时，要增加对产品的宣传投入力度，塑造品牌形象；要善于利用各种媒体、展销会、招商会、博览会等多种促销手段，进行绿色农产品品牌的整合宣传，提升社会大众对产品的认知度、美誉度和忠诚度，做大做强绿色农产品品牌；要用绿色营销的观念来统筹安排各项传播活动。在绿色农产品的包装设计上，要突出绿色理念，包装物本身要符合"可再循环""可生物分解"的要求。在绿色农产品的促销活动中，应将产品信息传递与绿色教育融为一体。既要有无污染、无公害的绿色信息，又要有节省资源、保护环境的绿色知识。

（2）积极筛选、研制适应绿色食品生产的生产资料，培育绿色食品生产资料市场

绿色食品生产需要特定的技术来保证，而这些特定的技术又反映在生产加工操作规程的制订和实施上，绿色食品生产所需的肥料、农药、饲料添加剂、食品添加剂、兽药、水产养殖用药等生产资料的使用准则又构成了绿色食品生产加工操作规程的核心内容，也是保证绿色食品产品质量的基本方式和手段。

（3）稳步扩大产品开发规模，逐步调整产品结构，丰富绿色食品市场产品供给

按商业标准，店堂每平方米经营品种一般为 15~20 个，按这个标准推算，100m² 的商店经营的商品品种要达到 1500~2000 个。至 2001 年年底，绿色食品产品总数只有 2000 个，如

果剔除水果、蔬菜、肉、禽、蛋、水产品等不易贮存和跨地区经营的产品以及一些由于地区消费习惯原因只适合在本地区销售的产品，能够跨地区销售的绿色食品产品不到500个。绿色食品产品开发要适应消费结构多样化的趋势，加快发展绿色食品畜禽产品(包括乳制品)和水产品，重点推动生态环境良好的草原地区发展天然放牧畜禽产品，引导大型湖泊、库塘等自然条件良好的天然水域发展绿色水产品。积极推动饮品类产品发展绿色食品，鼓励发展深加工农林产品，重点发展食用植物油、米面加工品、果酒等。没有比较丰富的产品品种和一定规模的产品数量供给，消费市场建设难以启动。

(4)分阶段、多层次建立绿色食品营销网络

在绿色食品市场体系建设和发育的初期，应发挥全社会的力量，共同建设绿色食品产品营销网络。一是继续发挥绿色食品生产企业销售主渠道的作用，稳定原有的销售渠道，同时开辟新的销售渠道；二是调动社会上有经营能力的商业企业经营绿色食品的积极性，同时作好商业企业的认定工作，完善绿色食品标志商标在商业企业上使用的管理办法，服务规范和监控手段；三是发挥绿色食品系统内现有经营企业的优势，积极组织和开展绿色食品产品销售工作，通过连锁经营、配送制销等形式把绿色商品推向市场。上述3个层次的市场营销网络建设是相互联系、互相促进地开展的。当绿色食品市场发育初见成效，产品达到一定规模之后，再开展绿色食品产品流通专营网络体系建设。

(5)加强宏观调控，为绿色食品市场体系建设顺利开展创造良好的环境和条件

严格按照绿色食品标准体系，开展对产品、生产资料、生产基地、商业企业的认定、审查和监督，确保产品质量和服务质量；继续扩大绿色食品标志商标的境外注册，扩大绿色食品产业知识产权保护的范围，同时在技术标准、贸易准则等方面加快与国际接轨，为扩大绿色食品国际贸易进一步创造条件；继续推行绿色食品标志商标防伪标签使用计划，并加大打击假冒伪劣绿色食品产品的力度，切实维护绿色食品市场经济主体的权益；系统地开展绿色商品营销队伍的建设等。

(6)进一步加大政策和资金支持力度

充分调动各级政府和部门积极性，出台优惠政策，加大资金投入，加快绿色食品专营市场体系和品牌建设发展。对绿色食品专卖店(柜、区)、批发中心、配送中心建设和品牌宣传等各方面给予政策倾斜和重点支持。媒体宣传部门要加大绿色食品专营市场和品牌宣传力度，通过播放绿色食品公益性广告、设立专题专栏等形式，营造良好的舆论氛围。开展品牌表彰和奖励活动，对获得中国驰名商标、中国名牌农产品的品牌给予奖励，进一步调动企业创建名牌的积极性和主动性。

8.4 绿色食品产业化生产的组织管理

8.4.1 绿色食品产业化生产的内涵和特征

绿色食品生产对环境条件要求非常严格，需要对原料产地及周围环境，包括土壤、水、空气等因子进行严格检测，必须确保环境安全，适合生产绿色食品，并且在生产及加工过程中进行全程监管，同时依法实行标志管理。近年我国各地绿色食品开发实践表明，

产业化是发展绿色食品的有效模式，对实现绿色食品的标准化、规模化生产、规范化管理发挥着基础作用。我国在绿色食品产业化生产中实施标准化生产模式，建立了完善的质量检测控制体系，并推行产业一体化发展模式。绿色食品产业化生产是绿色食品生产的基本经营方式，有其特定的内涵和判别标准。

绿色食品产业化生产的内涵：由市场多元生产主体以共同利益为基础结合成的共同体，是以市场需求为导向，以农户经营为主体，以"龙头"组织为依托，通过实行"产供销一体化，种养加一条龙"一体化经营，将绿色食品生产过程中的产前、产中、产后诸环节联结为一个完整的产业系统。在绿色食品产业化体系中，农户是产业化生产的基础，合作社、公司企业、专业市场(集团)等"龙头"组织通过合同、股份、加工、销售等方式与农户形成经济利益共同体，引导分散的农户小生产转变为社会化大生产，实现资产、利益的联合和多元主体的一体化经营。

绿色食品产业化生产具有以下特征：一是产业化生产的参与主体与龙头组织之间具有共同的交易利益，不是一般的买卖关系；二是有特定的组织方式或经营载体；三是产业化生产中的多元主体间有稳定的组织管理制度，按照一体化经营约束机制来运作。

8.4.2 绿色农业产业化生产操作模式

我国绿色食品产业化发展水平不均一，由于地理位置、自然资源、生产规模、经营内容、生产结构、专业化程度、社会经济、市场需求及社会文化背景的不同，产业化生产的发展类型和组织模式也有所不同，可以归纳为以下几种操作模式。

(1)"龙头"企业+农户

"龙头"企业与生产基地或农户签订产销合同，技术服务和质量承诺书，规定签约双方的责、权、利，生产基地(农户)在龙头企业的指导下按绿色食品技术标准进行生产，企业收购产品，进一步加工，出售成品。所获得的利润在生产、销售、服务等各个环节进行合理分配。在"龙头企业+农户"模式中，"龙头"企业与农产品生产基地和农户形成紧密的工农贸一体化生产体系，形成"风险共担、利益共享"的经济共同体，"龙头"企业组织生产和销售，进行统一的经营管理，与市场联系紧密，有助于提高劳动生产率、降低产品成本、增加收益。这种形式在种植业、养殖业特别是外向型创汇农业中较为流行。

上海市根据其自然资源、社会经济条件及市场定位分析，对在市场竞争中占有优势和具有发展前景的企业加以扶持壮大，有重点地选择了有机蔬菜出口龙头企业、有机瓜果内销龙头企业、有机稻米龙头企业、有机农业种源龙头企业给予支持，依托这些龙头企业与生产者签订产销合同，公司提供种子、农药、化肥、田地耕作等各种技术服务，农户根据操作规范生产出产品，由公司统一收购销售，拓展市场。黑龙江省近年来大力推进绿色食品的开发，已形成大豆、米业、乳制品、啤酒及特产品等一批绿色食品生产加工企业。目前，全省已有99家绿色食品企业被评为省级以上重点龙头企业，其中17家被评为国家级产业化龙头企业，占国家农业产业化龙头企业的47.2%。完达山乳液股份有限公司，北大荒米业集团、北大荒麦业集团、"九三"油脂股份有限公司、哈尔滨啤酒、新三星等进入国家级和省级龙头企业。2010年底，黑龙江全省绿色食品种植面积超过 $4.07 \times 10^6 hm^2$，产品总量 $0.28 \times 10^8 t$，绿色食品、有机食品、无公害农产品和农产品地理标志数量达到 10 587 个，占全国 12.5%，实现销售总额 300 亿元。

(2) 专业合作社(专业协会)+农户

专业合作社或专业协会将分散的农户组织起来，为农户提供生产资料、资金、信息、培训、加工、运销等服务。农户生产的产品由合作社统一收购，合作社在市场经营中获得的利润，按农户销售量比例返还。合作社由农民自发或在政府引导下成立，由农户参股组成，对社员不以盈利为目的，对内职责是为社员提供产前、产中和产后服务，对外代表社员与其他市场主体进行交易，实行盈利经营，追求利益最大化。合作社的直接作用是促进了农民的自由联合，提高了农户的组织化程度，解决了农户的"买难"和"卖难"问题，使农户分享了加工增值的利润，降低了经营风险，直接增加了农户收入。合作社通过与企业签订供销合同，与农户签订产销合同，将生产者、加工者和销售者联结成农工商一体化经营，改变了加工企业直接面对众多农户难以有效运作的状况，使农产品市场规范有序，避免了恶性竞争。山东省较早发展专业合作社，如莱阳市在水果、蔬菜、畜牧、水产等主导产业中创办的合作社已经有 240 个，其中以供销社为依托兴办的就有 79 个。例如菜农自愿组织的绿宝蔬菜协会，年产销蔬菜逾 $20 \times 10^4 t$，出口蔬菜逾 $0.5 \times 10^4 t$，实现利税 140 万元，农户收入也由原来的 13 500 元/hm^2 增加到 22 500 元/hm^2。

(3) 主导产业+农户

许多地方由于具有独特的气候、土壤、品种等资源，依靠自然禀赋形成了优势农产品的区域性主导产业和产业集群。如齐齐哈尔市有效地打造了"中国绿色食品之都"的大品牌，其八县一区都形成了独具特色的绿色食品产业，截至 2010 年，全市绿色食品种植面积已经达到 $8 \times 10^5 hm^2$。讷河市、克山县号称"中国马铃薯之乡"，依靠独特的地理优势，形成了马铃薯的特色产业集群。浙江的丽水庆元，依靠自然资源和当地悠久的香菇种植优势打造了"中国香菇城"，申请了香菇国家原产地域保护产品，形成了一个香菇产业化生产链，不仅带动了香菇产业的发展，而且促进了加工企业的发展。

(4) 超市+农产品加工企业+农户

大型连锁超市、大卖场与农产品加工企业和农户签订销售订单，由生产者直接向零售商供货，使超市和加工企业建立了紧密的合作关系，通过农产品加工企业带动分散的小规模农户来生产质量安全的绿色产品。通过这种经营模式，超市可以获得价廉质优的绿色食品，减少中间销售环节带来的经营成本；企业和农户为了生存与发展，会高度重视产品的质量；消费者对绿色产品生产的日期、产地、等级等相关信息一目了然；也有利于社会监管部门对产品质量实施质量监控和标准化管理。

深圳市"无公害蔬菜工程"采取"超市+企业+农户"的一体化经营模式。深圳市果菜贸易公司 2000 年开始无公害蔬菜的产业化经营，公司兴建生产基地，提供技术指导，组织农户按操作规范生产，产品由基地统一收购，公司承担一切经营风险。目前，深圳市果菜公司已成为深圳市规模最大、专业化最强的蔬菜产业化经营企业，其生产的"田地"牌蔬菜在深圳已成为无公害蔬菜的代名词，形成了"以市场带动基地、基地扶持农户、同时基地和农户共保市场"的良好运作模式。

(5) 专业市场+农户

这是一种松散协调性发展模式，以专业市场或专业交易中心为依托，以技术服务和交易服务的形式，与生产基地或农户直接沟通，以带动区域专业化生产，实行产加销一体化经营，扩大生产规模，形成产业优势，节省交易成本。

8.4.3 绿色食品产业化生产的组织管理

绿色食品生产实行"从农田到餐桌全程质量控制"的管理，通过产前环节的环境监测和原料监测，产中环节具体生产、加工技术操作过程的落实，以及产后环节产品质量、卫生指标、包装、贮运、销售等环节的控制，确保绿色食品的整体产品质量。绿色食品产业化生产有一套完整的管理系统和文件，一方面有利于提高整个生产过程中的技术含量，提高生产效率和经济效益，保障各方权益；另一方面能为消费者提供"从农田到餐桌"的质量保证，确保产品质量，维护绿色食品的信誉。

8.4.3.1 绿色食品产业化生产的外部管理

实现绿色食品管理的规范化依赖于完善的法律、法规，需要为有关绿色食品的标准制定、产品的质量检验检测、质量认证、信息服务等一系列复杂的工作建立统一的法律规范。1990 年以来，我国国务院、农业部及地方政府制定了一系列政策法规，规范各参与主体行为，明确安全认证食品生产、加工、流通等经营过程中相关管理部门的职责，为绿色食品的规范化管理提供保障。目前，我国已初步建立了覆盖全国的绿色食品管理机构、环境定点监测机构和产品质量定点监测机构等的监督管理体系。中国绿色食品发展中心全权负责组织实施全国绿色食品工作，并对绿色食品标志商标实施许可。中国绿色食品发展中心下设各省(市、区)"绿色食品办公室(中心)"，并指定绿色食品定点环境监测机构、绿色食品产品定点监测机构对绿色食品的产地环境质量、生产资料、产品质量、标志使用和产品包装、贮存、运输依据相关法规进行管理，同时全国各级工商行政管理部门、质量技术监督部门、卫生防疫部门、食品药品监督管理局等职能单位也依据相关法律、法规对绿色食品进行管理。

已获得绿色食品标志的企业，应严格按照《商标法》及有关绿色食品管理办法使用标志，接受农业农村部指定的环保监测及食品检测部门的监督检查。绿色食品实行年检制度，由绿色食品管理机构结合产品质量年度抽检和企业实地检查方式，进行综合考核评定。绿色食品认证检查实行检查员负责制，绿色食品检查员须经中国绿色食品发展中心实行统一注册管理，不得来源于生产企业。绿色食品检查员对绿色食品生产、加工及操作过程进行实地检查，审核绿色食品的生产过程是否符合绿色食品生产的标准。检查员工作职责主要包括：审核生产者提供的信息和资料是否完整；通过田间地头实地考察，了解生产者操作过程是否达到绿色食品生产标准的要求；考察生产者内部质量控制体系是否健全、有效；对绿色食品产品进行抽样；综合评估生产者的信息和检查情况，完成书面报告。绿色食品管理中心根据年检报告，对不符合绿色食品标准和认证的生产者，年检结论为"不合格"者取消其绿色食品标志使用权。

8.4.3.2 绿色食品产业化生产的内部组织管理

绿色食品产业化生产的内部组织管理包括生产计划的制订、生产技术的指导、咨询和服务、生产资料供应的物质保障、监督生产计划的实施、建立严格的文档记录等，如图8-5所示，以充分保证绿色食品在生产、收获、加工、贮存、包装、运输、销售等各个环节的生产完全符合绿色食品标准的要求。

（1）文档记录体系

绿色食品产业化生产中必须建立完整的文档记录体系，记录生产、加工过程中的各项物质收入、产出，在产品的包装、运输、贮藏、销售各个环节都要有详细的文档记录。在绿色食品认证和年检制度中，需要生产者提供完整的文字记录：农场地块图；生产计划；生产资料投入和使用情况；耕作和水土保持等农事活动记录；产品收获、贮藏、包装、销售情况记录。文档记录体系可以证明绿色食品产品从生产到贮藏、运输、加工、分装、货运和销售的整个过程的完整性和可追踪性，是强化管理和提高产品质量的有效手段。文档记录的内容包括：

①物质投入记录 记载生产环节种苗、肥料、堆肥等生产资料及运输、加工环节等原材料的名称、来源、购入量、使用量、包装单、运货单等。

②产品生产管理记录 记录产品整个生产过程，如种植业的种子、肥料、农药来源、播种日期、肥料施用量、田间管理情况、设备使用情况、产量、库存情况、加工、包装等；畜禽业的饲料、兽药、疫苗接种、消毒情况、日常清洗、饲养密度等；产品的实际作业记录、收获量、销售记录、库存记录、货批编号说明材料；生产过程的组织图、规程图；初级产品加工情况、保鲜处理、采后分级处理等。

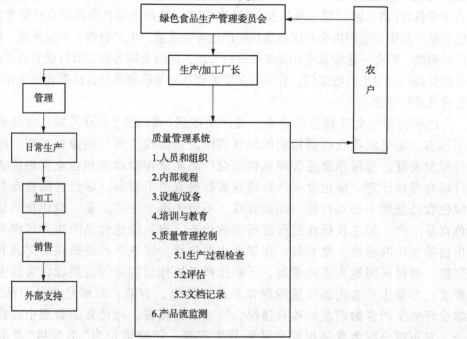

图8-5 组织管理体系的建立

③辅助材料记录 人员名单及职责；农场、田地、加工实施等的地图和面积；土地租凭合同；人员培训情况；产品的残留农药分析结果、周边环境检测结果、水质和土壤分析数据等。

(2)组织管理体系

产品的品质是绿色食品产业化生产的物质基础和核心。除了由行政主管部门制定法律、法规进行规范和监管外，绿色食品产业化生产的部门也要设立专门的质量管理部门或指定专人负责质量控制工作，并根据生产产品和生产企业的特点制订详细的质量管理规章制度及质量控制手册，从而规范生产过程，明确生产、加工过程的管理者、检查员以及其他人员的职责和权限，确保产品能够符合绿色食品标准。

①人员结构和职责 从事绿色食品生产的人员包括生产人员(农户、技术人员、运输人员)、管理人员(内部检查员、保管员)、质量达规判断人员。明确参与人员的资格、责任和权限。

②建立内部规程 制订具体详细的内部生产和操作规程，包括年度种植/养殖计划，栽培/养殖规程，机械设备的使用、修理规程，原材料采购、使用和保管规程，产品批号制订、使用规程，卫生与清洁规程，产品加工、分装和保管规程，出货方式及规程，文件和记录的制订与管理规程，合同制定与实施规程，培训与教育规程，达规判定规程，向认证机构报告及接受检查规程，内部检查规程等。

③技术培训 管理者和生产者的文化素质、业务水平和对绿色食品的认知程度决定绿色食品产业化生产的水平，因此，参加绿色食品生产的成员应定期参加培训，了解绿色食品生产的标准和流程，能自觉按照绿色食品的技术标准来实施。培训的内容包括：对管理人员进行绿色食品生产起源、概念、标准、国内外市场和发展概括的培训；对内部检查员进行绿色食品生产标准、技术、市场认证标准、内部检查方法和技术、内部检查文件记录方法、内部质量改进措施等的培训；对生产者进行实际操作技能培训、新技术、新方法的使用培训等。所有培训活动的细节都要进行详细的记录。

(3)内部质量控制

内部质量检查以相应的规程为依据，由专门的执行和监督人员负责。内部质量控制的内容包括：在生产周期内对农户、田地、作物、品种、种子、机械、化肥、农药、兽药、饲料等所有生产、加工和运输环节信息的检查，判定出货产品与绿色食品标准的一致性，进行详细的记录，保证绿色食品产业化生产的顺利进行。生产者要根据销售情况、客户要求等不断改进种植、养殖、加工目标和计划，以书面形式通知农户，并将变化的内容和理由提交给绿色食品生产管理委员会。

参考文献

查同刚, 等. 2017. 土壤理化分析[M]. 北京：中国林业出版社.

陈兆云. 2016. 绿色食品理论与实践[M]. 北京：中国农业科学技术出版社.

陈兆云, 等. 2018. 绿色食品生产操作规程[M]. 北京：中国农业出版社.

丛晓娜. 2018. 绿色食品生产资料管理员工作规范[M]. 北京：中国农业科学技术出版社.

何庆. 2017. 绿色食品质量安全监管创新与实践[M]. 北京：中国农业科学技术出版社.

何庆普. 2017. 绿色食品质量安全监管创新与实践[M]. 北京：中国农业科学技术出版社.

华海霞, 等. 2013. 绿色食品生产基础[M]. 北京：中国标准出版社.

李国刚, 等. 2013. 环境空气和废气污染物分析测试方法[M]. 北京：化学工业出版社.

李国强. 2010. 从4Ps角度审视绿色食品品牌营销现状[J]. 生态经济(5)：98-101.

吕煜昕, 张玉瑶, 等. 2016. 中国食品安全水平的国际比较研究[J]. 世界农业(10)：31-38.

宋嵩文. 2010. 食品安全现状分析与对策[J]. 中国病毒病杂志(5)：395-396.

王海芳, 等. 2014. 环境监测[M]. 北京：国防工业出版社.

王颜红, 等. 2016. 绿色食品产地环境实用技术手册[M]. 北京：中国农业出版社.

王亮. 2018. 绿色食品生产与检验综合实训[M]. 北京：化学工业出版社.

杨敏, 等. 2018. 现代绿色食品管理与生产技术[M]. 北京：化学工业出版社.

于海涛. 2016. 绿色食品生产控制[M]. 北京：中国轻工业出版社.

张华荣. 2018. 绿色食品工作指南(2018版)[M]. 北京：中国农业出版社.

张华荣. 2018. 绿色食品发展报告(2017版)[M]. 北京：中国农业出版社.

中国绿色食品发展中心. 2017. 最新中国绿色食品标准(2017版)[M]. 北京：中国农业出版社.

中国绿色食品发展中心. 2017. 2016绿色食品发展报告[M]. 北京：中国农业科学技术出版社.

张华荣. 2018. 绿色食品工作指南[M]. 北京：中国农业出版社.

张婷. 2013. 绿色食品生产者质量控制行为研究[D]. 成都：四川农业大学.

张志华, 等. 2016. 绿色食品食品添加剂实用技术手册[M]. 北京：中国农业出版社.

赵丽芹, 张子德. 2011. 园艺产品贮藏加工学[M](2版). 北京：中国轻工业出版社.

陈国仁. 2018. 福建：顺昌全国绿色食品原料(柑桔)标准化生产基地建设初显成效[J]. 中国果业信息, 35(5)：45-46.

吉林省绿色食品办公室. 2015. 基地建设工作篇全国绿色食品原料标准化生产基地的创建与管理[J]. 吉林农业(21)：30-31.

张真, 王兆林, 张冬梅. 2013. 绿色食品150问[M]. 杭州：浙江大学出版社.

张会影. 2016. 全国绿色食品原料标准化生产基地建设的成效与建议[J]. 现代化农业(10)：35-37.

谭济才, 康绪宏. 2014. 绿色食品生产原理与技术[M]. 长沙：湖南科学技术出版社.

绿色食品标志使用申请书

初次申请□　续展申请□

申请人(盖章) _____

申 请 日 期 _____年_____月_____日

中国绿色食品发展中心

填 写 说 明

一、本申请书一式三份，中国绿色食品发展中心、省级工作机构和申请人各一份。

二、本申请书无签名、盖章无效。

三、申请书的内容可打印或用蓝、黑钢笔或签字笔填写，语言规范准确、印章（签名）端正清晰。

四、申请书可从 http：//www. moa. gov. cn/sydw/lssp/下载，用 A4 纸打印。

五、本申请书由中国绿色食品发展中心负责解释。

保 证 声 明

我单位已仔细阅读《绿色食品标志管理办法》有关内容，充分了解绿色食品相关标准和技术规范等有关规定，自愿向中国绿色食品发展中心申请使用绿色食品标志。现郑重声明如下：

1. 保证《绿色食品标志使用申请书》中填写的内容和提供的有关材料全部真实、准确，如有虚假成分，我单位愿承担法律责任。

2. 保证申请前三年内无质量安全事故和不良诚信记录。

3. 保证严格按《绿色食品标志管理办法》、绿色食品相关标准和技术规范等有关规定组织生产、加工和销售。

4. 保证开放所有生产环节，接受中国绿色食品发展中心组织实施的现场检查和年度检查。

5. 凡因产品质量问题给绿色食品事业造成的不良影响，愿接受中国绿色食品发展中心所作的决定，并承担经济和法律责任。

法定代表人（签字）：　　　　　　　　申请人（盖章）

年　　月　　日

表 1 申请人基本情况

申请人(中文)			
申请人(英文)			
联系地址		邮 编	
网址			
营业执照注册号		首次获证时间	
企业法定代表人	座机		手机
联 系 人	座机		手机
传真	Email		
龙头企业	国家级□ 省(市)级□ 地市级□ 其他□		
年生产总值(万元)		年利润 (万元)	
申请人简介			

内检员(签字)：

注：1. 内检员适用于已有中心注册内检员的申请人。

2. 首次获证时间仅适用于续展申请。

表 2　申请产品情况

产品名称	商标	产量(t)	是否有包装	包装规格	备注

注：1. 续展产品名称、商标变化等情况需在备注栏说明。

　　2. 若此表不够，可附页。

表 3　原料供应情况

原料来源	原料供应情况		
	生产商	产品名称	使用量(t)
绿色食品			
	基地名称	使用面积(万亩)	使用量(t)
全国绿色食品原料标准化生产基地			

表 4 申请产品统计表

产品名称	年产值(万元)	年销售额(万元)	年出口量(t)	年出口额 （万美元）	绿色食品包装 印刷数量

注：表3、表4可根据需要增加行数。

绿色食品申报原料供应情况填报说明

种养殖面积(单位：万亩)

(一)初级产品

(1)种植业产品：直接填报种植面积(食用菌不需填报)。

(2)畜禽产品：牛、羊肉产品既要填报放牧草场面积，又要填报主要饲料原料(如玉米、小麦、大豆等)的种植面积。猪肉、禽肉与禽蛋类产品只填报饲料主要原料种植面积。

(3)水产品(包括淡水、海水产品)：填报水面养殖面积。

(二)加工产品

主要原料是绿色食品产品的，不需要填报种养殖面积；主要原料来自全国绿色食品标准化原料生产基地或申报单位自建基地的，需要填报种养殖面积。

1. 需要填报主要原料(或饲料)种养殖面积的加工产品

(1)农林类加工产品：小麦粉、大米、大米加工品、玉米加工品、大豆加工品、食用植物油、机制糖、杂粮加工品、冷冻保鲜蔬菜、蔬菜加工品、果类加工品、山野菜加工品、其他农林加工产品。

(2)畜禽类加工产品：蛋制品、液体乳、乳制品、蜂产品。

(3)水产类加工产品：淡水加工品、海水加工品。

(4)饮料类产品：果蔬汁及其饮料、固体饮料(果汁粉、咖啡粉)、其他饮料(含乳饮料及植物蛋白饮料、茶饮料及其他软饮料)、精制茶、其他茶(如代用茶)、白酒、啤酒、葡萄酒、其他酒类(黄酒、果酒、米酒等)。

(5)其他加工产品：方便主食品(米制品、面制品、非油炸方便面、方便粥)、糕点(焙烤食品、膨化食品、其他糕点)、果脯蜜饯、淀粉、调味品(味精、酱油、食醋、料酒、复合调味料、酱腌菜、辛香料、调味酱)、食盐(海盐、湖盐)。

2. 不需要填报主要原料(或饲料)种养殖面积的加工产品

(1)农林类加工产品：食用菌加工品。

(2)畜禽类加工产品：肉食加工品(包括生制品、熟制品、畜禽副产品加工品、肉禽类罐头、其他肉食加工品)。

(3)饮料类产品：瓶(罐)装饮用水、碳酸饮料、固体饮料(乳精、其他固体饮料)、冰冻饮品、其他酒类(露酒)。

(4)其他加工产品：方便主食品(包括速冻食品、其他方便主食品)、糖果(包括糖果、巧克力、果冻等)、食盐(包括井矿盐、其他盐)、调味品(包括水产调味品、其他调味品、发酵制品)、食品添加剂。

附录 3

种植产品调查表

申请人(盖章)＿＿＿＿＿＿＿＿＿＿＿＿＿

申 请 日 期＿＿＿＿年＿＿＿＿月＿＿＿＿日

中国绿色食品发展中心

填 写 说 明

一、本表适用于收获后，不添加任何配料和添加剂，只进行清洁、脱粒、干燥、分选等简单物理处理过程的产品(或原料)。如原粮、新鲜果蔬、饲料原料等。

二、本表无盖章、签字无效。

三、本表应如实填写，所有栏目不得空缺，未填部分应说明理由。

四、本表的内容可打印或用蓝、黑钢笔或签字笔填写，语言规范准确、印章(签名)端正清晰。

五、本表可从 http://www.moa.gov.cn/sydw/lssp/下载，用 A4 纸打印。

六、本表由中国绿色食品发展中心负责解释。

表 1　种植产品基本情况

名称	面积(万亩)	年产量(t)	基地位置

表 2　产地环境基本情况

产地是否位于生态环境良好、无污染地区	
产地是否远离工矿区和公路铁路干线	
产地周围 5km，主导风向的上风向 20km 内是否有工矿污染源	
绿色食品生产区和常规生产区域之间是否有缓冲带或物理屏障？请具体描述	
请描述产地及周边的动植物生长、布局等情况	

注：相关标准见《绿色食品产地环境质量》(NY/T 391—2013) 和《绿色食品产地环境调查、监测与评价规范》(NY/T 1054—2013)。

表 3　栽培措施及土壤处理

采用何种耕作模式(轮作、间作或套作)？请具体描述				
采用何种栽培类型(露地、保护地或其他)				
播前土壤是否进行消毒或改良？请具体描述				
是否进行客土？请说明客土原因、类型及来源				
土壤培肥处理	名称	年用量(t/亩)	来源	无害化处理

表 4　种子(种苗)处理

种子(种苗)来源	
种子(种苗)是否经过包衣等处理？请具体描述处理方法	
播种(育苗)时间	

表5 病虫草害农业防治措施

当地常见病虫草害	
简述减少病虫草害发生的生态及农业措施	
采用何种物理防治措施？请具体描述防治方法和防治对象	
采用何种生物防治措施？请具体描述防治方法和防治对象	

注：若有间作或套作物，请同时填写其病虫草害防治情况。

表6 肥料使用情况

产品名称	肥料名称	有效成分(%)			施用方法	施用量（kg/亩）	施用时间	当地同种作物习惯施用无机氮种类及用量(kg/亩·年)
		氮	磷	钾				

注：1. 相关标准见《绿色食品肥料使用准则》（NY/T 394—2013）；
2. 该表可根据不同产品名称依次填写。

表7 病虫草害防治农药使用情况

产品名称	农药名称	登记证号	剂型规格	防治对象	使用方法	每次用量	使用时间	安全间隔期(d)

注：1. 相关标准见《绿色食品农药使用准则》（NY/T 393—2013）；
2. 若有间作或套作物，请同时填写其病虫草害农药防治情况；
3. 该表可根据不同产品名称依次填写。

表8 灌溉情况

是否灌溉		灌溉水来源	
灌溉方式		全年灌溉用水量(t)	

表 9 收获后处理

收获时间	
收获后是否有清洁过程？请描述方法	
收获后是否对产品进行挑选、分级？请描述方法	
收获后是否有干燥过程？请描述方法	
收获后是否采取保鲜措施？请描述方法	
收获后是否需要进行其他预处理？请描述过程	
使用何种包装材料？包装方式	
仓储时采取何种措施防虫、防鼠、防潮	
请说明如何防止绿色食品与非绿色食品混淆	

表 10 废弃物处理及环境保护措施

填表人：　　　　　　　　　　　　　　　　　　　　　　　　　　　　　　内检员：

注：内检员适用于已有中心注册内检员的申请人。

种植产品申请材料清单

1.《绿色食品标志使用申请书》和《种植产品调查表》。

2. 营业执照复印件。

3. 商标注册证复印件(有必要的应提供续展证明、商标转让证明、商标使用许可证明等)。

4. 质量控制规范(包括基地组织机构设置、人员分工,投入品供应、管理,种植过程管理,产品收后管理,仓储运输管理等),需要申请人盖章。

5. 种植规程,需申请人盖章。

6. 基地行政区划图、基地位置图和地块分布图。

7. 基地清单(包括乡镇、村数、农户数、种植品种、种植面积、预计产量等信息),需申请人盖章。

8. 农户清单(包括农户姓名、种植品种、种植面积、预计产量),对于农户数 50 户以下的申请人要求提供全部农户清单;对于 50 户以上的,要求申请人建立内控组织(内控组织不超过 20 个),即基地内部分块管理,并提供所有内控组织负责人的姓名及其负责地块的种植品种、农户数、种植面积及预计产量。需申请人盖章。

9. 有效期 3 年以上的种植产品订购合同或协议。

10. 若申请人自有基地,应提供相关证明材料,如土地流转合同、土地承包合同或产权证、林权证、国有农场所有权证书等。

11. 生产记录(能反映生产过程及投入品使用情况)。

12. 预包装食品标签设计样张(非预包装食品不必提供)。

13. 环境质量监测报告。

14. 产品检验报告。

附录 5

畜禽产品调查表

申请人（盖章）＿＿＿＿＿＿＿＿＿＿＿＿＿＿＿

申请日期＿＿＿＿年＿＿＿＿月＿＿＿＿日

填 写 说 明

一、本表适用于畜禽养殖、生鲜乳及禽蛋收集等。

二、本表应如实填写，所有栏目不得空缺，未填部分应说明理由。

三、本表无签字、盖章无效。

四、本表的内容可打印或用蓝、黑钢笔或签字笔填写，语言规范准确、印章(签名)端正清晰。

五、本表可从 http：//www.moa.gov.cn/sydw/lssp/下载，用 A4 纸打印。

六、本表由中国绿色食品发展中心负责解释。

表 1　养殖场基本情况

畜禽名称		养殖面积	放牧场所(万亩)	
			栏舍(m²)	
基地位置				
养殖场基本情况				
养殖场是否在无规定疫病区域				
养殖场是否距离交通要道、城镇、居民区、医院和公共场所 2km 以上				
养殖场是否距离垃圾处理场和风景旅游区 5km 以上				
天然牧场周边是否有矿区				

注：相关标准见《绿色食品畜禽防疫卫生准则》(NY/T 473—2016)

表 2　养殖场基础设施

养殖场建筑材料、饲喂设施材料是否对畜禽有害？请具体说明	
养殖场房舍照明、隔离、加热和通风等自动化设施是否齐备且符合要求？请具体说明	
是否有生物防护设施？请具体说明	
是否有粪尿沟等污道设施	
是否有畜禽活动场所和遮阴设施	
请说明养殖用水来源	

注：相关标准依据同上。

表 3　养殖场管理措施

养殖场内净道和污道是否分开？生产区和生活区是否严格分开	
养殖场是否定期消毒？请描述使用消毒剂名称、用量、使用方法和时间	
是否建立了规范完整的养殖档案	
是否存在平行生产？如何有效隔离	

表 4　畜禽饲料及饲料添加剂使用情况

畜禽名称				养殖规模			
品种名称				种畜禽来源			
年出栏量及产量				养殖周期			

生长阶段 饲料及饲料添加剂	用量(t)	比例(%)	用量(t)	比例(%)	用量(t)	比例(%)	用量(t)	比例(%)	年用量(t)	来源

注：1. 相关标准见《绿色食品饲料及饲料添加剂使用准则》(NY/T 471—2018)；
　　2. 养殖周期及生长阶段应包括从幼畜或幼雏到出栏。

表 5　畜禽疫苗及兽药使用情况

畜禽名称			
疫苗使用情况			
疫苗名称	疫苗类型	批准文号	用途

（续）

畜禽名称						
兽药使用情况						
兽药名称	批准文号	用途	用量	使用方法	使用时间	停药期

注：1. 相关标准见《绿色食品兽药使用准则》(NY/T 472—2013)；
　　2. 疫苗类型栏填写：灭活疫苗、减毒疫苗、基因工程疫苗等。

表 6　饲料加工及贮存情况

饲料是否由申请人自行组织加工？请描述加工过程及出成率（委托加工的，请填写加工产品调查表）	
饲料贮存过程采取何种措施防潮、防鼠、防虫	
请说明如何防止绿色食品与非绿色食品饲料混淆	

表 7　畜禽、禽蛋、生鲜乳收集

待宰畜禽如何运输？请说明	
禽蛋如何收集、清洗和贮存	
生鲜乳如何收集？收集器具如何清洗消毒？生鲜乳如何储存、运输	
请就上述内容，描述绿色食品与非绿色食品的区分管理措施	

表 8　资源综合利用和废弃物处理

养殖场是否具备有效的粪便和污水处理系统？是否实现了粪污资源化利用	
养殖场对病死畜禽如何处理？请具体描述	

填表人：　　　　　　　　　　　　　　　　　　　　　　　　　　　　　内检员：

注：内检员适用于已有中心注册内检员的申请人。

畜禽产品申请材料清单

1.《绿色食品标志使用申请书》和《畜禽产品调查表》。

2. 营业执照复印件。

3. 商标注册证复印件(包括续展证明、商标转让证明、商标使用许可证明等)。

4. 动物防疫合格证。

5. 屠宰许可证(涉及屠宰的申请人需提供)。

6. 野生动物驯养许可证(经营野生动物养殖的申请人需提供)。

7. 基地行政区划图、基地位置图、养殖场所布局平面图。

8. 对于天然放牧的,应提供基地清单(序号、乡镇、村数、农户数、养殖品种、养殖规模、草场面积等);农户清单,需要相关行政村或乡镇盖章,对于农户数 50 户以下的申请人要求提供全部农户清单;对于 50 户以上的,要求申请人建立内控组织(内控组织不超过 20 个)及其管理制度,并提供所有内控组织负责人的姓名及其负责地块的养殖品种、农户数、养殖规模及年出栏量(产量)。需申请人盖章。

9. 质量控制规范(包括基地组织机构设置、人员分工,投入品管理,养殖过程管理,畜禽屠宰、生鲜乳收集、禽蛋收集等管理,仓储运输管理等),需申请人和制订单位盖章。

10. 申请人提供与养殖单位签订的有效期 3 年的畜禽产品收购合同或协议。

11. 养殖规程,需申请人盖章。

12. 养殖记录(能反映养殖过程及投入品使用情况)。

13. 预包装食品标签设计样张(非预包装食品不必提供)。

14. 环境质量监测报告。

15. 产品检验报告。

16. 天然放牧牛羊产品申报绿色食品需按《关于牛、羊产品申报绿色食品相关要求的通知》要求提供相关文件。

加工产品调查表

申请人(盖章)＿＿＿＿＿＿＿＿＿＿＿＿＿＿

申 请 日 期＿＿＿＿年＿＿＿＿月＿＿＿＿日

中国绿色食品发展中心

填 表 说 明

一、本表适用于按照绿色食品标准生产的植物、动物和微生物原料收获或外购入库后，进行的加工、包装、储藏和运输的全过程，包括食品和饲料。如米面及其制品、食用植物油、肉食加工品、乳制品、酒类、全价饲料和预混料等。

二、本表无盖章、签字无效。

三、本表应如实填写，所有栏目不得空缺，未填部分应说明理由。

四、本表的内容可打印或用蓝、黑钢笔或签字笔填写，语言规范准确、印章(签名)端正清晰。

五、本表可从 http：//www. moa. gov. cn/sydw/lssp/下载，用 A4 纸打印。

六、本表由中国绿色食品发展中心负责解释。

表 1 加工产品基本情况

产品名称	商标	年产量(t)	包装规格	备注

表 2 加工厂环境基本情况

加工厂地址	
加工厂是否远离工矿区和公路铁路干线	
加工厂周围 5km，主导风向的上风向 20km 内是否有工矿企业、医院、垃圾处理场等	
绿色食品生产区和生活区域是否具备有效的隔离措施？请具体描述	

注：相关标准见《绿色食品产地环境质量》(NY/T 391—2013)

表3 加工产品配料情况

产品名称		年产量(t)		出成率(%)	
主辅料使用情况表					

主辅料使用情况表

名称	比例(%)	年用量(t)	来源		

添加剂使用情况

名称	比例(‰)	年用量(t)	用途	来源

加工助剂使用情况

名称	有效成分	年用量(t)	用途	来源

是否使用加工水？若使用，请说明其来源、年用量(吨)、作用，并说明是否使用净水设备	
主辅料是否有预处理过程？如是，请提供预处理工艺流程、方法、使用物质名称和预处理场所	

注：1. 相关标准见《绿色食品食品添加剂使用准则》(NY/T 392—2013)和《绿色食品饲料及饲料添加剂使用准则》(NY/T 471—2018)；

2. 主辅料"比例(%)"应扣除加入的水后计算。

表 4 加工产品配料统计表

配料	名称	合计年用量(t)	备注
主辅料			
添加剂 (食品级□ 饲料级□)			

表 5 产品加工情况

工艺流程及工艺条件
各产品加工工艺流程图(应体现所有加工环节,包括所用原料、添加剂、加工助剂等),并描述各步骤所需生产条件(温度、湿度、反应时间等):

请选择产品加工过程中所采用的处理方法及工艺:

□机械　　□冷冻　　□加热　　□微波　　□烟熏　　□微生物发酵工艺
□提取　　□浓缩　　□沉淀　　□过滤　　□其他

如果采用了提取工艺,请列出所使用的溶剂:

□水　　　□乙醇　　□动植物油　　□醋　　□正己烷等有机溶剂
□二氧化碳　□氮　　　□羧酸　　　　□其他

如果采用了浓缩工艺,请列出浓缩方法:

□蒸发浓缩　　□膜浓缩　　□冷冻浓缩　　□结晶　　□真空浓缩
□其他

是否建立生产加工记录管理程序	
是否建立批次号追溯体系	

表 6 包装、贮藏、运输

包装材料(来源、材质)、包装充填剂	
包装使用情况	□ 可重复使用 □ 可回收利用 □ 可降解
是否设计了产品预包装示样	
库房是否远离粉尘、污水等污染源和生活区等潜在污染源	
库房建筑材料(墙体、房顶、地面)、设施结构和质量是否符合相应食品类别的贮藏设施的规定	
是否建立贮藏设计管理记录程序和批次号追溯体系	
库房数量、容积及类型(常温、冷藏或气调等)	
申报产品是否与常规产品同库储藏？如是，请简述区分方法	
是否借用储藏库？如是，请提供其库房地址、数量、容积、类型(常温、冷藏或气调等)	
申请人是否自有交通工具运输产品	
申请人运输申报产品是否专车专用	
申报产品运输过程中是否需要采取控温措施	
是否承租交通工具运输？如是，请提供货运公司名称、载重规格、运输频率	

注：相关标准见《绿色食品包装通用准则》(NY/T 658—2015)和《绿色食品贮藏运输准则》(NY/T 1056—2006)。

表 7 平行加工

是否存在平行生产？如是，请列出常规产品的名称、执行标准和生产规模	
常规产品及非绿色食品产品在申请人生产总量中所占的比例	
请详细说明常规及非绿色食品产品在工艺流程上与绿色食品产品的区别	
在原料运输、加工及储藏各环节中进行隔离与管理，避免交叉污染的措施	□ 从空间上隔离（不同的加工设备） □ 从时间上隔离（相同的加工设备） □ 其他措施，请具体描述：

表8 设备清洗、维护及有害生物防治

加工过程中加工车间、设备使用的清洗、消毒方法及物质	
加工过程中有害(生物、微生物)的控制方法	
包装车间、设备的清洁、消毒、杀菌方式方法	
库房对杂菌、虫、鼠防治措施,所用设备及药品的名称、使用方法、用量	
运输用交通工具消毒措施	

表9 污水、废弃物处理情况及环境保护措施

加工过程中产生的污水的处理方式、排放措施和渠道	
加工过程中产生的废弃物处理措施	
其他环境保护措施	

填表人: 内检员:

注:内检员适用于已有中心注册内检员的申请人。

加工产品申请材料清单

1.《绿色食品标志使用申请书》和《加工产品调查表》。

2. 营业执照复印件。

3. 商标注册证复印件(有必要的应提供续展证明、商标转让证明、商标使用许可证明等)。

4. SC 证书、食盐定点生产许可证、定点屠宰许可证、饲料生产许可证等其他国家强制要求办理的资质证书复印件(适用时)。

5. 工厂所在地行政区域图(市、县或乡的行政图,标明加工厂位置)。

6. 加工厂区平面布局图(包括厂区各建筑物、设备和周围土地利用情况)。

7. 加工厂所使用证明文件(如为委托加工,提供委托加工合同书、委托加工厂的营业执照、SC 证书)。

8. 质量管理手册

(1)绿色食品生产、加工、经营者的简介;

(2)绿色食品生产、加工、经营者的管理方针和目标;

(3)管理组织机构图及其相关岗位的责任和权限;

(4)可追溯体系;

(5)内部检查体系;

(6)文件和记录管理体系。

9. 生产加工管理规程,需申请人盖章

(1)加工规程,技术参数;

(2)产品的包装材料、方法和储藏、运输环节规程;

(3)污水、废弃物的处理规程;

(4)防止绿色食品与非绿色食品交叉污染的规程(存在平行生产的企业须提交);

(5)运输工具、机械设备及仓储设施的维护、清洁规程;

(6)加工厂卫生管理与有害生物控制规程;

(7)生产批次号的管理规程。

10. 配料固定来源和购销证明

(1)对于购买绿色食品原料标准化生产基地原料的申请人需提供基地证书复印件,购销合同和发票复印件;

(2)对于购买绿色食品产品或其副产品的申请人需提供有效期内的证书复印件,购销合同和发票复印件;

(3)对于购买未获得绿色食品认证、原料含量在 2%~10% 的原料(食盐≥5%)的,申请人需提供购销合同和发票复印件,绿色食品检测机构出具的符合绿色食品标准的检测报告;

(4)对于购买未获得绿色食品认证、原料含量小于 2% 的原料(食盐<5%)的申请人需提供固定来源的证明文件。

11. 生产加工记录(能反映产品生产过程和投入品使用情况)。

12. 预包装食品标签设计样张(非预包装食品不必提供)。

13. 加工水监测报告。

14. 产品检验报告。

水产品调查表

申请人(盖章) _____

申 请 日 期 _____年_____月_____日

中国绿色食品发展中心

填 表 说 明

一、本表适用于鲜活水产品及捕捞、收获后未添加任何配料的冷冻、干燥等简单物理加工的水产品。加工过程中，使用了其他配料或加工工艺复杂的腌熏、罐头、鱼糜等产品，需填写《加工产品调查表》。

二、本表应如实填写，所有栏目不得空缺，未填部分应说明理由。

三、本表无签字、盖章无效。

四、本表的内容可打印或用蓝、黑钢笔或签字笔填写，语言规范准确、印章(签名)端正清晰。

五、本表可从 http：//www. moa. gov. cn/sydw/lssp/下载，用 A4 纸打印。

六、本表由中国绿色食品发展中心负责解释。

表 1　水产品基本情况

产品名称	面积(万亩)	年产量(t)	养殖周期	捕捞时间	捕捞区域水深(m)	养殖方式	基地位置

注：养殖方式可填写湖泊/水库/近海放养、网箱养殖、网围养殖、池塘/蓄水池、工厂化养殖或其他养殖方式。

表2　产地环境基本情况

产地是否位于生态环境良好、无污染地区	
产地周围 5km，主导风向的上风向 20km 内是否有工矿污染源	
流入养殖/捕捞区的地表径流是否含有工业、农业和生活污染物	
绿色食品生产区和常规生产区域之间是否设置物理屏障	
绿色食品生产区和常规生产区的进水和排水系统是否单独设立	
请描述产地及周边动植物生长、布局等情况	
养殖废水的排放情况？生产是否对环境或周边其他生物产生污染	

注：相关标准见《绿色食品产地环境质量》（NY/T 391—2013）和《绿色食品产地环境调查、监测与评价规范》（NY/T 1054—2013）

表3　苗种情况

品种名称			苗种来源	外购 □　自育□
苗种投放时间			投放规格	
苗种投放量(尾/亩)				
外购	外购苗种来源			
	外购水产苗种生产许可证号			
自育	苗种培育天数			
	育苗场所消毒方法			
	苗种消毒方法			
	其他处理方式			

表4　饵料(肥料)使用情况

天然饵料				
养殖水域是否有天然饵料？请描述其品种及生长情况				
人工饵料				
外购商品饲料	饲料名称	主要成分	年用量(t/亩)	来源

（续）

人工饲料				
	原料名称	比例	年用量（t/亩）	来源
自制饲料				
肥料使用情况（藻类等水产品养殖）				
肥料名称	使用时间	用量	使用方式	来源

注：相关标准见《绿色食品饲料及饲料添加剂使用准则》（NY/T 471—2018）和《绿色食品肥料使用准则》（NY/T 394—2013）。

表5　常见疾病防治

常见疾病						
水产名称	药物名称	用途	用量	使用方法	使用时间	停药期

注：1. 相关标准见《绿色食品渔药使用准则》（NY/T 755—2013）；
　　2. 该表可根据不同水产名称依次填写。

表6　水质改良情况

药物名称	用途	用量	使用方法	使用时间	来源

注：相关标准见《绿色食品渔药使用准则》（NY/T 755—2013）。

表7 捕捞、运输

养殖周期、捕捞时间	
采用何种捕捞方式和工具	
捕捞品种及规格	
预计收获量	
运输方式？运输工具	
活鱼运输过程中如何保证存活率	

表8 初加工、包装、贮藏

水产品收获后是否进行初加工	
请描述初加工的工艺流程及条件	
如何对设备进行清洁和消毒	
水产品收获后采取什么管理措施防止有害生物发生	
使用什么包装材料，是否符合食品级要求	
储藏方法及仓库卫生情况	
绿色食品是否单独存放？采取什么措施确保不与其他产品混放	

表9 废弃物处理及环境保护措施

填表人：   内检员：

注：内检员适用于已有中心注册内检员的申请人。

水产品申请材料清单

1. 《绿色食品标志使用申请书》及《水产品调查表》。

2. 营业执照复印件。

3. 商标注册证复印件。

4. 水域滩涂养殖证复印件、特种鱼类养殖许可证复印件。

5. 外购苗种，应提供供方苗种生产许可证复印件，购买合同及发票复印件。

6. 自繁自育苗种，应提供苗种繁育规程。

7. 外购饲料或饲料原料，应提供绿色生产资料证书、饲料购买合同及批次发票复印件。

8. 自制饲料，应提供饲料加工规程(含饲料原料种植规程、饲料加工规程)。

9. 养殖规程。

10. 捕捞、运输规程。

11. 产品加工、储藏规程(初级加工产品适用)。

12. 基地来源证明材料(自有基地，应提供土地流转合同；专业合作社，应提供合作社社员名单、合作社章程；委托养殖，应提供委托养殖协议)。

13. 养殖区域分布图(养殖区域所处位置图)；养殖区域图(养殖区域形状、大小、边界、养殖品种及周边临近区域利用情况等)。

14. 基地清单(序号、养殖方式"湖泊、池塘、海水网箱、江河围栏等"、养殖模式分单养和混养、养殖品种、养殖面积，需要涉及乡镇盖章)。

15. 质量控制规范(包括申请人组织机构设置情况，投入品使用，生产过程的管理，质量内控措施等)。

16. 生产记录。

17. 饲料、渔药等投入品包装标签。

18. 预包装食品标签设计样张(非预包装食品不必提供)。

19. 渔业用水监测报告和底泥监测报告(远洋捕捞的不必提供)，使用加工水的还需提供加工水监测报告。

20. 产品检验报告。

食用菌调查表

申请人(盖章)＿＿＿＿＿＿＿＿＿＿＿＿＿

申 请 日 期＿＿＿＿年＿＿＿＿月＿＿＿＿日

中国绿色食品发展中心

填 表 说 明

1. 本表适用于食用菌鲜品或干品，食用菌罐头等深加工产品还需填写《加工产品调查表》。

2. 本表应如实填写，所有栏目不得空缺，未填部分应说明理由。

3. 本表无签名、盖章无效。

4. 本表的内容可打印或用蓝、黑钢笔或签字笔填写，语言规范准确、印章(签名)端正清晰。

5. 本表可从 http：//www. moa. gov. cn/sydw/lssp/下载，用 A4 纸打印。

6. 本表由中国绿色食品发展中心负责解释。

表1　产品基本情况

产品名称	种植规模(亩或万袋)	鲜品年产量(t)	基地位置

表 2 产地环境基本情况

产地是否位于生态环境良好、无污染地区	
产地是否远离工矿区和公路铁路干线	
产地周围 5km，主导风向的上风向 20km 内是否有工矿污染源	
请描述产地及周边的动植物生长、布局等情况	

注：相关标准见《绿色食品产地环境质量》（NY/T 391—2013）和《绿色食品产地环境调查、监测与评价规范》（NY/T 1054—2013）

表 3 基质组成情况

产品名称	成分名称	比例(%)	年用量(t)	来源

注：1. 比例指某种食用菌基质中每种成分占基质总量的百分比。
 2. 该表可根据不同食用菌依次填写。

表 4 菌种处理

菌种(母种)来源		接种时间	
菌种自繁还是外购？是否经过处理？若处理，请具体描述处理方法			

表 5 污染控制管理

基质如何消毒	
菇房如何消毒	
栽培用水来源	
请描述其他潜在污染源（如农药化肥、空气污染等）	

表6 病虫害防治措施

常见病虫害	
采用何种物理、生物防治措施？请具体描述	

农药防治								
产品名称	农药名称	登记证号	剂型规格	防治对象	使用方法	每次用量	使用时间	安全间隔期(d)

注：1. 相关标准见《绿色食品农药使用准则》(NY/T 393—2013)；

　　2. 该表应按食用菌品种分别填写。

表7 用水情况

基质用水来源		基质用水量(kg/t)	
种植用水来源		种植用水量(t)	

表8 采后处理

采收时间	
产品收获时存放的容器或工具？材质？请详细描述	
收获后是否有清洁过程？如是，请描述清洁方法	
收获后是否对产品进行挑选、分级？如是，请描述方法	
收获后是否有干燥过程？如是，请描述干燥方法	
收获后是否采取保鲜措施？如是，请描述保鲜方法	
收获后是否需要进行其他预处理？如是，描述其过程	
使用何种包装材料？包装方式？包装规格是否符合食品级要求	
产品收获后如何运输	

表 9 食用菌初加工

请描述初加工的工艺流程和条件:				
成品名	原料名称	原料量(t)	出成率(%)	成品量(t)

表 10 废弃物处理及环境保护措施

填表人: 内检员:

注:内检员适用于已有中心注册内检员的申请人。

食用菌申请材料清单

1.《绿色食品标志使用申请书》和《食用菌调查表》。

2. 营业执照复印件。

3. 商标注册证复印件(有必要的应提供续展证明、商标转让证明、商标使用许可证明等)。

4. 质量控制规范(包括基地组织机构设置、人员分工,投入品供应、管理,种植过程管理,产品收后管理,仓储运输管理等),需要申请人盖章。

5. 种植规程,需申请人盖章。

6. 基地行政区划图、基地位置图和地块分布图。

7. 基地清单(包括乡镇、村数、农户数、种植品种、种植面积、预计产量等信息),需申请人盖章。

8. 农户清单(包括农户姓名、种植品种、种植面积、预计产量),对于农户数 50 户以下的申请人要求提供全部农户清单;对于 50 户以上的,要求申请人建立内控组织(内控组织不超过 20 个),即基地内部分块管理,并提供所有内控组织负责人的姓名及其负责地块的种植品种、农户数、种植面积及预计产量。需申请人盖章。

9. 有效期 3 年以上的种植产品订购合同或协议。

10. 若申请人自有基地,应提供相关证明材料,如土地流转合同、土地承包合同或产权证、林权证、国有农场所有权证书等。

11. 生产记录(能反映种植过程及投入品使用情况)。

12. 预包装食品标签设计样张(非预包装食品不必提供)。

13. 部分品种基质需提供第三方出具的非转基因证明材料,如使用豆粕、棉籽粕等做基质。

14. 环境质量监测报告(包括基质、灌溉水、加工水)。

15. 产品检验报告。

蜂产品调查表

申请人(盖章)＿＿＿＿＿＿＿＿＿＿＿

申请日期＿＿＿＿年＿＿＿＿月＿＿＿＿日

中国绿色食品发展中心

填 表 说 明

一、本表适用于涉及蜜蜂养殖的相关产品，加工环节需填写《加工产品调查表》。

二、本表应如实填写，所有栏目不得空缺，未填部分应说明理由。

三、本表无签字、盖章无效。

四、本表的内容可打印或用蓝、黑钢笔或签字笔填写，语言规范准确、印章(签名)端正清晰。

五、本表可从 http：//www.moa.gov.cn/sydw/lssp/下载，用 A4 纸打印。

六、本表由中国绿色食品发展中心负责解释。

表 1　蜂产品基本情况

名称	年产量(t)	基地位置(蜜源地和蜂场)

表 2　产地环境基本情况(蜜源地和蜂场)

产地是否位于生态环境良好、无污染地区	
产地是否远离工矿区和公路铁路干线	
产地周围 5km，主导风向的上风向 20km 内是否有工矿污染源	
请描述产地及周边植物的农药、肥料等投入品使用情况	
请描述产地及周边的动植物生长、布局等情况	

注：相关标准见《绿色食品产地环境质量》(NY/T 391—2013)和《绿色食品产地环境调查、监测与评价规范》(NY/T 1054—2013)。

表3　蜜源植物

蜜源植物名称		流蜜时间	
当地常见病虫草害			
病虫草害防治方法。若使用农药，请明确农药名称、用量、防治对象和安全间隔期等内容			

表4　蜂　场

生产产品种类	蜂蜜□	蜂王浆□	蜂花粉□	其他产品□	
年产量(t)					
蜜源地规模(万亩)		蜂箱数		生产期采收次数	
蜂箱用何种材料制作					
巢础来源及材质					
蜂箱及设备如何消毒					
蜂场如何培育蜂王					
蜜蜂饮用水来源					
是否转场饲养，请具体描述					

表5　饲　喂

饲料名称	年用量(t)	来源

注：相关标准见《绿色食品饲料及饲料添加剂使用准则》(NY/T 471—2018)。

表 6 蜜蜂常见疾病防治

蜜蜂常见疾病				
防治措施				
兽药名称	批准文号	用途	用量	距采蜜间隔期

注：相关标准见《绿色食品兽药使用准则》(NY/T 472—2013)。

表 7 蜂场消毒

消毒剂名称	批准文号	用途	用量	距采蜜间隔期

注：相关标准见《绿色食品兽药使用准则》(NY/T 472—2013)。

表 8 采收情况

采收原料类别	蜂蜜□	蜂王浆□	蜂花粉□	其他产品□
采收方式				
采收设备及材质				
采收时间				
采收数量(kg/蜂箱)				
取蜜设备使用前后是否清洗，请具体描述				
是否存在平行生产？请描述区分管理措施				

表 9   贮存及运输情况

贮存设备及材质	
如何贮存？包括从采收到加工过程中的贮存环境、间隔时间等，请具体描述	
贮存设备使用前后是否清洗，请具体描述清洗情况	
如何运输？请具体描述	

表 10   废弃物处理及环境保护措施

填表人：   内检员：

注：内检员适用于已有中心注册内检员的申请人。

蜂产品申请材料清单

1.《绿色食品标志使用申请书》和《蜂产品调查表》。

2. 营业执照复印件。

3. 商标注册证复印件(有必要的应提供续展证明、商标转让证明、商标使用许可证明等)。

4. 全国工业产品生产许可证复印件。

5. 蜜源植物基地行政区划图、基地位置图、基地地块分布图(人工栽培蜜源植物的)。

6. 蜜源植物基地清单(序号、乡镇、村数、农户数、种植品种、种植面积),需要涉及乡镇盖章(人工栽培蜜源植物的)。

7. 某村农户清单样本(序号、农户姓名、种植品种、种植面积),需要相应村盖章(蜜源植物人工种植的)。

8. 蜜源植物基地管理制度(包括基地组织机构设置、人员分工,投入品供应、管理,种植过程管理,产品收后管理,仓储运输管理等),需要申请人和制订单位盖章(人工栽培蜜源植物的)。

9. 申请人与农户或乡镇签订的 3 年蜜源植物种植合同或协议,需双方盖章、签字(人工栽培蜜源植物的)。

10. 若申请人自有基地,应提供相关证明材料,如土地流转合同、土地承包合同或产权证、林权证、国有农场所有权证书等(人工栽培蜜源植物的)。

11. 各蜂场行政区划图和基地地块分布图。

12. 蜂场清单。

13. 申请人与蜂场签订的蜂产品采购合同。

14. 质量控制规范(包括基地组织机构设置、人员分工,投入品管理,养殖过程管理,产品收集、仓储运输等管理)。

15. 蜜源植物种植规程(人工栽培蜜源植物的需提供)。

16. 蜜蜂养殖规程。

17. 蜂产品加工规程。

18. 生产记录(包括种植记录、养殖记录和加工记录)。

19. 预包装食品标签设计样张(非预包装食品不必提供)。

20. 环境质量监测报告(种植基地土壤、灌溉水、蜜蜂饮用水、加工用水)。

21. 产品检验报告。